GÉNESIS
EL ORIGEN DEL COSMOS Y LA VIDA

JAIME SIMÁN

Primera impresión: Octubre 2015.
Segunda impresión con revisiones menores: Noviembre del 2015.
Publicado por: The Word For Latin America.
P.O. Box 1002, Orange, CA 92856 (714) 285-1190
www.elvela.com Copyright ©2015 Jaime E. Simán – Derechos reservados.

Escrituras bíblicas tomadas de La Biblia de las Américas ©1986, 1995, 1997 by The Lockman Foundation. Usadas con permiso.

Citas de referencias traducidas del inglés al español por Jaime Simán.

Arte de la cubierta: Jaime Simán.
Imagen: NASA/JPL-Caltech/UCLA   Mission: Wide-field Infrared Survey Explorer (WISE)
http://photojournal.jpl.nasa.gov/jpeg/PIA13452.jpg Adaptada por Jaime Simán para arte de la cubierta.

ÍNDICE

"Desde la creación del mundo,
sus atributos invisibles,
su eterno poder y divinidad,
se han visto con toda claridad,
siendo entendidos por medio de lo creado,
de manera que no tienen excusa."

Romanos 1:20

Foto: Chalatenango, El Salvador. © 2011 Jaime Simán

"En Él fueron creadas todas las cosas,
tanto en los cielos como en la tierra,
visibles e invisibles,

ya sean tronos o dominios o poderes o autoridades;
Todo ha sido creado por medio de Él y para Él.
Y Él es antes de todas las cosas,
Y en Él todas las cosas permanecen."

Colosenses 1:16-17

Foto: Tomada en San Ignacio, Departamento de Chalatenango, El Salvador. © 2011 Jaime Simán

Dedicado a Jesús de Nazaret
Creador del Cosmos
Autor de la Luz y la Vida

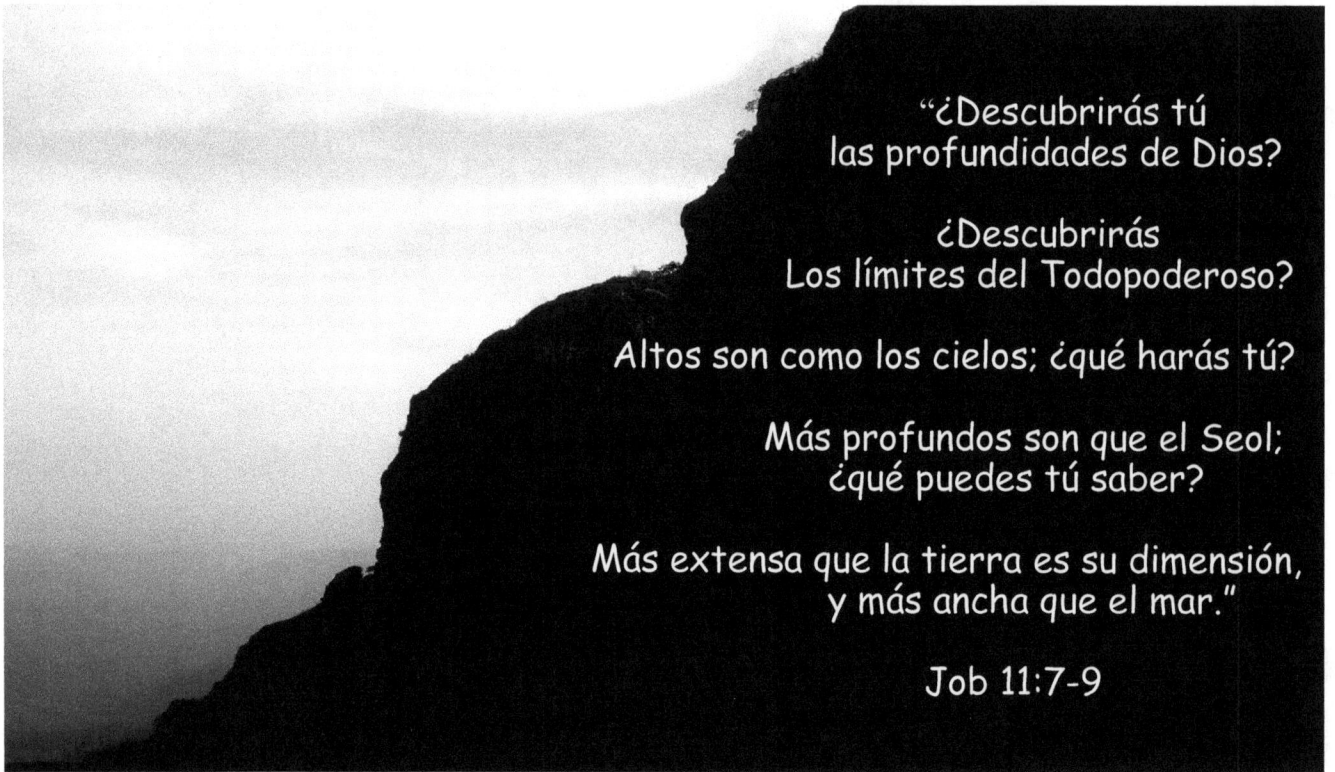

"¿Descubrirás tú
las profundidades de Dios?

¿Descubrirás
Los límites del Todopoderoso?

Altos son como los cielos; ¿qué harás tú?

Más profundos son que el Seol;
¿qué puedes tú saber?

Más extensa que la tierra es su dimensión,
y más ancha que el mar."

Job 11:7-9

INTRODUCCIÓN

Crecí con la certeza de que el universo actual es resultado de procesos evolutivos fortuitos, operando a través de miles de millones de años. El ser humano, así como toda forma de vida en el mundo animal y vegetal, pensaba yo, tenían su origen en los océanos de nuestro planeta. Ahí, supuestamente, se formaron las primeras células, resultado de interacciones químicas casuales. Esto es lo que aprendí en la escuela, el concepto abrazado por la misma tradición religiosa que gobernaba mi vida espiritual durante mi niñez y adolescencia.

Creía en ese entonces que el libro de Génesis, el primer libro de la Biblia, que narra el origen del universo y de la vida en la tierra, era compatible con la hipótesis de Darwin. Pensaba que cualquier discrepancia entre la Biblia y la hipótesis de Evolución, era sólo aparente, únicamente cuestión de interpretación.

Fue hace unos treinta años que, a través de ciertas experiencias que comparto más adelante, empecé a investigar la cuestión de orígenes en forma crítica, primero desde el punto de vista académico. Lo hice descansando en mi preparación académica y experiencia profesional en el campo de las ciencias y tecnología: Poseo una Maestría en Ingeniería Química, y he trabajado en el campo de Investigación y Desarrollo por varios años.

Después de considerar por un par de años el tema, a la luz de la evidencia natural y las leyes científicas que conocemos, llegué a la plena convicción de que la mejor explicación tanto del origen del universo, como de la vida en la Tierra, es la de Creación Directa: Un Ser Inteligente creó el cosmos y toda la vida del universo, con propósito, y en forma directa, no a través de procesos casuales.

En el campo espiritual me volví un estudiante de la Biblia a raíz de un encuentro espiritual que

tuve en el año 1984. Mi segundo paso fue, pues, analizar Evolución a la luz de las Escrituras.

Después de un análisis cuidadoso, llegué a la conclusión que ambas, Evolución y la narración bíblica encontrada en el libro de Génesis, son totalmente incompatibles. Una o la otra está en error. Ambas explicaciones no pueden ser correctas: No hay manera de reconciliarlas ni académica, ni bíblicamente.

Mi interés en este tema se incrementó grandemente al descubrir los intereses y prejuicios que han impulsado, y siguen impulsando, la hipótesis de Evolución. Mi interés se mantiene latente debido al tremendo impacto, perjudicial y devastador, que Evolución tiene tanto en el ámbito social como en el espiritual.

Escribí el libro "El Hombre: Su Origen y Destino" en el año 2001, y el folleto "Creados a la Imagen de Dios" en el año 2004. Considero que, por la gracia de Dios, ambos libros son de utilidad presente. He tenido, sin embargo, gran deseo desde hace algún tiempo, de escribir un tercer libro. Hay méritos suficientes para ello, y la necesidad es apremiante, hoy más que nunca.

En los años recientes ha surgido información nueva, tanto del ADN y la célula, como de los fósiles y el cosmos. Su consideración enriquece y continúa confirmando nuestro entendimiento sobre el origen del universo y la vida.

Estos años han sido también, lamentablemente, escenario de un deterioro dramático de los valores morales. Este fenómeno se aprecia no sólo en las sociedades europeas y norteamericana, tan influenciadas por el Darwinismo, sino también en el resto de países latinoamericanos, los cuales han caído bajo la misma influencia.

Escribo este libro, pues, para ampliar las publicaciones anteriores, y presentar información adicional reciente. Aprovecho a desarrollar aspectos poco cubiertos en las obras anteriores, extendiéndome más, por ejemplo, al cubrir el impacto social de Evolución.

Es mi deseo y esperanza que la información, y consideraciones presentadas acá, sean de ayuda para usted mi amigo lector: Ayuda para conocer la verdad sobre el origen del cosmos y la vida, y discernir posiciones prejuiciadas; ampliando su entendimiento de la importancia de este tema, y la necesidad de tomar acción.

Encontrará en el camino de la lectura de este libro, verdades espirituales vitales, reveladas en las Sagradas Escrituras. Se da además, la oportunidad para que usted tenga un encuentro transformador con el Creador, y a través de éste, vida abundante y eterna.

Le invito a que considere el material con la mente y el corazón abiertos, comprometido férrea y únicamente con la verdad.

Es mi oración al Todopoderoso que este libro, con la ayuda de Dios, enriquecerá su conocimiento y será de valiosa edificación intelectual y espiritual. Algunos podrán usarlo como material de referencia, o para equipar y enseñar a otros este tema. Ha sido escrito con dicho propósito, también, en mente.

Después de considerar el tema por un par de años, a la luz de la evidencia natural y las leyes científicas que conocemos,

llegué a la plena convicción de que la mejor explicación tanto del origen del universo, como de la vida en la Tierra, es la de Creación Directa:

Un Ser Inteligente que creó el cosmos y toda la vida del universo, con propósito, y en forma directa, no a través de procesos casuales.

"Si alguien quiere hacer su voluntad,
sabrá si mi enseñanza es de Dios o si hablo de mí mismo.

El que habla de sí mismo busca su propia gloria; pero el que busca la gloria del que le envió,
éste es verdadero y no hay injusticia en Él."

Juan 7:17-18

I- Primera Parte

Algunas Consideraciones Fundamentales

"Si los fundamentos son destruidos
¿qué puede hacer el justo?"

Salmo 11:3

Foto: Tomada en San Ignacio, Departamento de Chalatenango, El Salvador. © 2011 Jaime Simán

Ciencia Y Verdad

El esfuerzo científico consiste en la búsqueda, descubrimiento y verificación experimental de las propiedades materiales y procesos que caracterizan nuestro universo, y los principios y leyes que lo rigen. La aplicación de dichas leyes en la vida real, así como su poder predictivo, es parte de la disciplina científica.

El esfuerzo científico busca la verdad, lo que es real, la determinación o explicación correcta de los procesos, eventos y propiedades materiales de nuestro mundo.

En materia de orígenes, del universo y la vida, es necesario analizar objetivamente las hipótesis sin limitar, o descartar de antemano, los factores críticos que pudieron haber sido parte integral de la realidad que buscamos conocer.

El origen del universo y la vida es un hecho histórico: Estamos buscando conocer eventos que ocurrieron en el pasado. Si bien ningún ser humano fue testigo presencial de dichos eventos, eso no impide que consideremos posibilidades y formulemos algunas hipótesis. La hipótesis que muestre mayores méritos, y concuerde mejor con la evidencia natural, la más factible, es la que debemos abrazar.

Debemos tener en cuenta que "Ciencia" no es sinónimo de "Filosofía Materialista", sino el conocimiento de la verdad. Si la evidencia natural apunta a un Diseñador Inteligente como el autor del universo y la vida, reconocerlo sería legítimamente científico. Por el contrario, insistir en una explicación materialista atea sería, en tal caso, mala ciencia. De hecho, sería una posición religiosa antagonista al Creador, y enemiga de la verdad, todo por preferencia personal.

Si le muestro a usted una majestuosa mansión, y luego le pido que me diga cómo fue hecha, sin permitirle considerar la posibilidad que fue diseñada por ingenieros, y construida por obreros hábiles e inteligentes, su respuesta estaría totalmente equivocada. De hecho, usted me tendría que dar todo tipo de explicaciones absurdas porque, desde el principio, le he atado las manos, impidiéndole considerar la única explicación plausible.

De igual manera, no hacemos justicia a la verdad y libertad académica, si para investigar el origen del universo y la vida, desde el principio eliminamos la posibilidad que éste sea resultado del diseño y obra de un Ser Inteligente. Los modelos propuestos estarían obligados a descansar en la casualidad y el tiempo, aunque no sean correctos.

> Si la materia y los sistemas complejos que integran el universo y la vida, no pueden organizarse por sí mismos en las formas complejas en que se encuentran,
>
> insistir que se integraron por accidente es un grave error.

Claro, si las propiedades de la materia inanimada, y las leyes de la naturaleza, muestran que existe un principio natural organizador, que del caos desarrolla sistemas complejos a partir de elementos sencillos, entonces Evolución sería una hipótesis digna de consideración. Y, de ser ése el caso, dicho principio estaría en operación hoy en día, y la hipótesis se debería poder verificar experimentalmente.

Pero ¿qué nos muestra la evidencia? ¿Existe algún principio natural organizador? O, ¿es el orden y diseño que vemos en el universo, resultado de la obra de un Diseñador transcendente, externo al cosmos?

La respuesta correcta está disponible a quienes analizan la evidencia sin prejuicios, buscando objetivamente la verdad. Debemos, pues, evaluar la evidencia, y luego determinar qué modelo armoniza mejor con ella.

El Dr. John Lennox, graduado de las prestigiosas universidades de Cambridge y Oxford, con especialidades en Matemáticas y Filosofía de la Ciencia, Profesor de Matemáticas en la Universidad de Oxford, declara en la película y documental "Expelled" (Expulsado):

"Lo que se le está presentando al público es: "Primero viene la ciencia, y luego viene la cosmovisión." Yo quisiera argumentar que... realmente puede que sea al revés, que la cosmovisión viene primero, la cual está influyendo la interpretación de la ciencia."

John Lennox

Referencia: Full Movie, Documentary. "Expelled: No Intelligence Allowed." Release date: April 18, 2008. Commentator: Ben Stein. Director: Nathan Frankowski.

En otras palabras, la interpretación de la evidencia natural depende de la posición a priori que la persona tenga respecto al universo y su significado.

Disertando sobre la ciencia y el origen del universo, un intelectual, catedrático experto en la lógica de argumentos, doctor en leyes, y de reconocimiento internacional escribe:

"Si usted va a definir la ciencia como filosofía materialista aplicada, entonces por supuesto que terminará teniendo una historia materialista de la creación, una historia que excluye la posibilidad de un Dios personal que nos ha creado...

Pero no cometa el error de pensar que esta historia nueva ha sido validada por la experimentación científica.

Las preguntas importantes ya se han decidido en las suposiciones y definicio-nes."

Phillip Johnson.

Referencia: Commonwealth Junio 5, 1998 p.14

En estas páginas consideraremos varias evidencias naturales a la luz de la ciencia, dejando que "la evidencia hable". Sólo así podremos decidir, objetivamente, qué modelo de orígenes es el más razonable, probable y verdadero.

Hablando de qué modelo es verdadero, ¿por qué nos ha de importar la verdad? Bueno, si el mundo es resultado de las propiedades de la materia y la casualidad, la verdad no sería tan importante de conocer. Pero, si somos creación inteligente con un propósito grande, conocer la verdad es vital para nuestra realización y bienestar como individuos, y como sociedad. De hecho, conocer la verdad es clave y determinante, no sólo para nuestra existencia actual, mas para el destino eterno que nos aguarda.

En cuanto a la búsqueda de la verdad me permito citar parte de la conversación entre Jesús y el gobernador romano, Pilato. Durante el interrogatorio que Pilato le hizo a Jesús, cuando lo condenó injustamente a muerte por crucifixión, el Mesías le dijo:

"...para esto he venido al mundo, para dar testimonio de la verdad. Todo el que es de la verdad escucha mi voz.
Pilato le preguntó: ¿Qué es la verdad?"

Juan 18:37-38

Habrá más de alguno que piensa que la verdad es algo elusivo, que nadie puede conocer, o que tal vez es un concepto ilusorio, que ¡ni existe! Tal vez como Pilato exclama en forma displicente: "¿Qué es verdad?"

Quizá usted mismo crea que determinar la verdad de nuestro origen es demasiado difícil o imposible. Bueno, permítame asegurarle que la verdad de nuestro origen es alcanzable. Y convencidos que la información presentada acá será útil en su determinación, proseguimos nuestra exposición, confiando que usted estimado lector, le dará la debida consideración.

*"Ciencia" no es sinónimo de "Filosofía Materialista",
sino el conocimiento de la realidad.*

*Si la evidencia natural apunta a un Diseñador Inteligente
como el autor del universo y la vida, reconocer tal realidad
sería científicamente legítimo.*

*Por el contrario, insistir en una explicación materialista
sería en tal caso, mala ciencia.*

*De hecho, sería una posición religiosa atea, enemiga de la
verdad por preferencia personal.*

Darwin Y La Biblia

El Dr. Phillip Johnson, graduado de las universidades de Chicago y Harvard, Profesor de Leyes en la Universidad de California en Berkeley por más de 20 años, especialista en la lógica de argumentos, escribió el libro "Darwin on Trial" (Juicio contra Darwin) con el propósito de exponer un problema fundamental de muchos que promueven el Darwinismo. En su libro leemos lo siguiente sobre él:

Phillip Johnson *"estudió el Darwinismo porque vio que los libros defendiendo la teoría eran dogmáticos y no convincentes...*

El debate sobre Evolución se ha caracterizado demasiado como si fuera un debate entre fundamentalistas religiosos y los científicos, la Biblia contra observaciones empíricas, sin hacer un examen cuidadoso de los méritos de los argumentos científicos mismos...

Visto estrictamente desde el punto de vista de la lógica y los cánones aceptados de la investigación científica, la teoría (Evolución) carece de evidencia confirmatoria.

(Phillip Johnson) Se pregunta si los científicos (i.e.: los científicos evolucionistas) "han puesto la carreta antes de los caballos", aceptando prematuramente la teoría de Darwin como un hecho, para luego escarbar buscando la evidencia que la respalde. En dicho proceso, el Darwinismo se ha convertido en un tipo de fe, una pseudociencia abrazada por sus seguidores a pesar de la evidencia, ¡no por la evidencia!"

Más adelante evaluaremos varias evidencias a la luz de la ciencia. Invito a continuación, sin embargo, a aquellos que creen que la Biblia y el Darwinismo son compatibles, a que consideren algunas reflexiones.

Si Evolución es Verdad

Si la hipótesis de la evolución cósmica es correcta: El Sol y las estrellas se formaron accidentalmente por procesos causales a través del tiempo, antes que la Tierra. La Biblia estaría en error al declarar que Dios creó primero la Tierra, y hasta el cuarto día el Sol, la Luna y las estrellas.

Si Darwin tenía razón: El hombre desciende de los animales, y su comportamiento animal y bestial es justificable, y ¡de esperarse!

Si Darwin tenía razón: La muerte sería un proceso natural que existe desde el inicio y origen de la vida. La Biblia estaría en error al enseñar que la muerte se introdujo al mundo hasta después de la creación original; que fue consecuencia del pecado en Edén, cuando el hombre se rebeló contra su Creador al desobedecer el mandamiento que Dios le dio.

Si la muerte no es resultado del pecado, y no existe el pecado, no tendría sentido hablar de la moralidad. Tampoco habría juicio universal, ni resurrección de los muertos. Tampoco habría esperanza futura, así que viviríamos sólo para sacar el máximo provecho a este mundo, sin importar el precio o impacto en otros. De hecho, muchos viven así, bajo el lema: *"¡Comamos y bebamos, que mañana morimos!"* (I Corintios 15:32)

Si Darwin tenía razón: Las aves evolucionaron de los reptiles. La Biblia estaría en error al enseñar en el libro de Génesis que Dios creó primero a las aves, el quinto día; y a los reptiles después, el sexto día de la creación.

Si Darwin tenía razón: Bestias carnívoras y violentas evolucionaron antes que el hombre. La Biblia estaría en error al enseñar que antes del pecado en Edén, los animales y las bestias del campo eran herbívoros.

Si Darwin tenía razón: Desde su origen los animales competían violentamente, unos contra otros, en sus luchas por sobrevivir. Es más, las enfermedades hubieran sido parte de la vida normal. La Biblia estaría mintiendo al decir que, al final de la creación, Dios vio todo lo que había hecho y *"era bueno en gran manera."* (Génesis 1:31)

Si Darwin tenía razón: El hombre, de acuerdo a los últimos estimados del Evolucionismo, tiene aproximadamente 180,000 años de caminar sobre la Tierra. La Biblia estaría equivocada cuando en el registro de genealogías dado en el evangelio según Lucas 3:23-38, partiendo de Adán hasta Jesús por el linaje de María, hay menos de 100 generaciones. Entendemos que algunas generaciones pudieran haber sido omitidas, pero si aumentamos el total de generaciones a 200, y estimamos cada generación en 40 años, la humanidad tenía menos de 10,000 años de existencia cuando Jesús caminó por las orillas del Mar de Galilea.

Si Darwin tenía razón: Seríamos resultado de las propiedades de la materia, el tiempo y la casualidad, sin ningún propósito. La Biblia estaría equivocada al decir que Dios creó al hombre a su imagen y semejanza, con un propósito elevado, y un plan eterno.

La gran pregunta es:
¿Tenía razón Darwin?

¿Es Evolución un modelo adecuado para explicar el origen del universo y la vida en la Tierra?

¿Cuál es el impacto de creer una hipótesis o la otra?

¿Tenía razón Darwin?

Es pertinente notar que hay un buen número de personas de excelente preparación académica que han abandonado Evolución a favor del Diseño Inteligente o del Creacionismo.

Varias Hipótesis del Origen del Cosmos

Evolución propone que el universo y la vida es resultado de interacciones casuales de la materia y energía, a lo largo del tiempo. Algunos creen que no hubo ningún agente inteligente involucrado en el proceso, ellos creen en Evolución Atea.

Otros creen en Evolución Teísta. Según ellos, un Ser Inteligente, Dios, de vez en cuando intervino en el proceso evolutivo. Muchos de ellos tratan de armonizar Evolución con la Biblia explicando que las diferencias son meramente asunto de interpretación.

Aquellos que piensan que Dios creó el universo usando procesos evolutivos, deberían reflexionar un poco. Consideremos por ejemplo la "creación" de un avión. ¿Qué es más lógico al crear y construir un avión: Integrar inteligentemente sus componentes, diseñados específicamente para los diversos sistemas requeridos, produciendo así una máquina voladora? O, ¿tirar las materias primas, los minerales que contienen aluminio y titanio, el petróleo que puede convertirse en polímeros útiles, y otros materiales, en un gran recipiente; para luego esperar que con el tiempo y la casualidad salga una máquina voladora mientras usted interviene ocasionalmente en el proceso?

¿Por qué no creerle a Dios, quien es la única persona que presenció la creación desde su principio? ¿Si no podemos creer en la Biblia desde su principio, cómo podremos creer el resto?

Si Dios necesitó millones de años para formar al hombre ¿cómo podemos creer la promesa del Nuevo Testamento, que Dios nos resucitará con un cuerpo nuevo, muy superior, en un abrir y cerrar de ojos?

"La suma de tu palabra es verdad, y cada una de tus justas ordenanzas es eterna"

Salmo 119:160

Foto: Tomada en Santiago de Cuba, Cuba. © 2010 Jaime Simán

Algunos abrazan el concepto de la Panspermia, que la vida no se originó en la Tierra, sino que provino de afuera. Esta es una de tantas versiones y variantes dentro de la hipótesis de Evolución. Pero es pura especulación. No hay ninguna evidencia que la respalde. Y el problema de la Panspermia es que no resuelve el origen de la vida, simplemente se transfiere a otro lugar en el cosmos.

Otro piensan que hubo un agente inteligente que inició el proceso y luego se ausentó totalmente de él, este concepto se conoce como: Evolución Deísta.

Luego están los que creen que el universo y la vida muestran evidencia contundente de diseño, apuntando a un Diseñador Inteligente como su causa. Esta posición se conoce como Diseño Inteligente.

La posición que van más allá de reconocer que el universo y la vida son resultado de Diseño Inteligente, y que da crédito al Dios de la Biblia como el creador de todo, de acuerdo a la narración encontrada en el libro de Génesis, se conoce como el modelo Creacionista.

Algunos creen que entre Génesis 1:1 y Génesis 1:2 hubo una brecha entre dos creaciones. Supuestamente después de una primera creación, ocurrió la rebelión de Satanás; de manera que Dios trajo destrucción sobre el mundo anterior para crear un segundo orden de cosas. Ellos usan esa conjetura para explicar la existencia de fósiles enterrados en estratos geológicos aparentemente muy antiguos, huesos de dinosaurios que murieron supuestamente hace más de 60 millones de años.

La hipótesis de "la Brecha" o "del Paréntesis", como la llaman algunos, no tiene ninguna base bíblica sólida; y fue formulada simplemente para acomodar los descubrimientos recientes, que datan a los fósiles en millones de años de antigüedad. Bueno, los fósiles son evidencia concreta de que dichas especies existieron. Pero la estimación de su antigüedad es otro asunto, y es ahí donde radica el problema.

Los métodos de datación que usan los evolucionistas tienen serias limitaciones y problemas. El Instituto de Investigación de la Creación (Institute for Creation Research - ICR) ha hecho bastante trabajo en esta área, mostrando las asunciones, limitaciones y problemas asociados con los métodos de datación usados por los evolucionistas: El basado en el Carbono 14; el basado en la serie radioactiva del Uranio Plomo; así como otros.

No, los restos de dinosaurios y de otros fósiles no tienen millones de años de antigüedad. Algunos tienen miles de años de antigüedad, pero no más de 6,000 años. Más adelante tratamos con más detalle los métodos de datación.

Los seguidores de la Teoría de la Brecha ocupan Génesis 1:2 para apoyar su especulación, diciendo que Dios no pudo haber hecho una primera creación desordenada, pues es un Dios de orden.

Es cierto que la versión Reina Valera de 1960 de la Biblia traduce Génesis 1:2 diciendo: *"Y la tierra estaba desordenada y vacía..."* Pero la Tierra no estaba "desordenada" en el sentido que alguien vino y la desordenó, o destruyó. Sino más bien, la Tierra estaba sin el orden y la atmósfera necesaria que Dios produciría en ella para abrigar la vida. De hecho, la versión de La Biblia de las Américas dice así: *" Y la tierra estaba sin orden y vacía..."* Note la diferencia entre *"sin orden"* y *"desordenada"*.

Y el que estaba "vacía" no habla necesariamente de un caos producido en una destrucción anterior, sino más bien que Dios no había producido las distintas especies de animales y plantas con los cuales poblaría el planeta.

Es cierto que el Creacionismo tiene ramificaciones espirituales. Pero debemos reconocer que cualquier posición sobre orígenes tiene repercusiones espirituales. Y ése no debe ser un criterio para descalificar Creacionismo, como si ese factor por sí solo la convirtiera en una hipótesis indigna de consideración científica.

> Muchos científicos abrazan vigorosamente el Creacionismo, descansando en la autoridad investida por su excelente preparación académica.

En la siguiente sección hacemos referencia a algunas personas de sólida reputación profesional y académica, que abrazan el modelo bíblico de creación directa reciente.

La lista no es exhaustiva, se presenta con el propósito de dar una idea de la amplia gama de trasfondos académicos y profesionales dentro del Creacionismo Bíblico.

Isaac Newton: Mente brillante que abrazó el Creacionismo

Hombres De Ciencia - Creacionistas

En una conferencia dada en Costa Mesa, California el 9 de diciembre del 2013, John Lennox, Ph. D., Doctor en Ciencias, y Profesor de Matemáticas en la Universidad de Oxford, mencionó cómo mientras Europa tuvo éxito en el desarrollo de las ciencias, los chinos contemporáneos no. Los chinos desarrollaron tecnología (la pólvora, el papel, etc…), pero no avanzaron en las ciencias: La razón se encuentra en que la cultura china carecía del concepto unificador de un Dios creador.

La creencia en un Dios creador no fue obstáculo para los avances de la ciencia en Europa, sino el motor que la impulsó. Es precisamente porque los europeos creían en un Legislador Universal que creó el Cosmos ordenado, y lo dotó de leyes que lo rigieran, que se dieron a la tarea de conocer y descubrir esas leyes.

Realmente no tiene sentido tratar de descubrir leyes que gobiernen el cosmos, si no creemos que hay un Legislador, un Ser Inteligente, que creó el cosmos y estableció leyes que lo rijan.

La ciencia bien interpretada armoniza perfectamente con el concepto de creación inteligente. Científicos de gran reputación a lo largo de la historia, han sido creacionistas. Mencionamos algunos a continuación:

Nicolás Copérnico (1473-1543) Astrónomo polaco, quien descubriera que la Tierra gira alrededor del Sol, entendía claramente que el universo es un sistema ordenado, creado por Dios para beneficio del hombre.

Isaac Newton (1643-1722) Descubridor de la Ley de la Gravedad, e inventor del Cálculo Infinitesimal, escribió en su obra "Los Principios Matemáticos de la Filosofía Natural":

"Este sistema máximo en hermosura que consiste del Sol, los planetas y cometas, sólo puede proceder del consejo y dominio de un Ser inteligente y poderoso… Este Ser gobierna todas las cosas… como Señor de todo…."

Newton expresó la imposibilidad de que sistemas complejos y complementarios se originen casualmente, sin la intervención de un ser inteligente. Christine Dao menciona que Newton, quien viviera antes que Darwin, consciente de pensamientos evolucionistas de su época, escribió:

"Necesidad metafísica ciega… no pudo producir variedad de cosas. Toda esa diversidad de cosas naturales que encontramos acopladas a diferentes tiempos y lugares sólo pudo brotar de las ideas y voluntad de un Ser."

Referencia: Man of Science, Man of God: Isaac Newton by Christine Dao, Acts & Facts, 37 (5) 8. Institute for Creation Research.

Wernher von Braun (1912-1977) Ph. D. en Ingeniería Aeroespacial. Recipiente de la Medalla Nacional de Ciencias de EEUU, *"según una fuente de la NASA, sin lugar a duda, el máximo científico de cohetes espaciales en la historia. Su logro culminante fue la dirección del desarrollo del cohete impulsador Saturno V, el cual ayudó a poner al primer hombre en la Luna en julio de 1969."* Fuente: Wikipedia. Accedido el 8 de septiembre del 2011.

Wernher von Braun escribió a la Junta de Educación del estado de California, el 14 de septiembre de 1972:

"Uno no puede estar expuesto a la ley y orden de universo sin llegar a la conclusión que tiene que haber diseño y propósito tras todo esto… Retan a la ciencia que

pruebe la existencia de Dios. Pero, ¿necesitamos realmente encender una vela para ver el Sol?"

"Si bien admitir que el universo muestra diseño presupone un Diseñador... el método científico no permite que excluyamos datos que conduzcan a la conclusión de que el universo, la vida y el hombre están basados en diseño. Ser forzados a creer en una sola conclusión, el que todo en el universo ocurrió por la casualidad, violaría la misma objetividad de la ciencia misma."

Dr. A. E. Wilder Smith (1915-1995) Después de ser ateo, abrazó la fe cristiana convirtiéndose en un gran defensor del Creacionismo. Recibió tres doctorados, el primero en Físico-Química Orgánica de la Universidad de Reading, Inglaterra. Su segundo doctorado fue en Farmacología, de la Universidad de Ginebra; su tercer doctorado en Zurich.

Wilder-Smith fue profesor de Farmacología en la Facultad de Medicina de la Universidad de Illinois. Tres veces recipiente de "La Manzana de Oro", reconocimiento dado por la mejor serie de cátedras. Autor y coautor de más de 70 publicaciones científicas y 30 libros. Sus trabajos han sido traducidos a unos 17 idiomas.

Dr. Dean Kenyon, profesor de Biología en la Universidad Estatal de San Francisco dijo del Dr. Wilder Smith: *"fue uno de los dos o tres científicos más importantes en mi vida. Él influenció muy poderosamente mi desarrollo intelectual y mi cambio de opinión sobre el origen del hombre"*

El profesor, Dr. Theodor Ellinger, Rector de la Universidad de Colonia, Alemania dijo del Dr. Wilder Smith: *"Fue una experiencia inolvidable escuchar sus disertaciones sobre Creacionismo Bíblico y sobre los problemas fundamentales de la Doctrina Evolucionaria."*

El Dr. Alma von Stockhause, Profesor de Filosofía, Universidad de Freiburg i.Br., Alemania expresó: *"Es al profesor Wilder-Smith a quien le debo la falsificación científica* (i.e.: comprobación de ser falsa) *de la teoría evolucionaria."*

Referencia: www.Chrisitananswers.net accedido el 17 de marzo del 2015.

Escuché personalmente al Dr. Wilder Smith en varias ocasiones en Costa Mesa, California; en las que siempre disertó brillantemente sobre temas relacionados al Creacionismo. Entre los temas que expuso estaban: La imposibilidad de Evolución para explicar la facultad del habla y el lenguaje en el hombre; el instinto migratorio de los animales; y aspectos asombrosos de diseño en la ballena.

Suponer que sólo personas privadas de educación académica, o fanáticos religiosos incoherentes, son los que abrazan Creacionismo y rechazan Evolución es ciertamente ¡equivocado!

Dr. Henry Morris (1918-2006) Ingeniero Civil. Ph. D. en Hidrología, y especialidades menores en Geología y Matemáticas de la Universidad de Minnesota. Considerado por muchos como el padre del movimiento creacionista moderno.

El Dr. Morris sirvió como catedrático universitario por 28 años en cinco universidades de prestigio, siendo decano por 18 años en dos de ellas: Fue Decano de la Facultad de Ingeniería Civil en la Universidad de Luisiana, en Lafayette; y posteriormente Decano de la Facultad de Ingeniería Civil en Virginia Tech. Dr. Morris fue coautor de un texto avanzado en Ingeniería Hidráulica. Bajo su liderazgo la Facultad de Ingeniería Civil en Virginia Tech ofreció uno de los mayores programas de Ingeniería Civil de los Estados Unidos.

Henry Morris disertó sobre creacionismo científico y debatió evolucionistas en unos 250 campus universitarios. Fue autor de varios libros sobre Creacionismo.

Dr. Gary Parker Ph. D. en Bilogía, fue autor de libros de texto desde una perspectiva evolucionista. Abrazó Creacionismo posteriormente, al considerar los méritos del Creacionismo Científico, y los problemas de la hipótesis darwiniana. Es coautor con el Dr. Henry Morris del excelente libro "What is Creation Science" (¿Qué es la Ciencia de la Creación?), además de ser autor de varios libros adicionales sobre Creacionismo, algunos traducidos en varios idiomas.

La lista de científicos y profesionales Creacionistas, de calibre académico, es larga, y sus criterios dignos de consideración. Muchos de ellos, al igual que el autor de este libro, abrazaron Evolución hasta que sometieron la hipótesis a un escrutinio adecuado y la encontraron deficiente. Aprovecho, pues, a mencionar algunas personas más, muestra de la riqueza académica y científica del grupo creacionista. Dentro de ellos se destacan:

Dr. Randy Guliuzza Se graduó de Ingeniería, y luego sacó un Doctorado en Medicina, en la Universidad de Minnesota. Tiene una Maestría en Salud Pública de la Universidad de Harvard, y una Licenciatura en Teología del Instituto Bíblico Moody de Chicago, Estados Unidos. El Dr. Guliuzza es un excelente expositor en el tema del Creacionismo.

Institute for Creation Research – ICR www.icr.org (El Instituto de Investigación de la Creación) Tiene un grupo excelente de científicos, de varias disciplinas, que llevan a cabo estudios serios e investigaciones científicas de alto calibre en el tema.

Dr. Larry Vardiman Ph. D. en Ciencias Atmosféricas, Universidad de Colorado. Trabajó en varios proyectos de investigación con ICR.

Dr. Nathaniel Jeanson Ph. D. en Biología de la Célula y del Desarrollo, de la Facultad de Medicina de la Universidad de Harvard. Dr. Jeanson lleva acabo investigaciones científicas relacionadas al tema de orígenes dentro de ICR.

Dr. John Baumgardner Maestría y Doctorado, Física del Espacio y Geofísica, UCLA (Universidad de California en Los Ángeles), Maestría en Ingeniería Eléctrica, de Princeton. Ha participado en varios proyectos de investigación del ICR. Dentro de sus estudios se destacan los proyectos de investigación de la edad de la Tierra y los fósiles, y los métodos de datación radioactiva.

Answers In Genesis (Respuestas en Génesis) Es una muy buena organización que ha estado desarrollando trabajos en el campo de Creacionismo y la Biblia. Fue fundada por Ken Ham. Página Web: www.answersingenesis.org

Answers in Genesis tiene un departamento exclusivo y muy dinámico para la gente de habla hispana: Respuestas en Génesis. Página web: www.answersingenesis.org/es/

Ken Ham Ha recibido doctorados honoríficos de varias universidades, y es un dinámico defensor del Creacionismo y la confiabilidad de Génesis. Dr. Ham expone apasionadamente sobre la confiabilidad de la Biblia y el impacto negativo social y espiritual de Evolución.

Dr. Walt Brown Ph. D. en Ingeniería - MIT. Fue Jefe de Estudios de Ciencia y Tecnología del Colegio de Guerra - EEUU y Profesor de Matemáticas y Computación. Autor del libro sobre Creacionismo "In The Beginning" (En el Principio).

Coronel James Irwin (1930-1991) Astronauta de la Misión Lunar Apolo 15. Fue un ardiente defensor del Creacionismo.

Y ¡muchos más!

Wernher von Braun

Ph D Ingeniería Aeroespacial

"Uno no puede estar expuesto a la ley y orden de universo sin llegar a la conclusión que tiene que haber diseño y propósito tras todo esto."

"Es por honestidad científica que apoyo la presentación de teorías alternas al origen del universo, la vida y el hombre en la clase de ciencias. Sería un error pasar por alto la posibilidad que el universo fue planeado en lugar de que haya ocurrido por la casualidad."

Wernher von Braun

Carta a la Junta de Educación del Estado de California, 14 de Septiembre de 1972

☆

"Cada uno de los pioneros de la ciencia moderna creía en Dios (Galileo, Kepler, Newton, etc.)

C. S. Lewis dijo "Los hombres se volvieron científicos porque esperaban encontrar leyes en la naturaleza. Ellos esperaban descubrir leyes en la naturaleza porque creían que había un Dador de Leyes (i.e.: Un Legislador Universal)""

Dr. John Lennox, PhD., D. Sc.

C. S Lewis

Académico en las Universidades de Oxford y Cambridge. Creacionista.

Prejuicio De Evolucionistas

Muchas personas creen en Evolución no porque la evidencia sustente su posición, sino porque su punto de partida es abrigar una hipótesis que excluya la posibilidad de un Creador.

El video "Millions of Years" (Millones de Años), disponible a través de la organización "Answers in Genesis", explica que los hombres influyentes que propusieron nuevas teorías del origen de la Tierra y sistema solar en los siglos XVIII y XIX fueron investigadores prejuiciados contra el cristianismo. El punto de partida de ellos, para explicar la geología de la Tierra, era que ésta debía considerarse únicamente como resultado de procesos naturales operando en el presente, sin intervención externa. El autor de este documental es el Dr. Terry Mortenson, Ph D., quien posee un doctorado en Historia de la Geología.

Es importante reconocer estos prejuicios, pues son la base en que descansan las teorías evolucionistas.

El punto de partida de James Hutton (1726-1797) fue:

> *"La historia de nuestro globo debe ser explicada por lo que vemos ocurrir ahora... ningún poder que no sea natural a nuestro globo debe ser empleado (para explicarla), ninguna acción debe ser aceptada excepto aquella cuyo principio (i.e.: ley natural) conocemos"*

Referencia: James Hutton "Theory of the Earth" Transactions of the Royal Society of Edingburgh, 1788.

La gran cantidad de fósiles en todo el mundo, así como los estratos geológicos, dan evidencia de una gran Diluvio Universal. Hay muchos factores que apuntan a tal catástrofe única en la historia de nuestro planeta. Y de hecho, hay historias registradas en muchas culturas alrededor del mundo que hablan de un Diluvio Universal causado sobrenaturalmente.

El tomar rígidamente una posición atea antes de considerar la evidencia, resultará en una explicación atea de los hechos aunque esta sea incorrecta. Pero eso ¡no es ciencia!

El físico teórico Stephen Hawking declaró en el año 2010 que el universo se creó a sí mismo, que no necesito a Dios. Hawking escribió en su libro "The Grand Design" (El Diseño Grandioso) cuyo coautor es el físico Leonard Mlodinow:

> *"Porque existe una ley tal como la ley de la gravedad, el universo puede, y (de hecho) se creará a sí mismo de la nada. Creación espontánea es la razón por la cual existe algo en lugar de nada, el por qué existe el universo, el por qué existimos nosotros."*

Referencia: "God Did Not Create The Universe, Says Hawking" by Michael Holden, September 2nd, 2010, London, Reuters.

Ahora bien, si no existía nada entonces no existía la ley de la gravedad, pues la ley de la gravedad es "algo", no "nada". A menos que "nada" no signifique realmente "nada", sino que signifique algo distinto.

Además, las leyes nunca crean algo. La ley de la gravedad reconoce la existencia y cuantifica la fuerza de atracción que existe entre las masas, pero no explica por qué ocurre. Los científicos todavía no pueden entender o explicar bien la razón de dicha fuerza.

La ley de la gravedad nos dice que si tiras una piedra hacia arriba, caerá al suelo. Pero la ley de la gravedad no crea la piedra.

¿Es Evolución un modelo científico

y

Creación un mito religioso?

Ciencia   vs.   Mito Religioso

La respuesta se halla realizando una evaluación objetiva de la evidencia.

Usted podrá usar sus conocimientos de las leyes y principios de la aerodinámica, de la mecánica, de la termodinámica, y de otras disciplinas científicas, para diseñar y fabricar un avión; pero dichas leyes no producirán automáticamente un avión, se necesita un ser inteligente para ello: Las leyes por sí solas ¡no crean nada!

Lamentablemente, al igual que Hawking, hay personas de reputación académica muy influyentes, que hacen aseveraciones categóricas prejuiciadas en el tema de orígenes sin el debido respaldo. El público, deslumbrado por la reputación de dichas personalidades, les creen ciegamente; no se percatan que sus declaraciones no están sustentadas científicamente: Sus bases son religiosas, fundamentadas en una posición a priori atea, no en la evidencia.

Stephen Hawking expresó en una interacción con John Lennox que *"la religión no es más que un invento elaborado por quienes tienen miedo a la oscuridad."* No es de extrañar, pues, que rehúse considerar el Creacionismo si de antemano rechaza al Creador.

John Lennox le respondió brillantemente a Hawking: *"Más bien el ateísmo es un invento elaborado por quienes tienen miedo de la luz."* Referencia: Conferencia "Science has not buried God" (La Ciencia no ha Enterrado a Dios), Costa Mesa, California, EEUU Diciembre 9 del 2013. John Lennox: M.A., Ph. D. - Univ. de Cambridge. D. Sc. - Univ. de Wales. Profesor de Matemáticas Pura - Univ. de Oxford.

> *"El ateísmo es un invento elaborado por quienes le tienen miedo a la luz."*
>
> John Lennox

George Wald (1906 - 1997) Profesor de Biología, Universidad de Harvard, Premio Nobel, escribió:

"... generación espontánea; la única alternativa es creer en un acto sobrenatural, singular, primario de creación.. No existe una tercera posición...

Bástale a uno contemplar la magnitud de este hecho, para reconocer que la generación espontánea de un organismo vivo es imposible. Sin embargo aquí estamos como resultado, creo yo, de generación espontánea."

Referencia: "The origin of life" (El origen de la vida) Scientific American. Agosto de 1954 p.46 .

Vemos que George Wald quiso creer en la generación espontánea de la célula a partir de elementos químicos, a pesar de que la evidencia indica que es algo imposible. ¿Cuál fue el motivo de su preferencia? ¿Cuál fue su razón para ir contra la interpretación más lógica de la evidencia? ¡Ateísmo!

El evolucionista Stephen Jay Gould (1941-2002), quien fuera Presidente de La Sociedad Paleontológica, y Presidente de la Asociación Americana pro Avance de la Ciencia, dijo:

"Los humanos evolucionaron de antecesores cuya apariencia era de simio, ya sea a través del mecanismo propuesto por Darwin o por otro (mecanismo) todavía por ser descubierto"

Gould, S.J. 1981. Evolution as Fact and Theory. (Evolución como Hecho Real y Teoría) Discover 2:34-37.

Gould abrazó evolución como un hecho, a pesar que todavía no pueden presentar el mecanismo con que haya ocurrido, y a pesar que tampoco la han comprobado experimentalmente.

Los portavoces más prominentes de Evolución son ateos, o murieron siendo ateos. Dentro de ellos podemos mencionar además de los ya mencionados, a Isaac Asimov, Universidad de Boston; Carl Sagan, Universidad de Cornell; Ernst Mayr, Universidad de Harvard; y Richard Dawkins, Universidad de Oxford.

Isaac Asimov (1920-1992), Profesor de Bioquímica en la Universidad de Boston, dijo:

> *"Yo soy ateo, no tengo la evidencia para probar que Dios no existe... pero no deseo perder mi tiempo"*

Obviamente que Asimov, un autor prolífico y reconocido de ciencia ficción, muy influyente en el campo académico, no consideró la posibilidad de un Creador por preferencia personal, no por la evidencia.

Carl Sagan (1934-1996). Astrónomo, cosmólogo, astrofísico, autor de varias obras, en su serie Cosmos, televisada por todo el mundo, dice al inicio:

> *"El cosmos es todo lo que existe, todo lo que ha existido, y lo único que siempre existirá."*

Su declaración implica ateísmo, excluyendo la existencia del Creador.

Richard Dawkins M.A, D. Phil., D. Sc. Tiene un Doctorado en Ciencias, y ocupa una posición muy influyente en la Universidad de Oxford: "Charles Simonyi Chair" para la Comprensión Pública de la Ciencia.

Dawkins, quien es un enemigo acérrimo de la fe cristiana; niega apasionadamente al Dios de la Biblia y se opone vitriólicamente contra el Creacionismo, declaró:

> *"Está absolutamente en lo correcto si, al encontrar a alguien que declara no creer en Evolución, usted dice que dicha persona es ignorante, estúpida o demente."*

Lisa Miller, en el artículo "Darwin's Rottweiler" (El Perro Rottweiler de Darwin), publicado en Newsweek del 5 de octubre del 2009, cita declaraciones insultantes hechas por Dawkins contra el Dios de la Biblia durante su entrevista. Sus comentarios son insultantes y blasfemos por lo que prefiero no citarlos literalmente acá.

La hostilidad de Dawkins hacia Dios no le permite considerar al Creador como la explicación más lógica para el diseño, el orden y el propósito que vemos en el universo y la vida. Siendo que ocupa una posición muy estratégica en avanzar el entendimiento público de la ciencia, su posición prejuiciada influye negativamente a millones de personas.

James Bullock Ph D., Profesor de Física y Astronomía en la Universidad de California en Irvine, UCI, y Director del Centro del Sur de California para la Investigación de la Evolución de las Galaxias, responde a la pregunta de si cree en vida extraterrestre:

> *"Antes pensaba que la respuesta era un obvio "Sí", que hay vida en el universo. Ahora que soy mayor y he estado pensando en la pregunta en varias formas ya no estoy tan seguro. Hay un número de argumentos de peso que dirían que tal vez "No". Tal vez sólo ocurrió una vez, y nosotros fuimos increíblemente afortunados"*

Referencia: Exploring the Mysteries of the Universe (Explorando los Misterios del Universo), S. Cruz, Orange County Register, 28 de abril del 2014.

Se estima que hay unas 100,000 millones de galaxias en el cosmos, con un promedio de 200,000 millones de estrellas en cada galaxia. James Bullock, al considerar la imposibilidad científica de que la vida ocurra por la casualidad, concluye que a pesar del gran número de galaxias y estrellas, y por lo tanto de planetas, millones de millones de ellos; la vida tal vez sólo se originó una vez en todo el universo, en la Tierra.

Dado que nuestra existencia es una ¡realidad incuestionable! Bullock concluye que la vida ocurrió en la Tierra por increíble suerte. Una suerte tan improbable que no cree que pudiera haber ocurrido dos veces en todo el cosmos.

La conclusión de Bullock es resultado de su compromiso férreo, a priori, con una posición que excluye al Creador a pesar de la evidencia, y la lógica.

EVOLUCIÓN: IMPACTO DESASTROSO

El impacto personal y social de Evolución es enorme y ¡catastrófico! Lamentablemente el costo del error es desconocido o ignorado por la sociedad en general.

El Principio de Acuerdo a Evolución

Muchos creen, como dogma de fe, que todo el universo se inició hace unos 13,800 millones de años en un evento expansivo, o explosión, conocido como el "Big Bang" (Gran Estallido). A partir de ese evento se fueron formando partículas elementales y átomos de hidrógeno. Los átomos de hidrógeno, supuestamente, se fueron congregando hasta formar estrellas, donde el hidrógeno se convierte en helio por fusión atómica.

Nadie ha visto el nacimiento de una estrella, pero los evolucionistas insisten que de alguna manera los átomos de hidrógeno se concentran naturalmente para originar las estrellas. Esto nunca se ha comprobado.

Por otra parte, es un hecho que en las estrellas los átomos de hidrógeno se fusionan entre sí para formar helio. El proceso de fusión atómica continúa dando lugar a nuevos elementos: átomos de carbono, oxígeno, y hierro entre otros.

Cuando la densidad de las estrellas llega a ser demasiada grande, y su presión insostenible, éstas estallan en Supernovas dispersando sus elementos químicos. Esto sí se ha observado, pero no es confirmación de la evolución de las estrellas, sino de su muerte.

Los evolucionistas aseguran que el polvo cósmico atrapado en órbitas estelares, es la materia prima de la cual se originan los planetas que giran al rededor de las estrellas. Pero el nacimiento de un planeta tampoco se ha observado jamás.

La Evolución Cósmica supuestamente progresó a Evolución Biológica en algunos lugares como la Tierra, donde las propiedades del planeta, su atmósfera, distancia del Sol, y otras características, resultaron ideales para la vida, todo por casualidad.

De acuerdo a la mayoría de los evolucionistas, las primeras células se originaron en el océano de nuestro planeta hace más de 3,000 millones de años. A partir de las primeras células formas más complejas de vida fueron evolucionando hasta formar animales invertebrados, luego los peces, los anfibios, los reptiles, las aves, los mamíferos, y finalmente, el hombre.

Según los estimados más recientes de los evolucionistas, la Tierra y el Sistema Solar tienen 4,600 millones de años de existencia; y el Homo Sapiens, el hombre actual, unos 180,000 años de ambular por el planeta.

Dado que los evolucionistas aseguran que todo se originó como resultado de las propiedades de la materia, la casualidad y el tiempo; ellos piensan que hay formas de vida compleja en otras galaxias. Y de hecho, creen que hay seres más desarrollados que el ser humano en planetas supuestamente más antiguos que el nuestro.

Libre Albedrío

Si el ser humano es simplemente resultado de la materia, y de interacciones casuales a lo largo del tiempo, entonces no tenemos libre albedrío. Y es que, la materia no tiene libertad; ésta obedece inmisericordemente las leyes de la naturaleza.

Un puño de átomos integrados en formas complejas, sin un espíritu, no puede tener libertad ni capacidad moral verdadera.

Si usted tira un pedazo de plomo al agua, éste se hundirá. Usted podrá repetir esa acción un millón de veces, y el resultado será el mismo. Todo comportamiento del pedazo de plomo estará regido por las leyes de la naturaleza. Nunca exhibirá un comportamiento distinto pues no tiene libre albedrío.

Mi computadora laptop tampoco tiene libre albedrío. Los resultados que arroje depende de los datos que le ponga, del programa software, y del funcionamiento adecuado del hardware. Si me arroja resultados malos, el culpable será el diseñador del programa software, o yo por los datos que le alimenté. La laptop no tendría culpa moral pues no tiene libertad de actuar independientemente.

Siguiendo ese razonamiento, muchos que abrazan Evolución consideran que el comportamiento humano tiene que ver exclusivamente con el medio ambiente y los genes del individuo. Consecuentemente, al individuo nunca se le responsabiliza de sus acciones.

William Provine, evolucionista ateo y opositor acérrimo de la teoría de "Diseño Inteligente", rechazó la existencia del "libre albedrío".

Provine obtuvo a Ph. D. en la Universidad de Chicago, llegando a ser Profesor Distinguido de la Universidad de Cornell, y catedrático en los departamentos de Historia, Estudios de Ciencia y Tecnología, Ecología y Biología Evolucionaria.

En el documental "Expelled: No Intelligence Allowed" (Expulsado: No Se Permite Inteligencia) Provine concluye, al igual que muchos evolucionistas, que:

"Si usted cree en evolución no hay esperanza de que haya libre albedrío."

Ateísmo

Richard Dawkins, en una entrevista realizada por Hugh Hewitt el 21 de octubre del 2009, habló del impacto del Darwinismo en su vida espiritual. A continuación copiamos parte de la entrevista.

HH: *¿Alguna vez creyó en Dios, Richard Dawkins?*

RD: *¡Por supuesto!, he sido niño.*

HH: *Y ¿cuándo se despojó de la tonta creencia en Dios?*

RD: *¿Cuándo me despojé de niñerías?*

HH: *Sí.*

RD: *Como a los quince años.*

HH: *Y ¿bajo la influencia de quién ocurrió?*

RD: *Supongo que bajo la influencia, no directamente de Darwin, pero de la educación en Evolución que estaba recibiendo.*

Richard Dawkins entiende claramente las repercusiones de Evolución, por esa razón declaró:

"Entre más entiende el significado de evolución, más es usted empujado hacia... el ateísmo."

Joseph Stalin fue un dictador ateo de la otrora Unión Soviética desde mediados de la década de 1920 hasta su muerte en el año 1953. Cuando era adolescente dijo:

"Dios no es injusto, Él realmente no existe. Si Dios existiera, hubiera hecho el mundo más justo... te prestaré un libro y verás."

El libro era "El Origen de las Especies" de Charles Darwin. Fuente: Young Stalin (2007) by Simon Sebag Montefiore.

James Bullock Ph. D., Profesor de Física y Astronomía, Universidad de California en Irvine, UCI, le dio crédito a las estrellas por la existencia del ser humano, en lugar de dárselo a un Creador Inteligente. Su declaración abraza implícitamente una posición atea:

"Si no hubiese sido por las estrellas, no existiríamos"

Referencia: Look to the Stars (Mira hacia las estrellas) Orange County Register, Mayo 27, 2013

Impacto en la Fe Cristiana

En un artículo publicado en el periódico local del Condado de Orange, California, leemos:

"Muchos de los jóvenes que abrazan la teoría de la Evolución están abandonando el cristianismo.

Y las encuestas muestran que ellos se están yendo porque consideran que su fe es anti-ciencia"

Orange County Register - Sección: Faith and Values. Science Might Be Winning (La Ciencia Podría estar Ganando) por Jim Hinch, 13 de Enero del 2014.

Lamentablemente muchas iglesias no están equipando a sus jóvenes en el tema de orígenes. Al no presentarles las evidencias científicas a favor de Creacionismo, y no exponerles las inconsistencias y fallas de la hipótesis de Evolución, ellos terminan abandonando su fe en la Biblia.

El artículo anterior, empezando por su encabezado, da a entender falsamente que Evolución es ciencia objetiva, mientras que Creación es anti-ciencia. Ese es un grave error. Acá presentamos muchas evidencias a favor de Creacionismo, y varias de las inconsistencias y prejuicios del Evolucionismo.

Evolución es una hipótesis que debe ser confrontada en las iglesias pues tiene un gran impacto destructivo en la fe cristiana. Tal como escribió el Salmista:

"Si los fundamentos son destruidos; ¿qué puede hacer el justo?"

Salmo 11:3

Debido al impacto de Evolución, aproximadamente dos tercios de los adolescentes en Inglaterra no creen en Dios, de acuerdo a un estudio conducido por Penguin Books. La encuesta fue realizada con 1,000 adolescentes cuyas edades oscilan entre 13 y 18 años. (http://www.telegraph.co.uk/news/religion/5603096/Two-thirds-of-teenagers-dont-believe-in-God.html)

Caos Personal y Social

Ya hemos mencionado que de ser cierta Evolución, el ser humano sería simplemente un puñado de átomos y moléculas comportándose de acuerdo a las propiedades de su organización, y los estímulos externos de su medio ambiente.

Y en tal caso, el homosexualismo, mentiras, infanticidio, adulterio, o cualquier otra forma de comportamiento humano, sería legítimo pues sería resultado exclusivo de la evolución bioquímica del individuo, y de su medio ambiente.

La portada de la revista TIME del 15 de agosto de 1994 muestra un anillo de boda roto, y las palabras: Infidelidad, puede que esté en nuestros genes.

La revista cubre varios artículos que conectan la infidelidad del ser humano con su supuesta evolución. En otras palabras: La infidelidad sexual no es una falla moral, un pecado, sino una expresión natural del ser humano.

En dicha edición encontramos comentarios cuyas implicaciones personales y sociales son devastadoras para la familia y la sociedad. Leemos por ejemplo, los siguientes:

"Es ventajoso para la evolución del hombre sembrar sus semillas a lo largo y ancho."

"La buena noticia de la Psicología Evolucionaria es que los seres humanos están diseñados para enamorarse. La mala noticia es que no están diseñados para permanecer enamorados."

"El dimorfismo sexual extremo es típico de las especies polígamas... en los humanos, los varones son 15% mayores (que las hembras), suficiente para sugerir que el alejamiento de la monogamia en los varones, así como el de las hembras, no es una invención cultural reciente."

El primer comentario presenta la promiscuidad como algo favorable para la evolución del ser humano: Entre más promiscuo es el hombre tendrá más descendientes, supuestamente aumentando las probabilidades de que tenga hijos mejor desarrollados.

El segundo comentario nos hace reflexionar en la tremenda influencia de Evolución en la Psicología. Note el término "Psicología Evolucionaria".

El comentario presupone implícitamente un Diseñador al decir que somos "diseñados". El autor del artículo no lo escribió bajo una perspectiva creacionista, sin embargo sus palabras ¡lo traicionan!

Debido a la creencia en Evolución, el Psicólogo Evolucionario en lugar de buscar entender el comportamiento humano consultando el manual del Autor de la vida, la Biblia; lo hace estudiando a los primates y otros animales de los cuales, supuestamente, evolucionamos.

El artículo indica que nuestra inhabilidad de permanecer enamorados es intrínseco a la naturaleza humana. En otras palabras: ¡No tenemos la culpa! La Biblia nos revela sin embargo que el hombre y la mujer fueron creados en un estado perfecto. Y que la corrupción física y moral entraron al mundo cuando Adán y Eva violaron el mandato del Creador en Edén.

Debido al pecado en Edén, el ser humano se corrompió moralmente convirtiéndose en egoísta, mentiroso, hipócrita, etc. La razón, pues, por la cual una pareja no permanece enamorada, es el pecado en los individuos que la conforman; y no que tal comportamiento haya sido parte integral del humano desde su creación, o que haya sido beneficioso para su evolución.

El tercer comentario habla del dimorfismo sexual, es decir, la diferencia de tamaño entre el macho y la hembra de las especies. Entre más corpulento es el macho, mayores son sus probabilidades de que acapare todo el harem de hembras. El macho más corpulento es el que entonces propagará sus genes, privando a los machos más débiles de la oportunidad de impregnar a las hembras y transmitir sus genes a la siguiente generación.

El artículo concluye entonces, que la promiscuidad del hombre es natural pues el hombre es un 15% más corpulento que la mujer.

La Biblia nos enseña sin embargo, tal como ya lo mencionamos, que la infidelidad es resultado de la corrupción moral que entró con el pecado en el Edén.

La influencia de los medios de comunicación en la percepción pública es enorme, por lo que debemos ejercer discernimiento. En una encuesta publicada el 29 de junio del 2010 en www.cnn.com, leemos que la mayoría de los encuestados dijeron que la monogamia no era natural al hombre, el 65% (80,987 votos) comparado con el 35% (43,051 votos) que dijeron que la monogamia era natural.

La pregunta realmente está prejuiciada. Cuando hablamos de algo "natural" generalmente asumimos que lo natural es lo apropiado, lo genuino, lo legítimo, lo verdadero. Pero no se está tomando en cuenta que el hombre está moralmente enfermo, corrupto; que su tendencia a la infidelidad sexual es debido a esa naturaleza corrupta por el pecado en Edén, no a la naturaleza original con la que fue creado.

El analizar las cosas desde el punto de vista evolutivo afecta profundamente nuestra interpretación del mundo que nos rodea, y la manera en que respondemos a él.

No Somos Animales

Cuando era niño se me enseñó en la escuela que el mundo estaba dividido en tres reinos: El mineral, el vegetal y el animal. Y que el reino animal estaba dividido en animales racionales y animales irracionales, siendo el hombre un animal racional. Lamentablemente esa clasificación de los animales es nociva, influenciada por Evolución.

El hombre no es un animal racional. Sí, somos racionales, pero ¡no animales! Somos criaturas con un cuerpo físico, pero ¡no animales! Somos seres superiores, creados ¡a la imagen de Dios!

La vida no se respeta igual si crees que somos animales, producto de evolución, a que si crees que somos seres superiores creados a la imagen de Dios. La vida se valora muy distinto dependiendo de lo que uno cree.

Si creemos que somos animales nos comportaremos como animales, y justificaremos nuestro comportamiento animal. Eso es lo que precisamente está sucediendo en nuestras sociedades.

Dictadura Devastadora

Cuando no tiene temor a Dios el hombre llega a ser una criatura muy salvaje. Las cifras siguientes hablan por sí solas. Durante la dictadura de Joseph Stalin:

1,000,000	Enviados a prisión o exilio (1927-1929)
11,000,000	Campesinos expulsados de sus tierras
2,500,000	Campesinos arrestados o exiliados
1,000,000	Personas ejecutadas (1937-1938)
5,000,000	Personas enviadas a campos de concentración

Ése es el resultado de un dictador cuyo dios fue la Evolución Atea.

Stalin dijo: *"Las ideas son más poderosas que pistolas. No les permitiríamos a nuestros enemigos tener pistolas, ¿por qué les permitiremos tener ideas?"* Es claro que el enemigo de nuestras almas, Satanás, no desea que conozcamos la verdad pues es un arma muy poderosa.

Satanás desea que nos sigamos corrompiendo y destruyendo, sin buscar a Dios y encontrar la salvación que Dios ofrece y revela en la Biblia. Su estrategia: Negar que se enseñe apropiadamente el Creacionismo en las escuelas, promoviendo la dictadura del Evolucionismo. Con ello se desacredita la Biblia, se niega al Creador, y se le cierra al hombre el camino a la salvación.

En lugar de promover la evaluación objetiva de Evolución y de los méritos científicos de Creacionismo, las escuelas públicas en Estados Unidos tienen prohibido presentar Creacionismo. Sólo pueden enseñar la hipótesis de Evolución.

En una encuesta realizada por la organización Gallup en los Estados Unidos en el año 1999, sobre si se debía enseñar sólo Evolución o si se debería enseñar ambos modelos, Creación y Evolución, en las escuelas públicas, el 68% favorecía enseñar ambos modelos. Sólo el 29% quería que se enseñara únicamente Evolución.

Es oportuno aclarar que, el mostrar en las escuelas públicas las evidencias de que el universo y la vida son resultado de diseño inteligente por parte de un Creador, no viola ninguna libertad religiosa. La parte espiritual no se tocaría en las escuelas públicas. Ésa es la responsabilidad de los padres y de los guías espirituales de sus hijos, no de las escuelas públicas.

Es importante notar sin embargo que, esconder o negar la evidencia que apunta a que un Ser Inteligente es una explicación legítima del origen del universo y la vida; y negar o restringir el acceso de las personas a información e ideas creacionistas dignas de consideración, es negar o restringir la libertad de las personas de conocer la verdad sobre su origen, y descubrir el propósito de sus vidas.

La niñez y juventud están siendo bombardeados insistente y consistentemente con la hipótesis de la Evolución, una filosofía que no ofrece significado, propósito o esperanza para la vida. El resultado lo vemos en la proliferación del uso de drogas, suicidios, promiscuidad sexual, violencia, irrespeto a las autoridades, pandillas y otros problemas sociales.

Estudios estadísticos realizados en el año 2005 y 2011 sobre los niños y adolescentes en los Estados Unidos, mostraron lo siguiente:

"23% de los varones (20% de las hembras) adolescentes en el 12^{avo} año escolar, habían usado drogas ilícitas recientemente (dentro de los 30 días anteriores a la encuesta).

29% de los varones adolescentes en el 12^{avo} año escolar, habían tomado en alguna ocasión reciente (dentro de las dos semanas anteriores a la encuesta), cinco tragos (bebidas alcohólicas) seguidos en un período de dos horas o menos."

¿Dictadura del Evolucionismo?

"Las ideas son más poderosas que pistolas.

No les permitiríamos a nuestros enemigos tener pistolas, ¿por qué les permitiremos tener ideas?"

Joseph Stalin

Restringir el acceso a información e ideas creacionistas dignas de consideración; y a evidencias que apuntan a un Ser Inteligente como explicación legítima del origen del universo y la vida; es restringirle a las personas la libertad de conocer la verdad sobre su origen, y descubrir el propósito y destino de sus vidas.

"63% de los jóvenes adolescentes en el 12^{avo} año escolar, ya habían tenido sexo alguna vez."

Fuente: America's children: Key National Indicators of Well Being. www.childstats.gov.

"En el 2011, en los Estados Unidos, el 15.8% de los jóvenes entre 9no y 12^{avo} grado reportaron haber considerado seriamente suicidarse (alguna vez dentro de los 12 meses anteriores a la encuesta)."

Fuente: http://www.cdc.gov/ViolencePrevention/pdf/Suicide_DataSheet-a.pdf Accedido el 3 de julio del 2015.

¿Qué podemos esperar si de acuerdo a Evolución la vida no tiene propósito, y no existe un Dios poderoso que nos ama, a quien le importemos y que sea capaz de ayudarnos?

El evolucionista Carl Sagan escribió:

"El planeta Tierra es un escenario bien pequeño dentro de la vasta arena cósmica...

nuestra importancia imaginaria, nuestra percepción engañosa de que tenemos una posición privilegiada en el universo...

Nuestro planeta es un puntito solitario en la gran oscuridad cósmica que lo envuelve.

En nuestra oscuridad, en medio de esta vastedad, no hay ningún indicio que ayuda vendrá de ningún lugar para salvarnos de nosotros mismos"

Referencia: Carl Sagan, Pale Blue Dot (NY Random House, 1994), pg. 9.

No creo que sea honesto ni beneficioso en lo más mínimo, imponer la "Dictadura del Evolucionismo" en las escuelas. Es mi deseo y oración que este libro permita que muchos abran los ojos a favor de la verdad y la libertad intelectual que debemos ofrecer a la juventud de nuestros países.

En el juicio contra Jesús, el gobernador romano le hizo una pregunta, ante la cual Jesús guardó silencio.

"Pilato entonces le dijo: "¿A mí no me hablas? ¿No sabes que tengo autoridad para soltarte, y que tengo autoridad para crucificarte?"

Jesús respondió: "Ninguna autoridad tendrías sobre mí si no se te hubiera dado de arriba..."

Juan 19:10-11

Los maestros tiene una seria responsabilidad en la educación de los niños.

Negar o esconder la evidencia del Creador, y enseñar contra la verdad, tiene serias consecuencias.

La autoridad mayor sobre toda autoridad en el sistema educativo es Dios.

Un día las personas que legislan en los sistemas educativos de un país, así como los maestros, tendrán que dar cuentas al Creador.

El impacto de Evolución es desastroso. Charles Darwin escribió:

"En un futuro, no muy distante si medido en siglos, las razas civilizadas del hombre, casi con toda certeza, exterminarán, y remplazarán, a las razas salvajes a lo largo de todo el mundo..."

Referencia; Darwin C. 1901. The Descent of Man. London: John Murray, 241-242.

Adolfo Hitler justificó en el Darwinismo sus acciones genocidas contra los judíos. David Berlinski expresa que:

"El Darwinismo no es una condición suficiente para un fenómeno como el nacismo, pero creo yo ciertamente, que es una condición indispensable."

David Berlinski, Ph.D. Filosofía - Universidad de Princeton. Postdoctoral Fellow en Matemáticas y Biología Molecular- Universidad de Columbia.

Referencia: Documental "Expelled: No Intelligence Allowed" (Expulsado: No se Permite Inteligencia) April 18 2008.

Adolfo Hitler escribió en su libro Mein Kampf (1939) p.240:

"Si la naturaleza no desea que individuos más débiles se apareen con los más fuertes, ella tiene mucho menos deseo que una raza superior se junte con una inferior; pues en tal caso, todos sus esfuerzos, a lo largo de cientos de miles de años, por establecer un estado de existencia evolutiva superior, pudiera de esa manera resultar en vano."

El resultado de esa manera de pensar fue experimentado dolorosamente por todo el mundo en la Segunda Guerra Mundial, y en particular por los judíos.

Evolución exonera a los individuos de sus acciones violentas y asesinas. Al fin y al cabo ellos no tiene culpa moral de que por evolución ¡sean lo que son!

En la masacre ocurrida en 1999 en la escuela secundaria de Columbine, Colorado, EEUU dos estudiantes asesinaron a doce estudiantes y una maestra. En un artículo tratando de explicar el comportamiento violento del ser humano, y particularmente el de dicha masacre, leemos:

"Puede que la ciencia nunca explique completamente actos violentos como la masacre... de Columbine... pero varios estudios... están cambiando las maneras en que los científicos ven la violencia...

primatólogos sugieren que el comportamiento agresivo debe ser visto como una forma normal de competencia y negociación entre los grupos, y no como un instinto fundamentalmente antisocial."

Referencia: Página web de revista 'Scientific America', Artículo: 'Entendiendo la violencia', 31 de julio del 2000.

En otras palabras, si una mujer llega quejándose de la golpiza que le dio su esposo, dígale que no lo tome tan a pecho, que su esposo ¡sólo está tratando de negociar con ella!

Qué equivocado es que estemos estudiando el comportamiento de los primates, de los chimpancés, para poder entender y explicar nuestro comportamiento personal y social. En lugar de consultar con los primates, deberíamos consultar con nuestro Creador, quien nos conoce perfectamente, y puede no sólo darnos luz al problema, mas también ayudarnos a resolverlo.

La Vida Humana se Valora Menos que la de un Animal

Hoy en día en los Estados Unidos la vida humana se estima menos que la de un animal. ¡Así es! Considérelo usted mismo:

Las estadísticas del año 2004, sobre el término de los embarazos de las mujeres solteras de 15 a 44 años de edad en los Estados Unidos, fueron las siguientes:

Pérdidas Fetales	13%
Abortos Inducidos	35%
Nacimientos	51%

Fuente: Centers for Disease Control and Prevention. National Center for Health Statistics.

35% de los bebés fueron destruidos en el vientre materno por ¡conveniencia Cuánta verdad la que declaraba un "Bumper Sticker" que llevaba un carro hace algunos años: *El lugar más peligroso en Estados Unidos es el vientre materno"*

Evolución desvaloriza la vida del bebé, quien ha sido creado a la imagen de Dios. Evolución sólo lo ve como una masa de tejido impersonal.

En muchos estados de EEUU es legítimo abortar un bebé por cualquier motivo, hasta los seis meses de embarazo.

Qué confusión la que reina: Las escuelas en EEUU no tienen libertad de proporcionar una aspirina u otra medicina sencilla a una niña adolescente sin previo permiso de sus padres, pero una adolescente puede ir a una clínica abortiva y abortar a su bebé sin el consentimiento de sus padres, y con ayuda financiera proporcionada por el gobierno.

Los Estados Unidos de Norte América es una gran nación, fundada sobre grandes principios, por grandes estadistas. Dicho país, y su gente, ha sido y es ejemplo de muchas virtudes. Yo le doy personalmente gracias a Dios y a esta nación por haberme acogido en el año 1981 cuando emigré a su territorio. Estoy convencido sin embargo, que no debemos seguir muchos de los pasos y decisiones sociales, éticas y morales que está tomando en la actualidad.

Un animal tiene mayor protección que una criatura de 5 meses en el vientre de su mamá en EEUU.

En el periódico The Orange County Register del Condado de Orange, California del 15 de septiembre del 2010 salió la noticia de una mujer que fue arrestada por crueldad animal. Ella fue arrestada el 16 de abril porque su perro pastor alemán estaba desnutrido, llegando a pesar sólo 37 libras.

La organización Operación Rescate Pastor Alemán pagó los gastos clínicos para que el perro se recuperara, hasta pesar las 85 libras. El juicio y la presentación de cargos contra la residente de la ciudad de Garden Grove, California se programó para el 28 de septiembre del mismo año.

No estamos de acuerdo con la crueldad a los animales, pero definitivamente maltratar un animal no puede estar al mismo nivel que destruir una vida humana.

Hasta la vida de un pollo vale más que la vida humana hoy en día en Los Ángeles, California. El 15 de septiembre del 2013, en el periódico The Orange County Register, salió la noticia siguiente:

"Agentes estatales han citado a dos grupos judíos ortodoxos en Los Ángeles (California) por violar la ley al sacrificar pollos como parte de un ritual religioso antiguo de expiación.

Avisos de violación fueron dados el viernes a la sinagoga Ohel Moshe y a la organización Bait Aaron.

La decisión vino después de que activistas en pro de los derechos de los animales protestaran la práctica de sacrificar pollos en los días anteriores al Día Judío de Expiación, Yom Kipur."

Como vemos, hoy en día un pollo tiene más derechos que un bebé en el vientre de su madre.

Lo Que Uno Piensa Sobre Su Origen Importa Mucho

No nos equivoquemos, lo que uno piensa sobre el origen de la vida impacta nuestras acciones personales y sociales. El pensar que somos descendientes de los simios ha traído tristes consecuencias. Veamos un ejemplo más:

"Ilya Ivanov (1870-1932) fue un eminente biólogo... considerado "una de las grandes autoridades en inseminación artificial"... Su experimento más radical fue, sin embargo, su intento de producir un híbrido humano-simio. Él pensó que tal hazaña era claramente factible en vista de lo tan cercano que... los biólogos evolucionarios consideraban a los simios y los seres humanos.

Su proyecto, financiado por el gobierno soviético, con el objetivo de producir híbridos humano-simios mediante inseminación artificial...

Presentó la idea de su experimento en el Congreso Mundial de Zoólogos en Graz...

Primero intentó producir híbridos de hombres con chimpancés hembras. Sus tres intentos fracasaron.

Ivanov intentó también usar simios machos y mujeres para producir híbridos, pero no pudo completar su experimento porque por lo menos cinco de las mujeres que usó murieron (en el experimento)..."

Referencia: Jerry Bergman, Ph.D., Adjunct Associate Professor, University of Toledo Medical School, Ohio. Bergman, J. 2009. Human-Ape Hybridization: A Failed Attempt to Prove Darwinism. Acts & Facts. 38 (5): 12.

Francis Schaeffer escribió:

"Quienes abrazan el concepto de realidad basada en la materia-energía y la casualidad... no sólo desconocen la verdad de la realidad máxima (i.e.: La máxima expresión de la realidad), Dios, tampoco conocen quién es el hombre...

Siendo que su concepto del hombre está equivocado, su concepto de "la sociedad" y de "la ley" está equivocado, y no tienen la base suficiente para "la sociedad" o "la ley"

Referencia: A Christian Manifesto by Francis Schaeffer - 1981 pags 25 & 26.

Francis Schaeffer

———— ☆ ————

"Bienaventurado aquel
cuya ayuda es el Dios de Jacob,
cuya esperanza está en el SEÑOR su Dios,
que hizo los cielos y la tierra,
el mar y todo lo que en ellos hay;
que guarda la verdad para siempre."

Salmo 146:5-6

Evolución: Redefiniendo Sexualidad, Matrimonio Y Familia

Es obvio que el sistema reproductivo del hombre es un complemento perfecto del de la mujer, y que ambos han sido creados el uno para el otro. Procesos casuales no pueden producir sistemas complejos y complementarios, y mucho menos en ¡entidades separadas!

Es más, si Evolución fuese cierta entonces nuestro punto de vista respecto a la sexualidad, el matrimonio y la familia puede ir cambiando. Y debido a que las sociedades están abrazando el Darwinismo, este fenómeno se ha estado dando a pasos agigantados.

El periódico The Orange County Register, del Condado de Orange, California del 12 de marzo del 2008 reportó el nacimiento de cuatrillizos a una pareja de lesbianas. A una de ellas se le implantó su óvulo fertilizado in vitro. La pareja trabajaba para el Departamento de Policía de la ciudad de Irvine, California.

Pero ¿a caso no tienen derecho los bebés a tener un papá? Desde la fertilización estas cuatro criaturas fueron destinadas a tener dos mamás, por decisión de la pareja. ¿Quién ha de defender los derechos de los bebés? Lamentablemente el gobierno aprueba tal situación. ¿Por qué? Porque Evolución ha permeado la sociedad y el gobierno, influenciado la manera en que la población ve la sexualidad, el matrimonio y la familia.

En un artículo de Associated Press (Prensa Asocciada) del 28 de septiembre del 2011 Hope Yen reportó que:

"el número de norteamericanos homosexuales, reportando a la oficina del Censo de los Estados Unidos que están cohabitando con una pareja del mismo sexo, casi se duplicó en la década pasada, alcanzando la cifra de cerca de 650,000 parejas."

Esta cifra se ha ido incrementando rápidamente, de manera que hay millones de niños viviendo en hogares de parejas homosexuales o lesbianas.

En un artículo del 28 de junio del 2009 publicado en www.cnn.com, John Blake reportó que:

"de acuerdo a COLAGE (Children of Lesbians and Gays Everywhere) (Hijos de Lesbianas y Homosexuales En Todo Lugar) por lo menos 10 millones de personas tienen una madre lesbiana, o padre homosexual, o madre y/o padre bisexual, o transgénero."

Evolución ha penetrado e influenciado profundamente las instituciones médicas y sociales que impactan la población. Dicho artículo indicó:

"De acuerdo a The American Psychologial Association (APA) (La Asociación Psicológica Norte Americana)... la homosexualidad no es un comportamiento desviado sino más bien una expresión normal de la sexualidad humana. La APA también concluye que... leyes prohibiendo que parejas del mismo sexo adopten (hijos) no tienen bases científicas."

Una vez más vemos que Evolución está remplazando los valores bíblicos sobre los cuales fueron fundadas nuestras sociedades. Hoy en día, toda explicación e interpretación tiene que descansar en filosofía materialista evolucionista para ser aceptada socialmente.

En un artículo titulado "The Meaning of Family is Changing" (El Significado de la Familia Está Cambiando), de Associated Press, publicado en The Orange County Register del 15 de septiembre del 2010 leemos:

"Entre el 2003 y el 2010, tres encuestas...

"Y respondiendo Jesús, dijo:

¿No habéis leído que aquel que los creó,

desde el principio los hizo varón y hembra."

Mateo 19:4

mostraron un desplazamiento significativo hacia considerar como familia a parejas del mismo sexo que tienen niños, 68% en el 2010, de 54% en el 2003. Más de 2,300 personas fueron encuestadas."

```
┌─────────────────────────────────┐
│  Población que consideran co-   │
│  mo familia a personas del      │
│  mismo sexo con niños:          │
│                                 │
│   Año         Porcentaje        │
│   2003           54%            │
│                                 │
│   2010           68%            │
└─────────────────────────────────┘
```

De acuerdo a una encuesta conducida por The Washington Post, subida al sitio web www.washingtonpost.com por John Cohen el 18 de marzo del 2013, el cambio social está ocurriendo rápido, tal como lo confirman las cifras mostradas a continuación.

```
┌─────────────────────────────────┐
│  Personas que consideran que    │
│  se debe legalizar el matri-    │
│  monio entre parejas de ho-     │
│  mosexuales o lesbianas:        │
│                                 │
│   Año         Porcentaje        │
│   2004           41%            │
│                                 │
│   2013           58%            │
└─────────────────────────────────┘
```

En un artículo escrito por Lindsey Tanner, AP (Prensa Asociada), publicado en The Orange County Register el 21 de marzo del 2013, apoyando la legalización del matrimonio entre personas del mismo sexo, leemos:

"… La Academia Americana de Pediatras… ha endosado el matrimonio homosexual… cita investigación que muestra que la orientación sexual de los padres no tiene efecto en el desarrollo del niño…

…reportes indican que casi 2 millones de

niños en EEUU están siendo educados por padres homosexuales…

Otras agrupaciones han apoyado el matrimonio homosexual: La Academia Americana de Médicos Especializados en Medicina de la Familia, La Asociación Americana de Psiquiatría, La Asociación Psicológica Americana, y el Colegio Americano de Enfermería."

Bueno, el cambio está ocurriendo a velocidad relampagueante. Mientras escribo este libro la Corte Suprema de Justicia de los Estados Unidos de América acaba de legalizar el matrimonio homosexual. Hasta el momento unos 32 estados de la Unión Americana lo había legalizado, pero ahora es la ley en toda la nación. Jueces se verán obligados a casar personas del mismo sexo, o ser enjuiciados por discriminación.

Francis Schaeffer escribe en su libro "A Christian Manifesto":

"Nadie tiene el derecho de poner nada, ni siquiera al rey, al estado o a la iglesia, por encima del contenido de la Ley de Dios…

los humanistas presionan por "libertad", pero sin el consenso cristiano que la contenga esa "libertad" conlleva al caos, o a la esclavitud bajo el estado (o bajo una élite). El Humanismo, con su carencia de alguna base final para valores o la ley, siempre conlleva al caos."

```
┌─────────────────────────────────┐
│ "Mas  respondiendo  Pedro  y    │
│ Juan,  les  dijeron:  Vosotros  │
│ mismos  juzgad  si  es  justo   │
│ delante  de  Dios  obedecer  a  │
│ vosotros antes que a Dios"      │
│         Hechos 4:19             │
└─────────────────────────────────┘
```

Francis Schaeffer aclara la diferencia entre "humanidades", humanitarianismo" y "humanismo" en la referencia anterior:

Humanidades:

Es el estudio de la literatura, el arte, la música, etc., cosas que son producto de la creatividad humana.

Humanitarianismo:

Es ser amable y de ayuda a la gente, tratando a la gente humanamente.

Humanismo:

Es poner al hombre al centro de todas las cosas, y haciéndolo la regla de medir para todas las cosas.

Cinco de los nueve jueces que integran la Corte Suprema de Justicia de los Estados Unidos votaron a favor de legalizar el matrimonio homosexual, contra cuatro jueces que se opusieron. El juez principal de la Corte Suprema, John Roberts, quien se opuso y lamentó la decisión, declaró:

"Cinco abogados han concluido el debate y promulgado su propia visión del matrimonio como un asunto de ley constitucional...

¿Quiénes se creen que son?"

John Roberts—Juez Principal de la Corte Suprema de Justicia de Estados Unidos.

Fuente: Los Angeles Times. 27 de junio del 2015.

El Dr. James Dobson, Ph. D., fundador de la organización "Focus on the Family", y del ministerio para la comunidad hispana, "Enfoque a la Familia", comentó en la edición de Septiembre del 2015 de la revista "Decision" de la Asociación Evangelísitica Billy Graham, lo siguiente:

"Esto es apenas el principio. Ya se especula que se añadirán otras permutaciones, incluyendo la poligamia y las llamadas relaciones poli-amorosas, significando "muchos amores"...

Me he encontrado llorando por las implicaciones que dicha legislación (i.e.: la legalización del matrimonio entre perso-

nas del mismo sexo en EEUU) tendrá en nuestro país y la civilización occidental...

Lloro sobre todo por el impacto que tendrá sobre nuestros hijos, nuestros nietos y las generaciones futuras.

Se les enseñará que lo bueno es malo, y que lo malo es bueno, y que las enseñanzas de las Escrituras no son correctas, ni confiables.

Qué atrocidad el que a los niños y niñas desde su niñez ya se les esté introduciendo el comportamiento adulto perverso.

Pronto los libros de texto escolares en toda la nación serán re-escritos y re-ilustrados para conformar con la nueva legislación. Sin importar que estas revisiones contradigan las creencias y convicciones de los padres cristianos: Ya es la ley del país...

Me temo que el juicio de Dios caerá sobre ésta que una vez fue una gran nación; y tal vez el juicio ya ha comenzado a caer."

En el libro de Francis Schaeffer anteriormente referido, el autor cita a Francis Legge, quien fuera gobernador de Nova Scotia en el siglo XVIII:

"Francis Legge... escribe: Los funcionarios del Imperio Romano en tiempos de persecución buscaron forzar a los cristianos a que sacrificaran, no a cualquier dios pagano, sino al genio del Emperador y a la suerte de la ciudad de Roma; y la negativa de los cristianos fue considerada todo el tiempo no como una ofensa religiosa sino política."

Francis Schaeffer añade:

"...se puede llegar a un punto en el que ya no sólo existe el derecho, sino la obligación de desobedecer al estado"

Al excluir al Creador de la explicación del origen del mundo y la vida, abrimos la puerta a opiniones e interpretaciones subjetivas al definir la familia.

Es más, si abrazamos Evolución y aprobamos el matrimonio homosexual, no tenemos bases para oponernos a la legalización del matrimonio formado por más de dos integrantes, ya sean del mismo o de distinto sexo.

La semana siguiente a la aprobación de la ley de matrimonio homosexual en los Estados Unidos, un trío aplicó para obtener su licencia de matrimonio. En un artículo publicado en www.abcnews.go.com el 1ro de julio del 2015, accedido el 3 de julio del 2015 leemos:

"Un hombre residente de Montana, dijo el miércoles que la decisión de la semana pasada, de la Corte Suprema de Justicia de los Estados Unidos, de legalizar el matrimonio homosexual, lo inspiró a aplicar a una licencia de matrimonio para poder casarse legalmente con su segunda esposa.

Nathan Collier y sus esposas Victoria and Christine aplicaron el martes en la Corte del Condado de Yellowstone, en Billings, en un intento de legitimar su matrimonio polígamo...

Collier dijo que planea demandar si su aplicación es rechazada."

El 14 de diciembre del 2013 Bill Meras reportó en www.cnn.com el caso de Kody Brown, residente de Utah, EEUU y sus cuatro esposas, Meri, Janelle, Christine, y Robyn, con quienes juntos tienen 17 hijos.

"el juez Clark Waddoups descartó la sección de la ley que prohíbe "cohabitación" diciendo que viola... libertad religiosa."

Si bien todavía no se ha legalizado el matrimonio polígamo, se permite que un hombre cohabite con varias mujeres y tenga hijos con todas ellas.

El 26 de octubre del 2013 salió un artículo en www.cnn.com sobre la "Poliamoría", titulado: "When Three Are Not a Crowd" (Cuando Tres

No Son Multitud). Dicha publicación cubrió la historia de dos familias: Los Tipton, y los Tatz. Las dos parejas de adultos decidieron convivir sexualmente y formar un solo hogar, integrando a sus hijos:

"Los Tipton-Tatz viven juntos en Marietta, Georgia, con los tres hijos de los Tiptons, cuyas edades son 12, 7 y 5 años; y con el varoncito de los Tatzes. Los niños están creciendo siendo enseñados a llamar a todos los adultos (del hogar) mamá y papá. Los adultos comparten entre ellos las responsabilidades paternales de todos los cuatro hijos."

Dicho artículo muestra también fotos de un grupo formado por cinco personas, donde todos cohabitan sexualmente entre ellos.

En un artículo por Lindsey Tanner de Prensa Asociada, publicado en The Orange County Register el 20 de febrero del 2012 leemos:

"Un pequeño, pero creciente número de adolescentes, y aún niños menores, que creen que nacieron del sexo equivocado, están recibiendo el apoyo de sus padres y doctores que le están proporcionando tratamiento de cambio de sexo, de acuerdo a reportes en la revista médica "Pediatrics"...

Los Pediatras necesitan saber que estos niños existen, y merecen tratamiento dijo el Dr. Norman Spack, autor de uno de los tres reportes publicados hoy, y director de una de las primeras clínicas médicas de la identidad del género en Estados Unidos, en el Hospital de Niños de Boston."

Niños adolescentes, a quienes no se les consideran tener la madurez necesaria para manejar un automóvil, o para votar en las elecciones políticas de su país, se les está permitiendo tomar una decisión tan crítica como el cambio de sexo, lo cual afectará drásticamente el resto de sus vidas y la de muchos a su alrededor.

El periódico The Orange County Register del 14 de septiembre del 2013 cubre la historia del concurso por reina de una escuela secundaria de Huntington Beach, California.

"Cassidy Lynn Campbell, de 16 años, una estudiante transexual de la Escuela Secundaria Marina en Huntington Beach, es una de las diez finalistas para reina... Nació Lance Campbell, ha estado viviendo como mujer desde hace tres años..."

El mismo periódico reportó el 21 de septiembre que el niño transgénero ganó y fue coronado "Reina" de la escuela.

Leyes drásticas se están aprobando ya en muchos otros lugares a raíz de la hipótesis de Evolución. A continuación presento algunas.

"El gobernador Jerry Brown (California) firmó el lunes una ley requiriendo que las escuelas permitan que sus estudiantes que se identifican con el sexo opuesto, usen los baños y vestidores, e integren los equipos deportivo, que se alinean con su identidad sexual.

(La ley)... protegerá contra la discriminación a los niños transgéneros, y les permitirá tener participación total en las actividades escolares.

Daniel Stamegna... dice que experimentó un apoyo abrumador de su familia, escuela e iglesia cuando tomó la decisión de que él sería más feliz viviendo su vida como un hombre."

Referencia: The Orange County Register - 12 de agosto del 2013 Actualizado el 13 de agosto del 2013.

Hoy en día en California, un adolescente varón, al decir que se identifica mejor como niña, tiene todo el derecho de participar en el equipo deportivo femenino de su escuela, bañarse en las duchas de las niñas, y usar los baños de las niñas. Tal acción está protegida por la ley.

En el estado de Nueva Jersey, en EEUU, el gobernador aprobó una ley que interfiere con la libertad y derecho de los padres en la educación moral de sus hijos. En The Orange County Register del 20 de agosto del 2013 leemos:

"El gobernador republicano Chris Christie (Nueva Jersey) firmó el lunes una ley prohibiendo a los terapistas licenciados tratar de cambiar a los adolecentes homosexuales ...

El gobernador dijo que los riesgos a la salud por tratar de cambiar la orientación sexual de un niño, según lo ha identificado la Asociación Americana de Psicología, sobrepasa la preocupación de que el gobierno establezca límites a las decisiones de los padres."

En otras palabras, en el estado de Nueva Jersey se prohíbe a los terapistas que cooperen con el padre para orientar adecuadamente a su hijo, si éste está siendo influenciado hacia el homosexualismo.

Leyes cada vez más drásticas se están estableciendo en varios lugares. Un artículo publicado en www.fuerzalatinacristiana.com, accedido el 16 de junio del 2014, cuyo encabezado decía "Dinamarca Obliga a Iglesias Celebrar Matrimonios Gay", reportaba lo siguiente:

"El parlamento danés aprobó con un margen de 85 a 24 obligar a las iglesias en Dinamarca celebrar matrimonios "del mismo sexo"...

el ministro... puede apelar a su conciencia y no celebrar la boda, pero la iglesia no puede negarse a ello y...

el máximo representante de la denominación (protestante o católica) debe buscar el sustituto... la ley entró en vigencia el pasado domingo 15 de junio."

¿Qué bases tiene el gobierno danés para legislar de esa manera? Esta pregunta nos lleva a la sección siguiente.

SE HICIERON VANOS EN SUS RAZONAMIENTOS

Pues aunque conocían a Dios, no le honraron como a Dios ni le dieron gracias, sino que se hicieron vanos en sus razonamientos y su necio corazón fue entenebrecido.

Profesando ser sabios, se volvieron necios...

Por consiguiente, Dios los entregó a la impureza en la lujuria de sus corazones, de modo que deshonraron entre sí sus propios cuerpos...

Por esta razón Dios los entregó a pasiones degradantes; porque sus mujeres cambiaron la función natural por la que es contra la naturaleza;

y de la misma manera también los hombres, abandonando el uso natural de la mujer, se encendieron en su lujuria unos con otros, cometiendo hechos vergonzosos hombres con hombres, y recibiendo en sí mismos el castigo correspondiente a su extravío.

Y así como ellos no tuvieron a bien reconocer a Dios, Dios los entregó a una mente depravada, para que hicieran las cosas que no convienen...

aunque conocen el decreto de Dios que los que practican tales cosas son dignos de muerte, no sólo las hacen, sino que también dan su aprobación a los que las practican."

Romanos 1:21-32

Bases Para Legislar

Bases Bíblicas

Sentado a la par mía, en el avión, venía un abogado colombiano que estaba haciendo estudios de postgrado en Argentina. Yo regresaba de dar unas conferencias en Sud América. Le pregunté: ¿Qué bases tiene el gobierno de tu país para determinar qué está bien y qué está mal? Es decir, ¿en qué se basa tu gobierno para legislar que robar o estafar está mal?

Nuestra conversación fue muy amena y sustanciosa. El punto es: Toda persona tiene una base para evaluar y juzgar acciones o actitudes. Para algunos puede que ésta sea las tradiciones de sus padres; para otros puede que sea la Biblia; o la Biblia mientras no vaya contra sus deseos u opiniones personales, ellos mismos siendo ¡su propia autoridad moral! Pero, todos tenemos una base.

En Estados Unidos la Biblia fue fundamental en el establecimiento de sus leyes y gobierno.

Francis Schaeffer, en su libro A Christian Manifesto (Un Manifiesto Cristiano), escribió lo siguiente respecto a los derechos inalienables que la constitución norteamericana trató de proteger:

"¿Quién da estos derechos? ¿el Estado? Entonces no fueran inalienables (i.e.: que no puede ser negado o quitado a una persona), pues el estado los puede cambiar y quitar. ¿De dónde vienen esos derechos?

"Los Padres de la Patria de los Estados Unidos... entendieron que estaban fundando el país sobre el... pensamiento judeocristiano de que hay Alguien que dio los derechos inalienables..." (pag. 30 y 31)

"...los que vinieron a Norte América procedentes de Europa... la mayoría de ellos establecieron sus gobiernos civiles basados en la Biblia...

Joseph Story en su discurso inaugural de 1829 como Profesor de Leyes en la Universidad de Harvard dijo: Nunca ha habido un periodo en que la Ley Común* no haya reconocido que el cristianismo estaba en su fundamento...

Hasta que esta otra entidad, la cosmovisión materialista, humanista, de la casualidad, tomó control del gobierno y la ley, estas cosas permanecieron la base del gobierno y la ley." (Pags 34, 38 y 39)

*Ley Común es la ley emitida por jueces en las cortes, no por legislación de un organismo o asamblea superior.

Grandes estadistas, padres de la patria, fundadores de la nación Norte Americana, expresaron su fe en el Dios de la Biblia estableciendo la nación sobre bases bíblicas. A continuación presentamos algunas citas pertinentes:

> *"Se nos ha asegurado en las Sagradas Escrituras que a menos que el Señor edifique la casa, en vano laboran los edificadores.*
>
> *Creo firmemente que sin Su ayuda, no tendremos más éxito en esta edificación política que los edificadores de la Torre de Babel."*
>
> Benjamín Franklin

> "*Es el deber de todas las naciones reconocer la providencia de Dios Todopoderoso, y obedecer Su voluntad, siendo agradecidos por Sus beneficios, y humildemente implorar Su protección y favor.*"
>
> George Washington

> "*Dios gobierna en los asuntos de los hombres. Si un pajarillo no puede caer al suelo sin que Él lo note, ¿será probable que se levante un imperio sin Su ayuda?*"
>
> Benjamín Franklin

La Biblia fue la base de la legislación moral en EEUU. Al reemplazar la Biblia por Evolución la pérdida de valores éticos, el caos y el deterioro social se vuelve catastrófico, tal como ya lo hemos hecho notar.

La bandera de mi querido El Salvador tiene inscrita las palabras: Dios. Unión. Libertad. El lema se encuentra inscrito en el escudo de armas en el centro de la bandera. En la bandera del año 1912 el lema estaba escrito en letras grandes a lo largo de toda la franja blanca, desde un extremo hasta el otro.

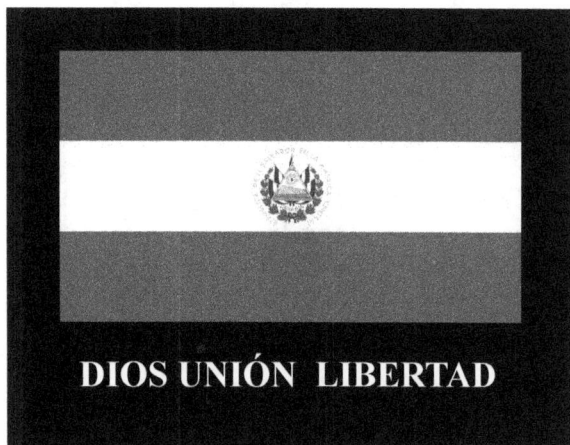

DIOS UNIÓN LIBERTAD

Los padres de la patria reconocieron al Dios de la Biblia como el Creador del universo y la vida. La legislación de la nueva nación centroamericana descansó en los Diez Mandamientos.

El Capricho del Hombre

Cuando un gobierno ignora a Dios y gobierna formulando leyes contrarias a su justicia y luz, el sistema está destinado a un rotundo fracaso. Dios no lo bendecirá.

Cuando el hombre decide reemplazar y tomar la posición de Dios, gobernando como que si el hombre mismo fuera la máxima autoridad, firma su autodestrucción.

Jeremy Rifkin, personaje de gran influencia global, formulador de teorías económicas y sociales, autor "best seller" de 19 libros sobre el impacto de cambios científicos y tecnológicos en la economía, la fuerza laboral, la sociedad, y el medio ambiente, declaró lo siguiente:

> "*Ya no nos sentimos como huéspedes en casa ajena, obligados a que nuestro comportamiento se conforme a un set de reglas cósmicas preexistentes.*
>
> *Ahora es nuestra creación. Nosotros ponemos las reglas. Nosotros establecemos los parámetros de la realidad. Nosotros creamos el mundo, y porque lo hacemos ya no nos sentimos sujetos a fuerzas externas.*
>
> *Ya no tenemos que justificar nuestro comportamiento, pues ahora somos los arquitectos del universo. No somos responsables ante nadie fuera de nosotros, pues nosotros somos el reino, el poder y la gloria por siempre jamás.*"

Referencia: Jeremy Rifkin, Algeny, p. 244 (Viking Press, New York), 1983.

Sus libros han sido traducidos a más de 35 idiomas y son usados en cientos de universidades, corporaciones y agencias gubernamentales alrededor del mundo. Fuente: Wikipedia.

La televisión pública de los Estados Unidos transmitió una serie titulada "Opciones Difíciles", donde se expresó una posición relativista atea para gobernar la sociedad. En su libro antes referido, Francis Schaeffer reportó lo que el programa de televisión declaraba:

"... Dios no juega ningún papel en el mundo físico...

excepto por las leyes de la probabilidad, y causa y efecto, no existe principio organizador en el mundo, ni propósito. Por lo tanto, no hay leyes morales o éticas que pertenezcan a la naturaleza de las cosas, no existen principios guía para la sociedad humana..." (pag 58)

Si eliminamos la Biblia no quedan bases absolutas para legislar el bien y el mal; y terminamos implementando criterios antagonistas a Dios y su Palabra.

En unos de mis viajes por Latino América leía en un periódico local que el Ministerio de Salud estaba capacitando al personal de la salud sobre la diversidad sexual. El reporte decía:

"Personal del Ministerio de Salud se actualizó en la novedosa temática....

(El) director del programa, aseguró que... existe un alto índice de discriminación y estigmatización hacia la población LGTB (Lesbiana Homosexual Transexual Bisexual).

"Siguen creyendo que ser gay es una enfermedad o que es pecado, lo controversial de esto es que hasta los profesionales de la salud mantienen en tabú la diversidad sexual" agregó (el funcionario del Ministerio de Salud)"

Vemos que el director del programa del Ministerio de Salud rechaza que el homosexualismo sea pecado. Tilda la enseñanza bíblica como un tabú; considerándola arcaica y obsoleta.

Los gobiernos no tiene por qué aprobar o promover el comportamiento homosexual como algo normal. Lamentablemente la aprobación de estos comportamientos inmorales y desviados de la naturaleza humana corrupta, se está interpretando como una muestra del desarrollo y avance cultural y social de los países.

La Biblia, base de los criterios morales, legislativos y judiciales de nuestros países está siendo reemplazada por una nueva moralidad, por criterios que descansan en la opinión popular, definidos por la naturaleza humana corrupta.

Ya no es lo bíblicamente correcto lo que se usa para aprobar las leyes, sino el poder de la mayoría, no importa que éstas sean amorales, inmorales, o injustas a la luz de la Biblia.

Como ya hemos mencionado, el adoptar Evolución y legislar de acuerdo a dicha cosmovisión resulta en la redefinición de la familia, del bien y del mal; la aprobación de la unión libre, el homosexualismo, lesbianismo y el aborto; y el deterioro moral catastrófico de la sociedad.

Derrumbe de las Fronteras Morales

Recordemos que Ciencia no debe ser sinónimo de Filosofía Materialista. Los evolucionistas eliminan de la vida diaria la concientización de que hay un Dios soberano y creador que se involucra en el mundo y sus habitantes; un Dios que está al alcance de aquellos que le buscan de corazón.

Al enseñar Evolución en las escuelas en forma consistente, como una realidad comprobada, incuestionable, ya sea directamente o implícitamente, se despoja a la juventud de la concientización de la existencia del Creador. Con ello se crea un vacío respecto al Dios que creó el universo, y a nosotros mismos, con propósito.

Este vacío se ha llenado con explicaciones materialistas: las propiedades de la material, el tiempo y la casualidad. Nuestro sentido de importancia y valor como seres creados a la imagen de Dios desparece.

Al eliminar de la vida práctica diaria la concientización de que hay un Dios, se elimina la frontera moral y el temor a Dios que refrena y limita las tendencias destructivas y el comportamiento negativo de todo ser humano; frontera cuya efectividad depende del temor sano de las personas hacia el Creador.

Búsqueda en el Lugar Equivocado

En la portada de la revista TIME del 3 de diciembre del 2007 aparece el rostro de Mahatma Gandhi en un extremo, y el de Adolfo Hitler en el otro. La portada lleva las siguientes palabras: "Lo Que Nos Hace Buenos / Malvados. Los humanos son las criaturas más nobles del planeta – y las más salvajes. La ciencia está descubriendo por qué."

El artículo central escrito por Jeffrey Kluger, presenta consideraciones materialistas que excluyen totalmente a Dios. Como es de esperarse el artículo fracasa rotundamente en su esfuerzo por explicar la causa del deterioro moral: No pueden llegar a la verdad si la buscan exclusivamente en la química de la vida, descartando al Creador y su revelación del hombre y nuestra condición caída.

Al interpretar únicamente al ser humano como un cuerpo físico, simplemente más desarrollado bioquímicamente que los animales, no pueden, ni podrán jamás, explicar correctamente condiciones y comportamientos ligados a la realidad espiritual del hombre.

El artículo es sumamente interesante y revelador. Leemos lo siguiente:

"Lo que nos diferencia, o debería diferenciarnos (de las otras especies) es entonces nuestro altamente desarrollado sentido de moralidad, un entendimiento primario de lo bueno y lo malo, lo correcto y lo incorrecto...

"El juicio moral es bastante consistente de persona a persona" dice Marc Hauser, profesor de Psicología de la Universidad de Harvard y autor de Mentes Morales. "El comportamiento moral está sin embargo, regado por toda la gráfica."

Las reglas que conocemos, aun los que sentimos instintivamente, no son de ninguna manera las reglas que siempre seguimos.

¿De dónde vienen estas intuiciones? Y ¿Por qué somos tan inconsistentes en seguirlas hasta adonde nos llevan? Los científicos todavía no pueden responder esas preguntas, pero eso no los ha parado de seguir buscando. Escaneos del cerebro están proveyendo pistas. Estudios de animales están proveyendo más (pistas). Investigaciones de comportamiento tribal están proveyendo aún más (pistas). "

El primer párrafo de nuestra cita anterior muestra que la comunidad académica reconoce que el único ser con capacidad moral es el ser humano. Una zorra no tiene valores morales. Cuando se roba y come los pollitos de "mamá gallina" no se siente culpable. En cambio, un hombre cuya conciencia no se ha endurecido del todo, sentirá culpa si destruye una vida inocente.

El segundo y tercer párrafo de nuestra cita muestra que si bien todo ser humano ha sido dotado de capacidad para reconocer el bien y el mal, de acuerdo a un estándar (i.e.: conciencia), el cual es consistente de persona a persona, no es capaz de comportarse de acuerdo a dicho estándar (conciencia) implantado en cada uno por el Creador.

El cuarto párrafo muestra el enfoque totalmente materialista e infructuoso en la búsqueda de respuestas de parte de los autores de la investigación.

Responsabilidad de Autoridades Educativas

Si tener bases sólidas para legislar es importante, igual de importante es inculcar sus principios sólidos de moralidad y ética en la población, desde temprana edad.

El tema del origen del cosmos y la vida es vital para tal meta. Es clave para la educación integral de la juventud, y debe por lo tanto, recibir la atención que merece.

Nuestros jóvenes deben ser instruidos adecuadamente en los diversos aspectos del tema: científicos, sociales, éticos, etc.

Las autoridades y gobiernos tienen, pues, una gran responsabilidad ante Dios. La juventud debe ser expuesta a la Evolución en las escuelas. Pero no al adoctrinamiento de Evolución, sino a la presentación de la hipótesis, su origen, los criterios de quienes la abrazan, las motivaciones, los prejuicios, las inconsistencias, sus limitaciones y repercusiones.

Y luego, los jóvenes deben ser expuestos a Creación. Una explicación lógica de cómo el orden y diseño del cosmos y la vida apuntan a un Diseñador Inteligente, al Creador. No basta mencionar el modelo creacionista, se deben presentar los argumentos y criterios científicos que le dan validez a esta posición.

Claro, tal como hemos indicado ya, la parte espiritual sobre la revelación del Creador, la Biblia, y la sana doctrina, es una enseñanza que le corresponde a los padres de familia, y a los ministros espirituales de las iglesias, no a los maestros de las escuelas públicas.

> Pero, sólo mencionar Creación como una posible explicación al origen del cosmos y la vida sin dar argumentos a su favor, no es educar.

Y el negarle a la juventud la oportunidad de saber que hemos sido creados por Dios, presentándoles Evolución como una teoría incuestionable, es más que mala política, es una posición grave ante el Creador, una posición que provoca nada menos que la ira divina.

> "Porque la ira de Dios se revela desde el cielo contra toda impiedad e injusticia de los hombres, que con injusticia restringen la verdad;
>
> porque lo que se conoce acerca de Dios es evidente dentro de ellos, pues Dios se lo hizo evidente.
>
> Porque desde la creación del mundo, sus atributos invisibles, su eterno poder y divinidad, se han visto con toda claridad, siendo entendidos por medio de lo creado, de manera que no tienen excusa."
>
> Romanos 1:18-20

Autoridad Religiosa

Personas de gran influencia espiritual debido a su posición y autoridad en la iglesia, al abrazar Evolución y distorsionar las Escrituras por armonizar ambas, causan un daño espiritual incalculable. Lo más interesante del caso es que muchos de los líderes religiosos que abrazan Evolución no tienen un trasfondo científico. Ellos prefieren creerle a los evolucionistas que a los científicos creacionistas, y a la misma Biblia.

El sacerdote Teilhard De Chardin dijo:

"La Evolución es una luz que ilumina todos los hechos, una trayectoria que todas las corrientes lógicas deben seguir"

Su cosmovisión y aplicación de la Evolución trascendió del campo material a lo espiritual. En la Enciclopedia Británica leemos lo siguiente sobre Teilhard:

"Teilhard de Chardin vio teológicamente el proceso de evolución orgánica, como una secuencia de síntesis progresiva, cuyo último punto de convergencia es Dios.

Cuando la humanidad y el mundo material hayan alcanzado su estado final de evolución y agotado todo el potencial de desarrollo futuro, una nueva convergencia entre ellos será iniciada por la segunda venida de Cristo....

La maldad es presentada por Teilhard meramente como dolores de crecimiento dentro del proceso cósmico: el desorden que es implícito al orden en proceso de realización."

No se requiere mucho esfuerzo para descubrir, contrario a la predicción de Teilhard de Chardin, que las sociedades del siglo XXI están retrocediendo moralmente: El egoísmo, la ingratitud, la inmoralidad y la violencia van en aumento.

Hoy más que nunca nuestro mundo corre peligro de ser destruido por sus propios habitantes; por el abuso indiscriminado de los recursos naturales y el medio ambiente; por conflictos armados; por religiosos despiadados, suicidas, asesinos en masa; y por muchas causas más nacidas de la naturaleza cada vez más corrupta del hombre.

Lo que vemos manifestada vívidamente ante nuestros ojos no es la predicción evolucionista de Teilhard, sino la profecía de Pablo en su segunda carta a Timoteo:

"Pero debes saber esto: que en los últimos días vendrán tiempos difíciles. Porque los hombres serán amadores de sí mismos, avaros, jactanciosos, soberbios, blasfemos, desobedientes a los padres, ingratos, irreverentes, sin amor, implacables, calumniadores, desenfrenados, salvajes, aborrecedores de lo bueno, traidores, impetuosos, envanecidos,

amadores de los placeres en vez de amadores de Dios;

teniendo apariencia de piedad, pero habiendo negado su poder;

...siempre aprendiendo, pero que nunca pueden llegar al pleno conocimiento de la verdad.

Y así como Janes y Jambres se opusieron a Moisés, de la misma manera éstos también se oponen a la verdad; hombres de mente depravada, reprobados en lo que respecta a la fe."

II Timoteo 3:1-8

Vivimos en días de tanta maldad que a lo bueno se le llama "malo", y a lo malo se le llama "bueno". El profeta Isaías escribió:

"¡Ay de los que llaman al mal bien y al bien mal, que tienen las tinieblas por luz y la luz por tinieblas,

que tienen lo amargo por dulce y lo dulce por amargo!

¡Ay de los sabios a sus propios ojos e inteligentes ante sí mismos!"

Isaías 5:20-21

El monje Thomas Berry es otra figura religiosa que ha promovido Evolución. De un reportaje que publicó Newsweek en su edición del 5 de junio de 1989, y de una conversación telefónica que tuve con él, me quedó clara su posición y compromiso férreo con Evolución. A continuación incluyo algunas declaraciones y posiciones de Berry reportadas por Newsweek:

"Berry vio la Evolución como un proceso material y spiritual.

Al igual que en la naturaleza, en el mundo espiritual la perfección se encuentra en la totalidad de religiones, por lo que favorecer una sobre la otra es un error" de acuerdo a Berry.

Al abrazar Evolución Berry se desprendió de la Biblia como autoridad absoluta de Dios, considerando que las escrituras sagradas de otras religiones la complementaban y completaban.

Francisco Ayala es otra personalidad que aprovecho a mencionar. Ayala dejó el sacerdocio para dedicarse a la investigación de la Evolución. Su trasfondo religioso, sin lugar a duda, amplió considerablemente su influencia. En un artículo escrito por Pat Brennan en el Orange County Register del 26 de marzo del 2010, leemos:

Francisco Ayala *"...famoso por... enfrentar públicamente a defensores del Creacionismo y Diseño Inteligente es el ganador de un premio de $1.5 millones de la*

Fundación John Templeton, una organización establecida en Pennsylvania que trata de promover el diálogo entre la ciencia y la religión...

Ayala, quien fue ordenado sacerdote Dominicano, dejó el sacerdocio para dedicarse a la investigación de la Evolución...

dice permanecer optimista que el Creacionismo está en retirada (i.e.: está huyendo en derrota)..."

Aparentemente el diálogo que remunera la fundación John Templeton es únicamente el que promueve el matrimonio entre Evolución y la religión. No hay espacio para el Creacionismo. Para los creacionistas en lugar de diálogo se les ofrece ridículo y un rotundo rechazo.

El científico creacionista Dr. A. E. Wider-Smith en sus giras por California invitaba públicamente al Dr. Ayala a debatir Evolución, y a que explicara cómo las primeras células se pudieron haber formado en el océano por procesos casuales. El Dr. Ayala nunca respondió a la invitación.

Ayala atacó Creacionismo y Diseño Inteligente como conceptos absurdos y obsoletos. En el artículo arriba citado leemos:

"...Nuestra mandíbula no es lo suficientemente grande para (alojar) nuestros dientes, de manera que tenemos que extraer nuestras muelas del juicio. Un ingeniero que hubiese diseñado la mandíbula humana sería despedido el día siguiente.

Y el canal de alumbramiento no es lo suficientemente grande para la cabeza del bebé... el sistema reproductivo de los humanos está tan mal diseñado que más del 20% de los embarazos terminan en abortos espontáneos durante los primeros dos meses del embarazo.

Las personas que dicen que fuimos diseñados específicamente por Dios están implícitamente acusando a Dios de ser un aborcionista en escala mayor...

Hay grupos de fundamentalistas que quieren interpretar literalmente la Biblia, que el mundo fue creado hace 6,000 años. Y eso, por supuesto, es desafortunado."

Me sorprende que el Dr. Ayala no haya recordado el pecado en Edén, y las consecuencias que trajo sobre el mundo, y sus habitantes, incluyendo al ser humano.

Sí, Dios creó directamente al ser humano. Pero, no, Dios no es inútil, ni tampoco alguien que diseñó el cuerpo humano con imperfecciones. Fue debido a la caída y rebeldía del hombre en Edén que Dios sometió este mundo a corrupción y muerte.

Nuestro cuerpo, diseñado en completa perfección, fue afectado por desajustes, enfermedades, mutaciones genéticas y otros tipos de males introducidos a raíz del pecado: Y aun así, el cuerpo humano es una maravilla de diseño. El rey David, inspirado por el Espíritu Santo, lo expresó con las siguientes palabras:

> **"Te alabaré, porque asombrosa y maravillosamente he sido hecho ;**
>
> **maravillosas son tus obras, y mi alma lo sabe muy bien."**
>
> **Salmo 139:14**

Entre más profundizamos en el estudio del cuerpo humano, más nos asombra su exquisito y complejo diseño, y el de sus partes perfectamente integradas, funcionando en completa armonía.

El ojo humano, la fertilización, el cerebro, el sistema circulatorio, y los tantos sistemas que integran nuestro cuerpo reflejan indudablemente la gloria del Creador.

"Porque tú formaste mis entrañas; me hiciste en el seno de mi madre.

Te alabaré, porque asombrosa y maravillosamente he sido hecho; maravillosas son tus obras, y mi alma lo sabe muy bien.

No estaba oculto de ti mi cuerpo, cuando en secreto fui formado, y entretejido en las profundidades de la tierra.

Tus ojos vieron mi embrión, y en tu libro se escribieron todos los días que me fueron dados, cuando no existía ni uno solo de ellos.

¡Cuán preciosos también son para mí, oh Dios, tus pensamientos! ¡Cuán inmensa es la suma de ellos! Si los contara, serían más que la arena; al despertar aún estoy contigo."

Salmo 139:13-18

De acuerdo a la publicación encontrada en The Independent del 29 de octubre de 2014:

"El Papa Francisco declara que Evolución y la Teoría del Big Bang son una realidad, y que Dios no es un mago con una vara mágica."

"Cuando leemos sobre la creación en Génesis, corremos el riesgo de imaginar que Dios era un mago, con su vara mágica, capaz de hacer todo. Pero no es así" dijo Francisco.

La verdad es que Dios no necesita una vara mágica. Con el poder de su palabra fue capaz de hacer, e hizo, al universo entero.

> **"Por la palabra del SEÑOR fueron hechos los cielos, y todo su ejército por el aliento de su boca.**
>
> **Porque El habló, y fue hecho; El mandó, y todo se confirmó."**
>
> **Salmo 33:6, 9**

Dios muestra su gran poder a través de su creación. La corrupción y las imperfecciones que vemos nos deben llevar a buscar la razón de ellas, pero debemos ser sabios, no necios, en esa búsqueda.

La búsqueda debe tener por objetivo la verdad, no encontrar excusas para vivir una vida independiente del Creador, en rebeldía contra su autoridad y plan para nuestras vidas.

La revelación bíblica sobre nuestro origen y condición actual es sumamente lógica y consistente con la realidad que vemos. No hay ninguna otra explicación que satisfaga y se compare con tal excelencia. ¡Explica muchas cosas!

¿De dónde viene el concepto de la semana? De la historia de la creación ¡revelada en la Biblia! El año, el mes y el día tienen bases cósmicas, pero no la semana.

El año resulta del tiempo que le toma a la Tierra completar su circuito al rededor del Sol. El mes se originó en el tiempo que toma a la Luna para completar su recorrido al rededor de la Tierra. El día es el tiempo que le toma a la Tierra para completar una revolución completa al rededor de su eje de rotación. La semana es sin embargo un concepto universal cuyo origen se haya en la historia bíblica de la creación:

> *"Acuérdate del día de reposo para santificarlo. Seis días trabajarás y harás toda tu obra, mas el séptimo día es día de reposo para el Señor tu Dios; no harás en él obra alguna, tú, ni tu hijo, ni tu hija, ni tu siervo, ni tu sierva, ni tu ganado, ni el extranjero que está contigo.*
>
> *Porque en seis días hizo el Señor los cielos y la tierra, el mar y todo lo que en ellos hay, y reposó en el séptimo día; por tanto, el Señor bendijo el día de reposo y lo santificó."*

Éxodo 20:8-11

Dios pudo haber creado todo en menos de un día, pero lo hizo en seis días para ilustrar y darnos varios conceptos y lecciones espirituales.

El Dios de la Biblia, el Dios verdadero, es un Dios poderoso que mostró su gran poder creando el universo en seis días hace seis mil años. Pero también es un Dios poderoso que obra maravillas hoy en día a favor de quienes le buscan, le honran, y le aman honrando su palabra.

Dios, con su gran poder protector es fuente de paz para sus hijos. Y fuente de esperanza futura, pues con el mismo poder con que resucitó a Jesús de la muerte nos resucitará un día.

Este universo no es simplemente un conglomerado de átomos flotando independientemente en el espacio y el tiempo, cuyo destino está gobernado por la casualidad. No, Jesús, el Hijo de Dios, sostiene todas las cosas por la palabra de su poder.

> *"Dios, habiendo hablado hace mucho tiempo, en muchas ocasiones y de muchas maneras a los padres por los profetas, en estos últimos días nos ha hablado por su Hijo,*
>
> *a quien constituyó heredero de todas las cosas, por medio de quien hizo también el universo.*
>
> *El es el resplandor de su gloria y la expresión exacta de su naturaleza, y sostiene todas las cosas por la palabra de su poder."*

Hebreos 1:1-3

Dios está totalmente involucrado en los asuntos del universo. Y el universo está poblado por algo más que materia, hay un mundo de seres espirituales creados por Dios que incluye ángeles y demonios. El Creador de todo, Dios, existe independiente del universo.

Cuando los líderes religiosos abrazan una cosmovisión materialista, se vuelven guías ciegos guiando a ciegos. Jesús advirtió en Mateo 15:14 contra ellos:

> *"Y si un ciego guía a otro ciego, ambos caerán en el hoyo"*

Jesús fue acosado la semana de su crucifixión por enemigos que buscaban atraparle en algún error para darle muerte. Buscaban acusarle de ser un impostor, de que no era el enviado de Dios sino un falso profeta.

Sus enemigos fueron nada menos que los líderes religiosos de Israel: los principales sacerdotes y los escribas. Qué triste que aquellos responsables de guiar al pueblo de Dios en el camino verdadero fueron los enemigos de aquel que es la Verdad.

Los sacerdotes eran miembros del partido conocido como los saduceos, un grupo caracterizado por haber abandonado la doctrina sana, y abrazado una cosmovisión que rechazaba lo sobrenatural: No creían en ángeles, o en milagros, o en la resurrección o la vida después de la muerte.

En su acoso contra Jesús la semana de su crucifixión, los saduceos le presentaron un escenario hipotético para ridiculizarlo en cuanto a la creencia de que Dios resucita a los muertos. Jesús, el Hijo de Dios les respondió:

> "Estáis equivocados por no comprender las Escrituras ni el poder de Dios."
>
> Mateo 22:29

Las palabras de Jesús dicha a los saduceos hace 2,000 años son más que pertinentes hoy en día para muchos líderes religiosos que han abandonado su fe en la Biblia para abrazar la cosmovisión evolucionista.

Creo pertinente observar que reducir el acto creativo de Dios a un proceso natural lleno de imperfecciones, enfermedades, violencia y caos a lo largo del tiempo, a la merced de la casualidad, no sólo implica ignorar el poder de Dios y las Escrituras, mas es degradar a Dios y su carácter.

———————— ☆ ————————

> "He aquí, yo soy el SEÑOR, el Dios de toda carne, ¿habrá algo imposible para mí?"
>
> Jeremías 32:27

VIDA EN OTROS PLANETAS

Hay una obsesión por descubrir vida en otros planetas y hacer contacto con seres extraterrestres. Y es que el descubrimiento de vida, y sobre todo vida inteligente, en otros lugares del Cosmos, sería un argumento usado en pro de Evolución.

Preeminencia de la Tierra

Bueno, el Creador es más que poderoso y pudo haber creado vida en otros planetas. Sin embargo, la revelación bíblica nos da a conocer que Dios hizo primero la Tierra, y luego le dio atmósfera el segundo día.

El tercer día Dios levantó la tierra sobre el mar, llenándola de vegetación. Continuó su obra majestuosa el cuarto día creando el Sol, la Luna y las estrellas en función de la Tierra.

El quinto día Dios continuó su obra en la Tierra llenando el planeta de aves y peces. Y luego, con reptiles, bestias del campo, y ganado el sexto día, en el cual creó al hombre, culminación de su obra creadora.

La Tierra es, pues, central en cuanto al propósito de su obra creadora, siendo el ser humano su culminación. En Isaías 45:18 leemos:

> "Porque así dice el SEÑOR que creó los cielos
>
> (Él es el Dios que formó la tierra y la hizo, El la estableció y no la hizo un lugar desolado, sino que la formó para ser habitada):
>
> Yo soy el SEÑOR y no hay ningún otro."

Crédito de Imagen: NASA

Organización SETI

SETI, Search For Extra Terrestrial Intelligence, (Búsqueda de Inteligencia Extra Terrestre) es una organización no gubernamental fundada en 1984 con el propósito de explorar, descubrir, entender y explicar el origen de la vida en el cosmos.

Paul Allen, cofundador de Microsoft, invirtió 30 millones de dólares en esta organización, junto con 20 millones aportados por la Universidad de Berkeley, para instalar en el año 2007 cuarenta y dos radiotelescopios en el norte de California: The Allen Telescope Array.

Este sistema de radio antenas en forma de discos, se usa para rastrear el cosmos en busca de señales de radio que revelen una fuente inteligente.

Desde su fundación en 1984 SETI no ha detectado absolutamente ningún indicio de vida inteligente.

La publicación de Los Angeles Times del 25 de julio del 2015 cubría una inyección nueva de capital a este esfuerzo. El artículo de Prensa Asociada titulado "Searching for ET: Hawking to look for extraterrestrial life" (Buscando Extraterrestres: Hawking buscará vida extraterrestre) reportaba lo siguiente:

"El reconocido físico Stephen Hawking, y el multi-millonario, nacido en Rusia, Yuri Milner, anunciaron el lunes una oferta ambiciosa para combinar vasta capacidad computacional con los telescopios más poderosos del mundo para intensificar la hasta hora infructuosa búsqueda de vida extraterrestre.

Hawking... explicó la razón del proyecto de $100 millones de dólares: "Estamos vivos. Somos inteligentes. Tenemos que saber ."""

Stephen Hawking

Crédito de la foto: StarChild image of Stephen Hawking. Author: NASA.

Me parece inconsistente que los evolucionistas estén buscando ansiosamente señales de radio con un patrón que revele código, y por lo tanto una fuente inteligente como su causa; pero al observar el código complejo y maravilloso del ADN insistan que es resultado del tiempo y la casualidad.

Sí, hay seres extraterrestres, pero son seres espirituales, ángeles creados por Dios. Algunos de ellos que cayeron de su posición original al rebelarse contra Dios, a quienes la Biblia llama demonios, están en guerra contra Dios y su creación.

Considero probable que algunos que rehúsan abrazar la revelación de Dios y prefieren creer la mentira, entrarán en contacto con demonios, quienes presentándose como seres extraterrestres avanzados los engañarán y confundirán arrastrándolos a la condenación eterna.

Descubrimientos Recientes

¿Pero qué de los descubrimientos prometedores recientes? Bueno, basta leer con juicio crítico las publicaciones para darse cuenta que son ¡puro humo! No se ha encontrado ninguna evidencia de vida en otros planetas. Muchas publicaciones carecen de ética, y las aseveraciones espectaculares que hacen carecen del respaldo adecuado. Lamentablemente, los ingenuos muerden el anzuelo ¡fácilmente!

El que se encuentre agua en un planeta no es criterio para concluir que abriga vida. No basta agua para la vida. Incluso si existiera agua, y además del agua todos los átomos y elementos químicos necesarios, la organización de estos átomos en formas complejas de la vida no es casual. Los átomos no tienen la capacidad de organizarse por sí solos en las moléculas complejas necesarias para la vida. La organización requerida para formar la vida es externa a la materia.

¿Qué de todas las condiciones necesarias para mantener la vida, tales como la temperatura, atmósfera apropiada, y muchas más?

En una publicación en el Orange County Register del 30 de mayo del 2007, Maggie Fox de la agencia noticiera Reuters reportó lo siguiente:

"Buscadores de planetas que han detectado el año pasado 28 nuevos planetas orbitando otras estrellas, dicen que el sistema solar de la Tierra no es nada especial, y que pudiera haber miles de millones de planetas habitables.

Los descubrimientos más recientes elevan el número de exoplanetas (planetas fuera de nuestro sistema solar) a 236, según dijeron los investigadores en una reunión de la Sociedad Astronómica Americana en Honolulú el lunes.

"Estamos comenzado a ver que nuestro hogar no es algo poco común en el universo" dijo Geoffrey Marcy, un profesor de astronomía en la Universidad de California en Berkeley, quien dirigió el equipo de investigación."

El que existan planetas orbitando estrellas en otras galaxias no significa que muchos de ellos abriguen vida, o que sea probable que la vida surja por accidente en ellos.

Es como si al encontrar un depósito de bolas de ping-pong y pelotitas de golf, esperemos encontrar muchos huevos de tortuga entre ellas : Sería ¡totalmente absurdo!

En la publicación del Orange County Register del 30 de septiembre del 2010 leemos en la sección Ciencia y Tecnología:

"Astrónomos dicen que han encontrado un nuevo planeta Tierra, un planeta más allá de nuestro sistema solar... donde las condiciones claves para la vida son perfectas...

...No se sabe si hay agua en el planeta o qué tipo de atmósfera tiene. Pero, dado que las condiciones son ideales para abrigar agua líquida... el co-descubridor Steven Vogt de la Universidad de California en Santa Cruz piensa que, "las probabilidades de encontrar vida en este planeta son del 100%.""

La declaración anterior muestra que los evolucionistas están dispuestos a llamar "Planeta Tierra" a cualquier cosa. ¡Qué absurdo! Una declaración totalmente carente de respaldo científico.

Hay tantos factores críticos y necesarios para albergar la vida en la Tierra. La posibilidad de agua líquida no es suficiente. Qué desprecio a toda la complejidad y balance diseñado por

Dios para abrigar vida en nuestro planeta.

Ante la falta de evidencias sólidas los evolucionistas ponen su fe ciegamente en cualquier cosa, todo por abrazar una cosmovisión atea. Y luego, muchos de ellos critican a los creacionistas porque según ellos, somos ingenuos al creer una fábula religiosa.

El público sigue siendo bombardeado consistente e intensamente por los medios de comunicación prejuiciados a favor de Evolución. Nuestros jóvenes y nuestras sociedades están siendo manipuladas para que abracen ciegamente, sin juicio crítico, la idea de que no somos una creación especial de Dios.

El 23 de julio del 2015 salió un artículo, en la sección SPACE de wired.co.uk, por Michael Rundle: Nasa Announces Discovery of 'Second Earth' in Deep Space (NASA Anuncia Descubrimiento de Segunda Tierra en el Espacio Lejano):

"NASA ha anunciado que encontró un planeta extraordinariamente similar a la Tierra orbitando una estrella distante.

El planeta, Kepler-452b, es descrito como más grande y antiguo que la Tierra, localizado al rededor de una estrella que dista 1,400 años luz de la Tierra .

...es aproximadamente un 60% más grande y se encuentra en la constelación Cygnus."

Una vez más podemos notar cómo no se menciona nada de todos los factores característicos de la Tierra, necesarios para sustentar la vida: La velocidad de rotación, su atmósfera ideal, su distancia exacta del Sol, su campo magnético protector, la existencia de Júpiter para desviar desperdicios cósmicos, etc.

Sólo un enemigo acérrimo de Dios puede estar tras ese esfuerzo macabro de encubrir la verdad, buscando que el hombre no vea la mano del Creador y su grandeza, para que el mundo crea que somos nada, ignorando el cuidado y amor con que Dios nos ha creado, con propósito sublime y eterno.

La búsqueda de vida en el cosmos sigue intensa. A pesar de los miles de millones de dólares que se invierten en ella, también sigue infructuosa.

Se ha descubierto por ejemplo, que el planeta Marte, adonde los evolucionistas han puesto grandes esperanzas de encontrar indicios de vida, tiene una atmósfera sumamente rala: 1% de la atmósfera terrestre. Y su composición no es nada favorable para la vida: 0.1% de oxígeno (O_2), y 96% de dióxido de carbono (CO_2)

La búsqueda de metano, la cual sería un posible indicio de que ha habido vida en Marte, no ha dado resultados positivos. El metano es un gas generado por organismos vivos, aunque puede tener otra fuente.

NASA´s Curiosity Rover

Crédito de la foto: NASA

Crisis de Identidad

El impacto de los medios de comunicación, que continuamente aseveran que el encontrar vida en otros panetas es sólo cuestión de tiempo, es claro: En una encuesta realizada por CNN, a la pregunta "¿Cree usted que existe vida en otros planetas?" el 86% (121,668) contestó afirmativamente. Sólo el 14% (20,228) contestó "No". Fuente de información: www.cnn.com - Diciembre 3 del 2010.

Son muchos quienes creen que la Tierra no es creación especial de Dios, que el ser humano es resultado de la evolución ciega de la materia.

La tremenda crisis de identidad que tienen mu-

chos adolecentes hoy en día, su baja estima de sí mismos, su confusión, y su falta de metas a largo plazo, se debe en gran parte a la cosmovisión evolucionista promovida por los medios de comunicación y los mismos sistemas educativos.

Evolución ha permeado las mentes de nuestra sociedad, haciéndola más inhumana e ingrata. Como resultado del Darwinismo, para muchos el éxito descansa en el motor de Evolución: "la supervivencia del más fuerte".

Influenciados por la cosmovisión materialista, y carentes del temor de Dios, muchos están convencidos que si quieres salir adelante debes ser agresivo y determinado a toda costa, pues ese comportamiento es el que resultó en el avance de nuestra especie, los más fuertes a costa de los más débiles mientras competían por los recursos naturales.

Para aquellos que no desean seguir luchando por una existencia tan cruenta e ingrata, sin aparente propósito, el suicidio es muchas veces la única alternativa.

Si queremos conocer la naturaleza humana de verdad, en lugar de consultar con los evolucionistas debemos consultar con nuestro Creador. Ahí desaparece ¡la crisis de identidad!

"Oh SEÑOR, tú me has escudriñado y conocido. Tú conoces mi sentarme y mi levantarme; desde lejos comprendes mis pensamientos.

Tú escudriñas mi senda y mi descanso, y conoces bien todos mis caminos.

Aun antes de que haya palabra en mi boca, he aquí, oh SEÑOR, tú ya la sabes toda.

Por detrás y por delante me has cercado, y tu mano pusiste sobre mí.

Tal conocimiento es demasiado maravilloso para mí; es muy elevado, no lo puedo alcanzar."

Salmo 139:1-6

Llamado A Actuar

"Charles Darwin está entre los gigantes del pensamiento occidental... nos enseñó que podemos entender la historia de la vida en términos puramente naturalistas, sin recurrir a lo sobrenatural o divino."

Niles Eldredge, Director Principal del Museo Americano de Historia Natural

Referencia: Time Frames (1985) p.13.

Evolución expulsa a Dios de nuestro mundo. Bien escribió el salmista:

"¿Por qué se sublevan las naciones, y los pueblos traman cosas vanas?

Se levantan los reyes de la tierra, y los gobernantes traman unidos contra el SEÑOR y contra su Ungido, diciendo: ¡Rompamos sus cadenas y echemos de nosotros sus cuerdas!"

Salmo 2:1-3

Francis Schaeffer escribió:

"...los cristianos en este país... han visto las cosas por partes en lugar de ver el todo. Se han perturbado muy gradualmente por el libertinaje, la pornografía... el deterioro de la familia, y... el aborto. Pero no han visto esto en su totalidad – cada cosa siendo una parte, un síntoma, de un problema mucho mayor.

No han podido ver que todo esto ha venido a ocurrir debido a un cambio de cosmovisión... un cambio fundamental de la gente en la manera global de pensar, y de ver el mundo y la vida en su totalidad.

...alejándose de una cosmovisión que era, aunque vagamente, cristiana, en la mente de la gente (aun si ellos, individualmente, no eran cristianos) hacia algo totalmente diferente – hacia una cosmovisión basada en la idea de que la realidad última (i.e.: la verdadera realidad) es la materia impersonal, o energía, moldeada en la forma presente por la casualidad impersonal."

Referencia: Francis Schaeffer - A Christian Manifesto 1981. pags 17 y 18.

"Nuestro punto de vista respecto a la verdadera realidad - ya sea ésta la materia-energía, moldeada por la casualidad impersonal, o el Dios Viviente y Creador - determinará nuestra posición en cada asunto crucial que enfrentamos hoy en día.

Determinará nuestro punto de vista respecto al valor y la dignidad de la gente, las bases para el tipo de vida que los individuos y la sociedad vivirán, la dirección que tomará la ley, y si habrá libertad o alguna forma de dominio autoritario."

Francis Schaeffer

A Christian Manifesto 1981. pag 51.

"Quienes abrazan el concepto de la realidad basada en la materia-energía y la casualidad...

Han reducido al hombre a... solamente un arreglo complejo de moléculas, hecho complejo por la casualidad ciega.

En lugar de verlo como algo grandioso y significante... ven al hombre, en su esencia, solamente como un animal intrínsecamente competitivo, que no tiene ningún otro principio operante más que el de selección natural logrado por el más fuerte, el mejor adaptado, ascendiendo a la cima."

Ibid. Pags 25 y 26

"Se debe a que existe un Dios personal e infinito, que ha creado a los hombres y a las mujeres a su propia imagen, que ellos tienen una dignidad de vida única como seres humanos."

Ibid. Pag 69

"...aquellos en nuestra presente generación cuya orientación es hacia la materia-energía y la casualidad (como explicación del cosmos) no tienen razón alguna para obedecer al estado excepto que el estado tiene las pistolas...

El gobierno civil... está bajo la Ley de Dios... cuando una dependencia (de gobierno) ordena aquello que es contrario a la Palabra de Dios, sus funcionarios están invalidando su autoridad y no deben ser obedecidos. Y esto incluye al estado."

Ibid. Pags 89 y 90

"El estado de Arkansas ha pasado una ley permitiendo la enseñanza de creacionismo en las escuelas públicas... La revista TIME del 18 de enero de 1982 reporta que las cortes menores legislaron en contra de la legislatura de Arkansas. Menciona una encuesta que muestra que el 76% del público de los Estados Unidos favorece enseñar ambas teorías...

la decisión de la corte menor está abiertamente opuesta a la voluntad, no sólo de la legislatura y los habitantes de Arkansas, pero al 76% de la población de Estados Unidos... los Padres de la Patria hubieran considerado esta situación un tiranía"

Ibid. Pag 111

"La cosmovisión humanista, de materia-energía, y casualidad, intolerantemente usa toda forma de fuerza a su disposición para que su cosmovisión sea la que se enseñe exclusivamente en las escuelas...

No es demasiado fuerte decir que estamos en guerra, y que no hay partidos neutrales en esta lucha. Uno, o confiesa que Dios es la autoridad última, o uno confiesa que el César es Señor."

Ibid. Pag 116

Tal vez las declaraciones anteriores le parezcan fuertes. Pero al considerar Evolución a la luz de la ciencia y la lógica, y entender la falta de respaldo científico; al reconocer sus raíces ateas, y la animosidad de sus promotores contra Dios y su Palabra, no queda más camino que confrontar y combatir el error.

Siendo que su impacto personal y social no es menor que un cáncer, debe ser desenmascarado, su motivación expuesta.

La juventud debe ser equipada con los conocimientos básicos para detectar su falsedad, y reconocer la mano del Creador del universo y la vida.

Cada lector debe hacer la parte que le corresponde dentro de su círculo personal y social de influencia, en este esfuerzo en pro de la verdad.

Lejos de ser títeres pasivos manipulados por los medios de comunicación, y por fuerzas dentro de sistemas educativos que buscan imponer la dictadura del Evolucionismo, debemos luchar constructiva y respetuosamente en pro de la libertad y verdad tocante a este tema.

Algunos prefieren la posición cómoda de no hacer nada. O tal vez teman el desprecio, la burla, el ridículo al que tal vez sean sometidos al tomar una posición creacionista.

Es cierto que se requiere esfuerzo para conocer la verdad, y a veces hay un costo alto por abrazarla y promoverla. Pero ¡vale la pena pagarlo!

No se deje seducir o frenar por el solo hecho que una mayoría pueda abrazar Evolución, si es que ése fuera el caso en su país. El que una mayoría esté equivocada no es improbable; ha ocurrido muchas veces a lo largo de la historia. La mayoría por ser mayoría no convierte un error, o una mentira, en verdad.

> *"En cuestiones de ciencia, la autoridad de mil no vale lo que vale el humilde razonamiento de una sola persona."*
>
> Galileo Galilei

Algunos parecen creer que Dios es una palabra prohibida, como si fuera una mala palabra que no se debe ni siquiera mencionar en las escuelas públicas.

Pero tal como lo dijimos antes, los padres de la patria reconocían que Dios debía ser fundamento de la nación que fundaban. El Dios al que se referían no era una fuerza impersonal, abstracta o imaginaria, era el Dios de la Biblia.

Sin la ayuda del Dios de la Biblia, sin su luz como guía, nuestras naciones no prosperarán.

Al desacreditar la Biblia, Evolución elimina la guía y luz confiable y segura que nos ha dado el Creador para nuestras vidas. El resultado es caos: ¡Ya lo estamos experimentando!

Es tiempo de actuar. Si amamos a Dios, si amamos la verdad, si amamos la ciencia verdadera, si amamos a nuestro pueblo, si amamos a nuestros jóvenes, si amamos a nuestro país, ¡debemos actuar!

> *"El pueblo que conoce a su Dios se mostrará fuerte y actuará."*
>
> Daniel 11:32

> *"No participéis en las obras estériles de las tinieblas, sino más bien, desenmascaradlas."*
>
> Efesios 5:11

II- Segunda Parte

La Naturaleza Habla

Diseño Inteligente

La mente humana tiene la capacidad de discernir cuando algo es resultado de la inteligencia, y cuando algo es producto de la casualidad, de las propiedades de la materia, sin propósito.

Suponga usted que se encuentra solo en una isla. Después de jugar con unas pelotitas de vidrio, o canicas, las deja sobre una mesa, se aleja del lugar, y regresa a los tres días.

Si al regresar usted encuentra las canicas en el suelo formando una estrella de cinco puntas, habrá descubierto algo muy importante: Que no está solo, ¡tiene compañía!

Su conclusión sería 100% lógica. Y es que las canicas no tienen ninguna propiedad magnética, o de otro tipo, que las organice en una forma geométrica compleja. La estrella de cinco puntas no sería casual. Tal organización no sería accidental. Ese orden, ese diseño, sería externo, impuesto por una inteligencia superior, la de otro ser humano.

Si usted al viajar por territorio virgen durante una aventura arqueológica, descubre una pirámide u otra estructura hecha de ladrillos, entenderá inmediatamente que ha descubierto los restos de una civilización antigua.

Su conclusión sería totalmente lógica y válida, consistente con la observación hecha: Los átomos que forman el barro no tienen ninguna propiedad intrínseca para organizarse por sí mismos en ladrillos.

Claro, el barro tiene las propiedades necesarias que le permiten ser formado en ladrillos, pero usted es quien lo tiene que poner en un molde, con los aditivos apropiados, encender un fuego y cocinarlo en un horno de alta temperatura. El ladrillo ¡no se forma por accidente!

Observe bien que la organización en el ladrillo es impuesta por una inteligencia superior, no es casual. Lo mismo podemos decir de la estructura hecha de dichos ladrillos, no puede ser casual: Estos no se organizan por sí solos en pirámides u otro tipo de estructura que muestre diseño. Una inteligencia superior los tuvo que haber organizado de acuerdo a un diseño previo. La organización es externa, y no resultado de la casualidad, el tiempo y las propiedades de la materia.

Zigurat

Crédito: Foto de dominio público. Wikipedia. Ancient ziggurat at Ali Air Base Iraq 2005.jpg . Attribution: Hardnfast

Los humanos tenemos, pues, la capacidad de considerar el mundo material que nos rodea, y determinar si el orden y la organización que encontramos en las distintas expresiones de la vida, y en los sistemas complejos del cosmos, son casuales, o si muestran evidencia de creación.

A continuación consideraremos la vida, el ADN y el maravilloso diseño de la célula. En nuestro análisis descubriremos que estos son ¡Testimonios poderosos e irrefutables de creación!

La Vida

Todo organismo vivo proviene de otro organismo vivo. La vida siempre proviene de la vida, es la Ley de la Biogénesis.

Todo organismo vivo, ya sean bacterias, plantas, animales o el ser humano, está constituido de células. Las células siempre provienen de otras células, nunca de material inerte: Nunca vemos generación espontánea de vida de lo inerte.

Si cocinas algunas sardinas y las conservas en aceite de oliva, guardándolas herméticamente en unas latas de aluminio, nunca encontrarás vida desarrollándose casualmente dentro de la lata. Lo que puede ocurrir es que se rompa el hermetismo, introduciéndose alguna bacteria que se propague posteriormente dentro de la lata. Pero no presenciarás la generación espontánea de vida.

Evolución es una violación de la Ley de la Biogénesis, algo que nunca se ha observado. Los evolucionistas tienen que creer en la Abiogénesis, la generación espontánea de vida, por el mismo hecho que su cosmovisión excluye la posibilidad de un Creador: Creen en Abiogénesis por fe, no porque haya ni un pelo de evidencia que la respalde. Creen no por la evidencia, sino, a pesar de la evidencia ¡en su contra!

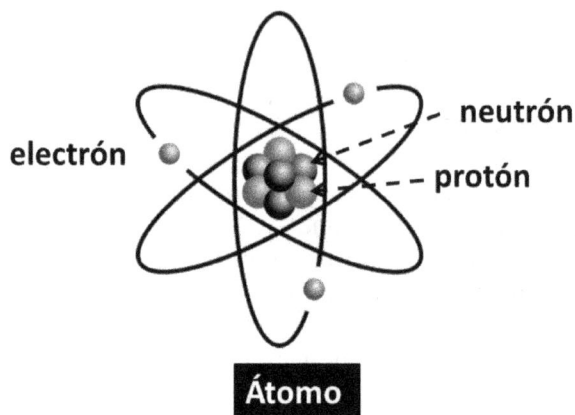

electrón — neutrón — protón

Átomo

Los conocimientos de la química nos confirman que los átomos no tienen la capacidad de organizarse por sí solos en las formas complejas específicas requeridas para la vida.

Es importante saber que la vida no está en los átomos,

la vida es resultado de la organización de átomos en moléculas complejas tales como aminoácidos y proteínas específicas,

y éstos en células auto reproducibles.

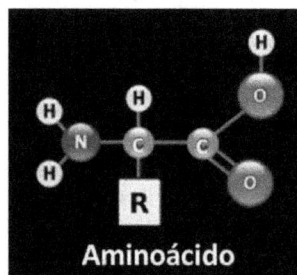

Aminoácido

Estructura de un aminoácido. Las proteínas necesarias para la vida están compuestas por varios aminoácidos específicos.

La célula es sumamente compleja, consistiendo de ADN (ácido desoxirribonucleico), y proteínas complejas que dan estructura y definen función.

Las células contienen además, organelos: Fábricas bioquímicas que manufacturan productos y realizan funciones específicas ya sea para el funcionamiento de la célula, o para el funcionamiento del organismo vivo donde se encuentra la célula.

El ARN (ácido ribonucleico) es otra molécula compleja, muy similar al ADN, que se encuentra en el núcleo de la célula, y que es clave para la producción de proteínas.

Las células, por su parte, están agrupadas formando tejidos. Éstos forman órganos que componen distintos sistemas complejos, formando así al ser viviente que integran.

> El ser humano está constituido por unas 100 billones (100,000,000,000,000) de células, de unos 260 tipos distintos,
>
> todas trabajando en forma maravillosa y complementaria.

Las células tienen distintas formas dependiendo de su propósito. Las células musculares, por ejemplo, son de forma alargada de manera que al contraerse realizan trabajo. Las células nerviosas tiene forma ramificada, lo que les permite la trasmisión de estímulos nerviosos a través del cuerpo, hacia el cerebro.

Increíblemente todo el cuerpo humano se desarrolla a partir de una célula inicial, del zigoto: Del óvulo femenino fecundado por el esperma masculino, de esa primera célula, se desarrolla todo el embrión humano desde el momento de su concepción hasta cuando nace el bebé, al final de los nueve meses de gestación.

Toda la información codificada para dirigir desde el principio, el desarrollo y las características del ser humano en formación, está contenida en el núcleo de la célula, en la molécula del ADN.

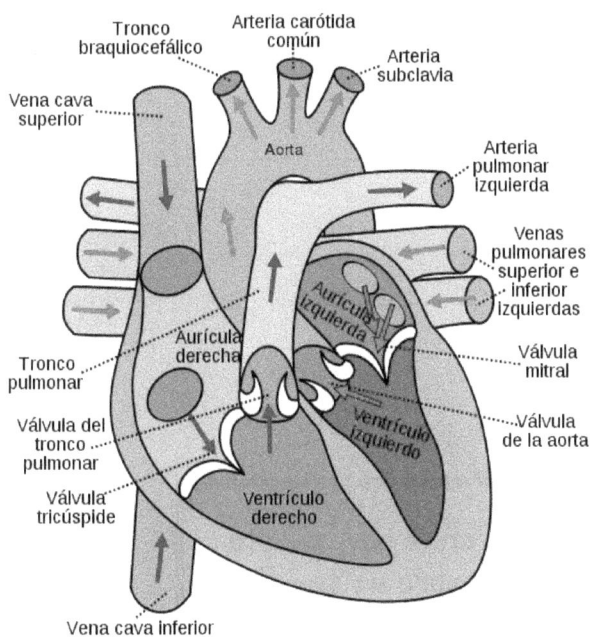

Corazón humano: Órgano que bombea la sangre a través del sistema circulatorio.

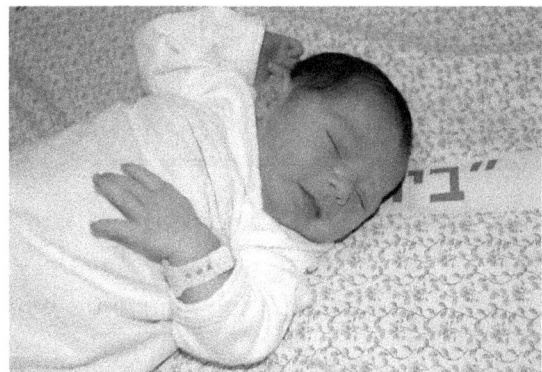

Bebé Recién Nacido

El cigoto, esa célula inicial formada por la unión del óvulo femenino y el esperma masculino, se duplica en dos células, y éstas en cuatro, y así sucesivamente, hasta que aproximadamente en el quinto día, cuando se ha formado el blastocisto, las células madres se empiezan a especializar en los diferentes tipos necesarios para caracterizar al ser humano en formación.

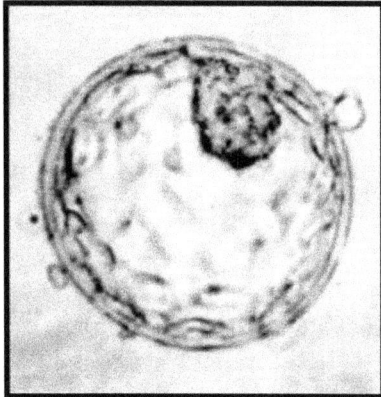

Blastocisto Mostrando Masa con Células Madres en la Parte Superior Derecha

Crédito: https://en.wikipedia.org/wiki/Blastocyst#/media/File:Human_blastocyst.jpg Public Domain.

Es importante entender que para producir ADN la célula necesita ADN y unas 20 proteínas. Y, para producir una proteína, la célula necesita ADN y unas 70 proteínas adicionales específicas para llevar a cabo su producción.

> Si se necesita ADN y proteínas para fabricar ADN; y si se necesita ADN y proteínas para producir proteínas, lo más lógico es que la vida es resultado de creación directa.

La explicación más lógica es que el Creador inventó el código del ADN y produjo las primeras células que integraron las padres de cada tipo creado en la semana de la creación.

En secciones posteriores hablaremos un poco más de la molécula del ADN, las proteínas de la vida, y luego de la célula, con el objeto de apreciar mejor su complejidad y maravilla de diseño.

───────── ☆ ─────────

> "El Dios que hizo el mundo y todo lo que en él hay, puesto que es Señor del cielo y de la tierra, no mora en templos hechos por manos de hombres,
>
> ni es servido por manos humanas, como si necesitara de algo,
>
> puesto que El da a todos vida y aliento y todas las cosas."
>
> Hechos 17:24-25

El ADN

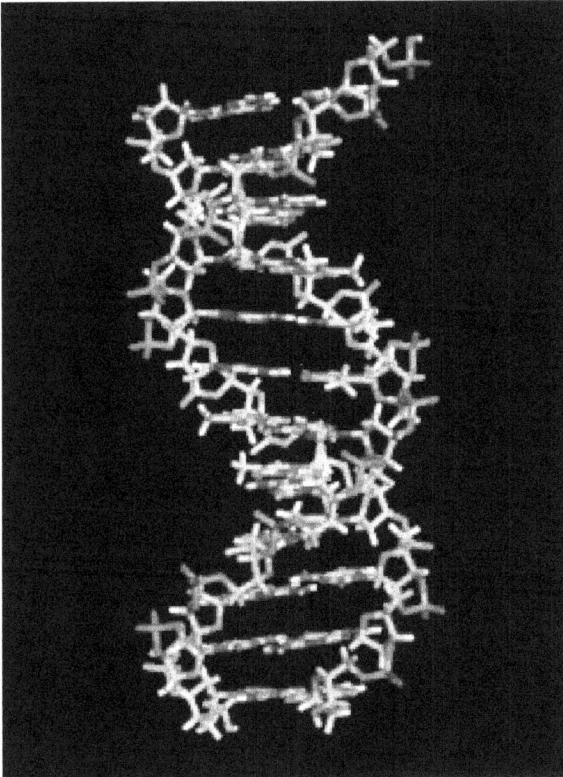

Modelo de una Molécula de ADN

Crédito: Wikipedia. Static thumb frame of Animation of the structure of a section of DNA. The bases lie horizontally between the two spiraling strands. Attribution: Zephyris at the English language Wikipedia. File is licensed under the Creative Commons Attribution-Share Alike 3.0 Unported

ADN es el acrónimo del ácido desoxirribonucleico, una molécula sumamente compleja, de la cual se conoce un poco; y la cual se sigue estudiando, descubriendo cada día más su increíble y maravilloso diseño y funcionamiento.

El ADN contiene las instrucciones necesarias para el desarrollo, estructura y funcionamiento de todos los organismos vivos, y es responsable de su transmisión hereditaria. [http://es.wikipedia.org/wiki/Ácido_desoxirribonucleico accedido el 29 de mayo del 2015]

La molécula de ADN tiene forma de escalera, donde cada lado, de forma helicoidal, consiste de un secuencia repetitiva de dos moléculas: Un azúcar (desoxirribosa) y un fosfato. Ver diagramas en las páginas siguientes.

Los peldaños de la escalera consisten de cuatro bases: Timina (T), Adenina (A), Citosina (C), y Guanina (G). Las combinaciones químicas posibles de estas bases son TA, AT, CG o GC.

Las bases unidas a su respectiva molécula de azúcar y fosfato se llaman "nucleótidos".

El número de escalones, o peldaños, que contiene el ADN humano es aproximadamente de 3,000 millones.

Todo ADN está hecho de las mismas moléculas, y utiliza el mismo código genético. La diferencia entre un animal, una planta o el ser humano está en el número de escalones y su secuencia.

La secuencia de los peldaños codifica los aminoácidos que se han de ir alineando para formar las proteínas respectivas que caracterizan las distintas células.

El ADN de cada célula, incluso de las distintas células que constituyen un organismo vivo, es el mismo. Pero en distintas células las secciones de ADN que se activan para codificar proteínas, y las que permanecen desactivadas, son distintas.

Cada tres peldaños del ADN forman un Codón. La combinación específica de las tres bases (AT, TA, CG o GC), y su secuencia en el codón, codifica un aminoácido. Hay 20 aminoácidos distintos, esenciales, en la formación de las distintas

Sección de la Molécula del ADN - Dibujos Esquemáticos

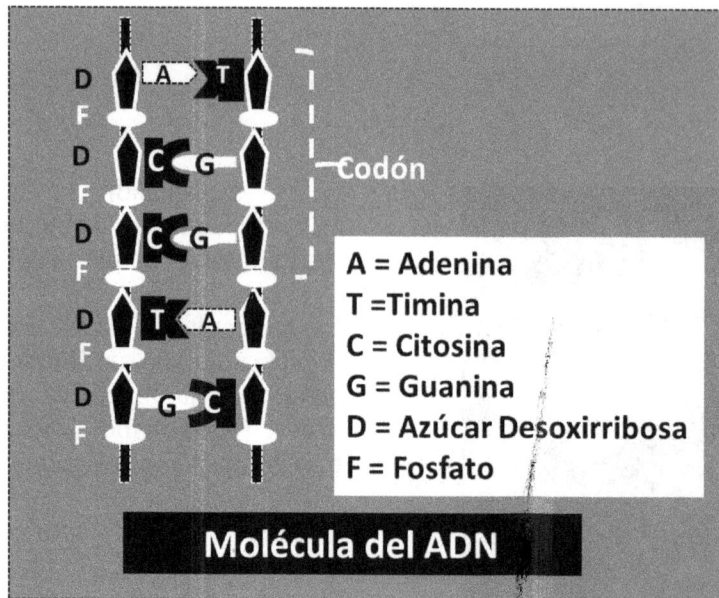

A = Adenina
T =Timina
C = Citosina
G = Guanina
D = Azúcar Desoxirribosa
F = Fosfato

Molécula del ADN

Codón

Los genes son secciones largas de la molécula del ADN que codifican proteína y que son responsables de las características hereditarias.

Gen

Crédito: Ilustraciones por Jaime Simán

proteínas de la vida.

Las proteínas de las células contienen un gran número de aminoácidos, unos 400 aminoácidos de promedio, aunque este número varía dependiendo de la proteína específica.

Secciones largas del ADN que codifican proteínas, y que son las responsables de las características hereditarias, se llaman "genes". No todo el ADN codifica proteínas.

El ADN humano tiene unos 22,000 genes. Los genes del ADN humano sólo constituyen un 3% de toda la molécula del ADN.

Los evolucionistas pensaban al principio que el ADN que no codifica proteínas era material residual obsoleto, inservible, resultado del proceso evolutivo. Le llamaban "Junk DNA" (ADN Basura: ¡Qué equivocados estaban!

Se ha descubierto que el ADN que no codifica proteína es clave para el funcionamiento de los genes, el desarrollo del bebé, la posición espacial de los órganos y distintos miembros del cuerpo, etc.

En un artículo titulado: "A New Human Genome Analysis Undermines 'Junk DNA' Theory" (Un Nuevo Análisis del Genoma Humano Socava la Teoría del ADN Basura), escrito por David Brown para The Washington Post, y publicado en el Orange County Register el 6 de septiembre del 2012, leemos:

"El Proyecto "La Enciclopedia de Elementos del ADN" apodado ENCODE, es el esfuerzo más comprensivo (hasta la fecha) para hallarle sentido a la totalidad de los 3 mil millones de nucleótidos que se encuentran empaquetados en nuestras células...

El principal descubrimiento del proyecto es la identificación de cerca de 4 millones de sitios (dentro de la estructura del ADN) que están involucrados en la regulación de las actividades de los genes...

En este siglo estaremos descifrando cómo los humanos están hechos a partir de este manual de instrucción...

> *"En este siglo estaremos descifrando cómo los humanos están hechos a partir de este manual de instrucción."*

Activando y desactivando genes en diferentes momentos, y en distintos tipos de células, ajustando las respuestas de los genes y coordinando sus actividades con las de otros genes, es donde se encuentra la mayoría de la acción...

al activar y modular la función de los genes, eventos inmensamente complicados tales como el desarrollo de una célula cerebral, o de una célula hepática, partiendo de los mismos materiales, es posible."

Considere que las bases (A,T, C, G) al unirse cada una con su base correspondiente (AT, CG, TA, GC) forman moléculas de la misma longitud. No se pudiera formar una escalera si sus peldaños no fueran todos de la misma longitud.

Pensar que los 3,000 millones de escalones fueron puestos en la secuencia correcta, por casualidad, para la formación del ser humano, es ¡totalmente absurdo!

Imagínese usted, si alguien le diera 3,000 bloques de cuatro colores: Azul, Rojo, Verde y Amarillo. Luego de ponerle una venda sobre sus ojos le pide que coloque los 3,000 millones de bloques en la secuencia correcta. ¿Qué probabilidad tendría usted de acertar? ¡Ninguna! ¡Cero!

> El proyecto ENCODE está buscando descifrar el "Manual de Instrucción" del ADN. ¿Cuándo fue la última vez que usted encontró un manual de instrucción producido por la casualidad?

El Manual del Conductor producido por el Departamento de Tránsito de California es bastante complejo.

Cualquier persona que insistiera que dicho manual se produjo accidentalmente al combinar letras al azar, estaría lista para el manicomio. Bueno, el manual de instrucciones del ADN es mucho más complejo.

> Decir que el manual de instrucciones del ADN es resultado del tiempo y la casualidad es un insulto al Creador, y una afrenta a la mente humana.

───────── ☆ ─────────

> "... al Dios que tiene en su mano tu propio aliento y es dueño de todos tus caminos, no has glorificado..."
>
> Daniel 5:23

Molécula de ADN

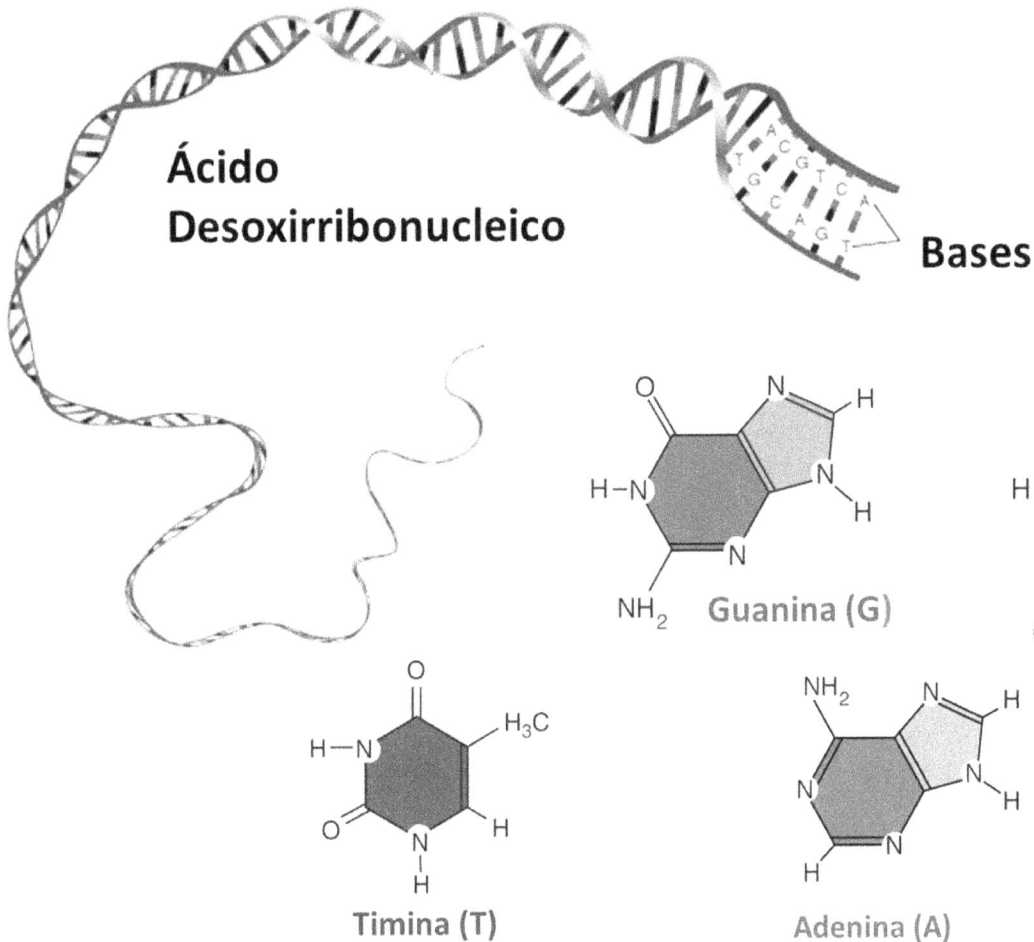

Ácido
Desoxirribonucleico

Bases

Guanina (G)

Citosina (C)

Timina (T)

Adenina (A)

El manual de instrucciones para producir una planta, animal o ser humano está incorporado en la molécula de ADN: El código es el mismo, la combinación es distinta para cada especie.

El ADN humano contiene unos 3,000 millones de escalones (AT, TA, CG, GC).

La diferencia entre el ADN del ser humano, y el de las distintas plantas y variedad de animales está en el número de escalones y su secuencia: Las moléculas (bases, azúcar y fosfato) son las mismas.

Cada ser vivo es como un poema escrito con el mismo alfabeto, pero cada uno un poema distinto y maravilloso, toda una obra creativa de Dios.

Crédito: Public Domain Image.
National Human Genome Research Institute.

LAS PROTEÍNAS DE LA VIDA

Las proteínas que integran la célula son moléculas complejas integradas por aminoácidos. Si el número de aminoácidos que la integran es menos de cincuenta, a la molécula se le llama "Polipéptido". Cuando el número de aminoácidos es mayor, se le llama "Proteína".

Los aminoácidos se clasifican en dos tipos dependiendo de su orientación espacial: Levógiros y Dextrógiros. Así como las manos de una persona tienen el mismo diseño, pero una es la imagen invertida de la otra, los aminoácidos pueden tener los mismos átomos, y la misma composición exacta, pero uno ser la imagen invertida del otro.

La orientación espacial hace que los aminoácidos levógiros roten la luz polarizada hacia la izquierda, mientras que los dextrógiros a la derecha.

De acuerdo a los evolucionistas, los aminoácidos que integraron las primeras células de la vida se sintetizaron casualmente en el océano. Hay varios y serios problemas con tal asunción. Exponemos algunos a continuación.

1) Primero, si la atmósfera primitiva era reductora, tal como se requeriría para la reacción química necesaria para formar los aminoácidos, la ausencia de oxígeno libre sería un serio problema para la vida. De acuerdo a los evolucionistas la atmósfera primitiva consistía de amonio, metano y agua.

Sin oxígeno no habría ozonósfera, la cual es vital para proteger la vida en la Tierra de los rayos cósmicos que la bombardean. Además, el oxígeno es un elemento clave en el funcionamiento de las células.

2) Segundo, la fuente misma de energía requerida para formar los aminoácidos sería también la que los terminaría destruyendo.

3) Tercero, la reacción de formación de proteínas es una reacción química de condensación que produce agua. Por el Principio de Le Chatelier sabemos que en un medio acuoso, i.e.: el mar, la reacción química se desplazaría en la dirección de descomposición de las proteínas en sus aminoácidos integrantes, y no hacia la formación de proteínas a partir de dichos aminoácidos.

4) Cuarto, los aminoácidos que integran las proteínas de la vida son todos levógiros. Si en un laboratorio sintetizamos aminoácidos a partir de los ingredientes necesarios, proveyendo y controlando las condiciones ideales de temperatura, presión, y demás, obtendríamos una mezcla de 50% de aminoácidos levógiros y 50% de aminoácidos dextrógiros. Basta un aminoácido dextrógiro en la proteína para destruir su funcionalidad.

Una célula contiene por lo menos 124 proteínas. La probabilidad de producir 124 proteínas, con un promedio de 400 aminoácidos levógiros cada una, es 1 en $10^{14,000}$. Para fines prácticos, y de acuerdo a convención matemática, tal probabilidad es ¡cero!

Si el universo tuviera 30,000 millones de años de edad, eso equivaldría a un trillón de segundos, 1 x 10^{18} segundos. Si en cada segundo de ese periodo, un trillón de personas tomara un trillón de fotos, el número de fotos tomadas sería 1 x 10^{54}

Si entre todas esas fotos hay una sola foto donde sales tú, la probabilidad de agarrar al primer intento dicha foto es 1 en 1 x 10^{54}. Esa probabilidad es mucho mayor que 1 x $10^{14,000}$, la probabilidad de que todas las proteínas de una célula sean integradas exclusivamente por aminoácidos levógiros.

Bueno, y la idea de una sopa prebiótica oceánica es pura especulación. No hay ningún indicio de su existencia.

AMINOÁCIDOS Y PROTEÍNAS

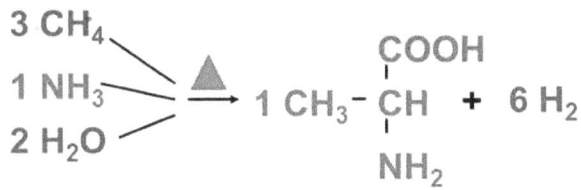

$$3\ CH_4$$
$$1\ NH_3 \quad \triangle$$
$$2\ H_2O \longrightarrow 1\ CH_3-\underset{\underset{NH_2}{|}}{\overset{\overset{COOH}{|}}{CH}} + 6\ H_2$$

Reacción de Síntesis de Aminoácidos

Reacción en ausencia de oxígeno.

Sin oxígeno, ni ozonósfera, la vida no prosperaría en la Tierra.

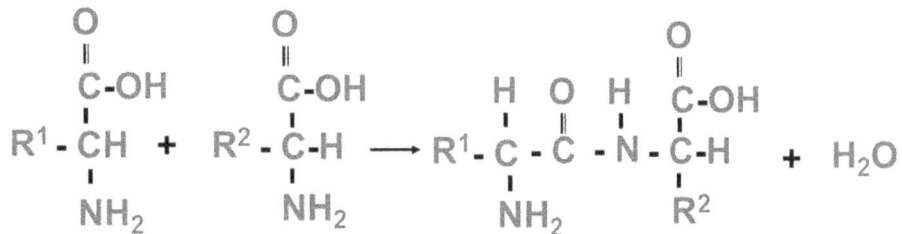

$$R^1-\underset{\underset{NH_2}{|}}{\overset{\overset{\overset{O}{\|}}{C-OH}}{CH}} + R^2-\underset{\underset{NH_2}{|}}{\overset{\overset{\overset{O}{\|}}{C-OH}}{C-H}} \longrightarrow R^1-\underset{\underset{NH_2}{|}}{\overset{H}{C}}-\overset{\overset{O}{\|}}{C}-\underset{\underset{R^2}{|}}{\overset{H}{N-}\overset{\overset{\overset{O}{\|}}{C-OH}}{C-H}} + H_2O$$

Reacción de Condensación - Formación de Polipéptidos

En el océano la reacción se desplazaría hacia la disociación de los polipéptidos, no hacia su formación debido a la Ley de Le Chatelier.

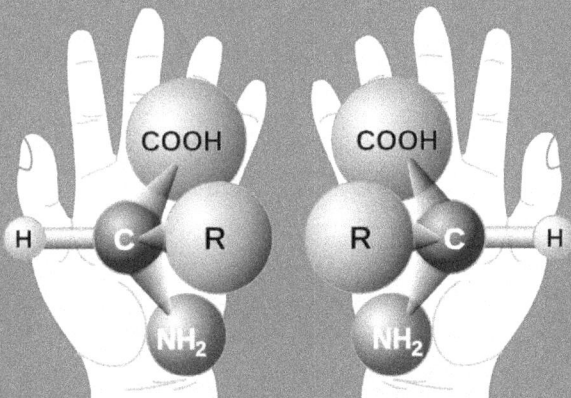

Molécula Levógira y Dextrógira: Tienen la misma composición, pero una es la imagen invertida de la otra.

Los aminoácidos que forman las proteínas de la vida son todos levógiros. Basta uno solo que sea dextrógiro para destruir su funcionalidad.

Dr. Michael Denton, de la Universidad de Otago en Nueva Zelandia, experto en genética molecular, comenta:

"Considerando la manera en que se hace mención a la sopa prebiótica en tantas discusiones sobre el origen de la vida, como si fuera un hecho bien establecido, resulta algo impactante darse cuenta que no hay absolutamente ninguna evidencia positiva de su existencia."

Fuente: Evolution: A Theory in Crisis (Evolución: Una Teoría en Crisis) (1986) p.261 by Michael Denton. Sr. Research Fellow in Human Molecular Genetics, University of Otago, New Zeland.

La formación de las proteínas de la vida por procesos casuales, tal como hemos explicado, es imposible: Nunca ha ocurrido y jamás ocurrirá porque el potencial para ello ¡no existe!

Si yo tiro dos dados de juego al azar, lo más que puedo sacar es 12. Usted pensaría que estoy trastornado si al verme tirando los dados por toda una hora, yo le comentara que estoy tratando de sacar 13. Realmente no importa cuántas veces tire los dados, nunca sacaré 13, ¡no existe el potencial para ello!

> Lo más que puede obtener al tirar los dados es 12. Aunque usted los tire un trillón de veces, en ningún momento obtendrá más que 12 pues no existe el potencial.
>
> De igual manera los átomos no tienen el potencial de auto-organización para producir las moléculas complejas de la vida.

Así como no existe el potencial para que dos dados den más de 12 puntos, tampoco existe el potencial para que se formen las proteínas de la vida en forma casual a través del tiempo.

La persona que insiste que la formación casual de las proteínas de la vida es posible, no lo hace porque la evidencia lo sugiera, sino que a pesar de la evidencia en su contra, decide creerlo debido a su cosmovisión atea.

Además, no basta tener proteínas levógiras, éstas deben ser las apropiadas para formar la célula. Adicionalmente, la célula es más que un montón de proteínas apropiadas: Se requieren otras moléculas complejas tales como el ADN y el ARN, maquinarias moleculares de exquisito diseño, y membranas complejas.

En la siguiente sección elaboraremos un poco más sobre el mundo maravilloso de la célula.

Crédito: Imagen de dominio público

La probabilidad de que un chimpancé escriba por accidente el himno nacional de su país, es mucho mayor a la formación accidental de las proteínas que integran una célula.

La Célula

La célula es la unidad básica de todo ser viviente. Si el organismo vivo consiste sólo de una célula, como es el caso de las bacterias, se le llama "Unicelular". Los organismos "Multicelulares" son aquellos formados por más de una célula.

Tipos y Formas de las Células

Las células que tienen un núcleo bien definido se denominan "Eucarióticas". Su nombre se deriva del griego, y significa que tienen un "núcleo verdadero".

Las bacterias son clasificadas como células "Procarióticas", por carecer de un núcleo bien definido. El término viene del griego, y significa: "antes de núcleo". La terminología misma está prejuiciada pues presume Evolución: Asume que las células procarióticas fueron el material primitivo del cual evolucionaron las células eucarióticas.

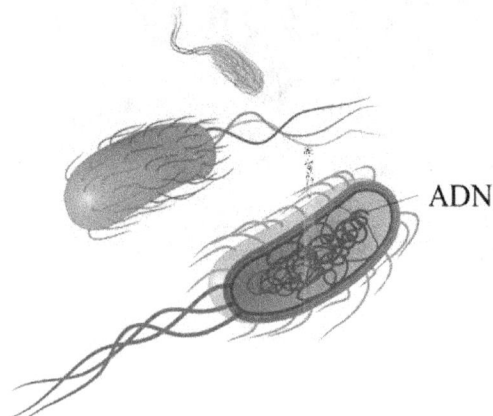

ADN

Bacteria E-Coli

Crédito: National Institutes of Health. "Talking Glossary of Genetic Terms." National Human Genome Research Institute. 23 July 2015, from http://www.genome.gov/glossary/

Los virus no son células vivas. Son simplemente material genético inanimado, consistiendo de ADN o ARN y proteínas.

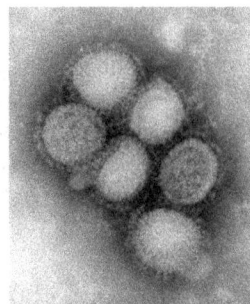

Virus de la Influenza H1N1

Crédito: Microscopía Electrónica de Barrido (Scanning Electron Micrograph) Fuente: CDC Center for Disease Control and Prevention. Image obtained in the CDC Influenza laboratory

La forma de una célula depende de la función específica para la cual haya sido diseñada.

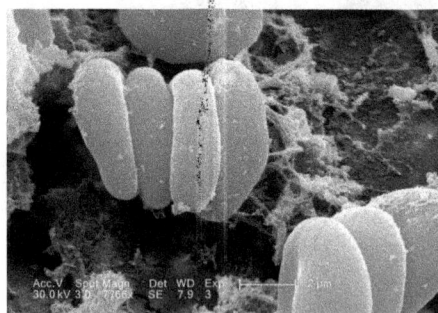

Células Rojas

Crédito: Public Domain. http://www.public-domain -image.com/free-images/science/microscopy- images/red-blood-cells-enmeshed-in-fibrinous- matrix-on-luminal-surface-of-an-indwelling- vascular-cathete/attachment/red-blood-cells- enmeshed-in-fibrinous-matrix-on-luminal-surface- of-an-indwelling-vascular-cathete

El tamaño de una célula es generalmente muy pequeño. La longitud promedio de una célula humana es del orden de 0.050 mm (0.002"), menor que el espesor de una hoja de papel, aunque una célula puede llegar a ser muy grande, pesando aproximadamente 3 libras, tal como ocurre con el huevo de un avestruz.

Las células nerviosas, llamadas neuronas, son largas y ramificadas, lo que le permite al cerebro transmitir señales, casi instantáneamente, a miembros lejanos del cuerpo.

Las neuronas de las jirafas pueden llegar a medir varios metros de longitud. En el ser humano las neuronas llegan a medir, desde un extremo del axón al otro extremo de la célula, más de un metro. (http://www.wisegeek.org/what-is-the-largest-biological-cell.htm Accedido el 31 de mayo del 2015)

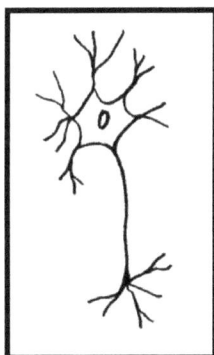

Neurona Multipolar

Crédito: Ilustración por Jaime Simán

Contenido de las Células

La célula tiene una doble membrana fosfolípida, con proteínas en medio, que controla las sustancias que pueden entrar y salir de ella. La ilustración presentada más adelante, de la membrana celular, da una pequeña idea de su complejidad: Toda una obra de ingeniería bioquímica, con diseño y propósito.

El contenido de la célula se llama protoplasma. Incluye el núcleo de la célula y los organelos. El citoplasma es toda la célula excepto el núcleo.

La molécula del ADN se encuentra en los cromosomas del núcleo de la célula, la cual dirige la mayoría de sus funciones.

El ser humano tiene 46 cromosomas, 23 heredados del padre, y 23 de la madre. De esa manera las características heredadas del hijo provienen de la combinación de cromosomas que haya recibido en el momento de su concepción, al unirse el óvulo de la madre con el espermatozoide del padre.

El Mitocondria produce el Tri-Fosfato de Adenosina (ATP, Adenosine Tri-Phosphate), el cual es una molécula que funciona como combustible, generando la energía necesaria para las reacciones bioquímicas de la célula. Esta energía se genera cuando una enzima rompe los enlaces de fosfato del ATP.

Los alimentos ingeridos por el cuerpo humano son reducidos por el sistema digestivo a aminoácidos, azúcares sencillos y ácidos grasos. Los azúcares sencillos generan ácido pirúvico al entrar al citoplasma, y un poco de ATP.

El ácido pirúvico, los aminoácidos y ácidos grasos, al entrar a los mitocondrias de la célula producen moléculas de ATP, las cuales salen al citoplasma de la célula, disponibles para generar la energía necesaria para las reacciones bioquímicas de la célula en el lugar y momento necesario.

En el caso de las plantas, estas tienen en los cloroplastos una sustancia verde llamada clorofila, la cual absorbe la luz del Sol para generar el ATP necesario para las reacciones químicas de las plantas. Las plantas usan el dióxido de carbono del aire, y el agua del suelo, para producir azúcares ricos en energía, requeridos por los animales y humanos para su subsistencia.

Los Lisosomas son otros organelos de la célula. Éstos producen enzimas que desmenuzan sustancias complejas. En el caso de los glóbulos blancos, los lisosomas producen enzimas que destruyen bacterias invasoras.

El Cuerpo de Golgi produce proteínas llamadas "Hormonas", las cuales son liberadas por la célula para regular procesos específicos en el resto del cuerpo.

El Retículo Endoplasmático es un organelo membranoso donde la células manufacturan las proteínas. Para ello el ADN en el núcleo de la célula se abre temporalmente por en medio, como un zíper. Secciones correspondientes de ARN, Ácido Ribo-Nucleico, se posicionan complementariamente a lo largo de la sección abierta del ADN. Los segmentos de ARN así alineados forman los llamados ARN Mensajeros. Éstos se desprenden del ADN y emigran hacia el Retículo Endoplasmático donde sirven de molde para formar las proteínas.

Segmentos específicos de ARN de Transferencia, afines químicamente al ARN Mensajero, se alinean sobre el ARN Mensajero, trayendo consigo aminoácidos correspondientes, los cuales se van alineando y formando las proteínas específicas con la ayuda de los Ribosomas.

Los segmentos de ARN de Transferencia se van liberando en la medida que la cadena del polipéptido se va uniendo.

El ARN tiene una estructura similar al ADN, pero en lugar del Azúcar Desoxirribosa tiene el Azúcar Ribosa, y en lugar de la Timina contiene la base Uracilo.

Reproducción de las Células

Las células somáticas (todas menos las sexuales) se multiplican y reproducen por Mitosis: La célula crece, y duplica su contenido para dividirse produciendo dos células idénticas. Se llaman células diploides por contener dos sets de cromosomas, uno heredado del padre y otro heredado de la madre: 46 cromosomas en total. Las nuevas células crecen y se reproducen de la misma manera.

Las células sexuales humanas, llamadas también células germinales, son el óvulo femenino y el espermatozoide masculino. Éstas sólo contienen 23 cromosomas cada una, de manera que en la concepción, el cigoto formado contiene 46 cromosomas.

Las células sexuales humanas se reproducen por Meiosis. Éstas comienzan con 46 cromosomas. Primero duplican sus cromosomas para luego sufrir una primera división, Meiosis I, donde de la célula inicial se producen dos células con 46 cromosomas cada una. En esta primera Meiosis los pares de cromosomas homólogos pueden intercambiar material genético entre ellos antes de su división.

Después de la primera división cada una de las dos células sufre una nueva división, Meiosis II, donde cada nueva célula sólo contiene 23 cromosomas. Estas células se llaman células haploides, conteniendo cada una sólo un set de 23 cromosomas en el ser humano.

En la fertilización, cuando el óvulo es fecundado por el espermatozoide, la célula embriónica formada, el cigoto, termina con dos sets de 23 cromosomas cada uno, es decir con un total de 46 cromosomas.

Si bien no hemos dado una descripción profunda de la célula, bastan los aspectos acá mencionados para apreciar su complejidad, diseño y propósito, y entender que su origen está muy lejos de ser la casualidad y el tiempo.

"¿Quién entre todos ellos no sabe que la mano del SEÑOR ha hecho esto, que en su mano está la vida de todo ser viviente, y el aliento de toda carne de hombre? ¿En Él están la sabiduría y el poder, y el consejo y el entendimiento son suyos."

Job 12:9-10, 13

CÉLULA ANIMAL

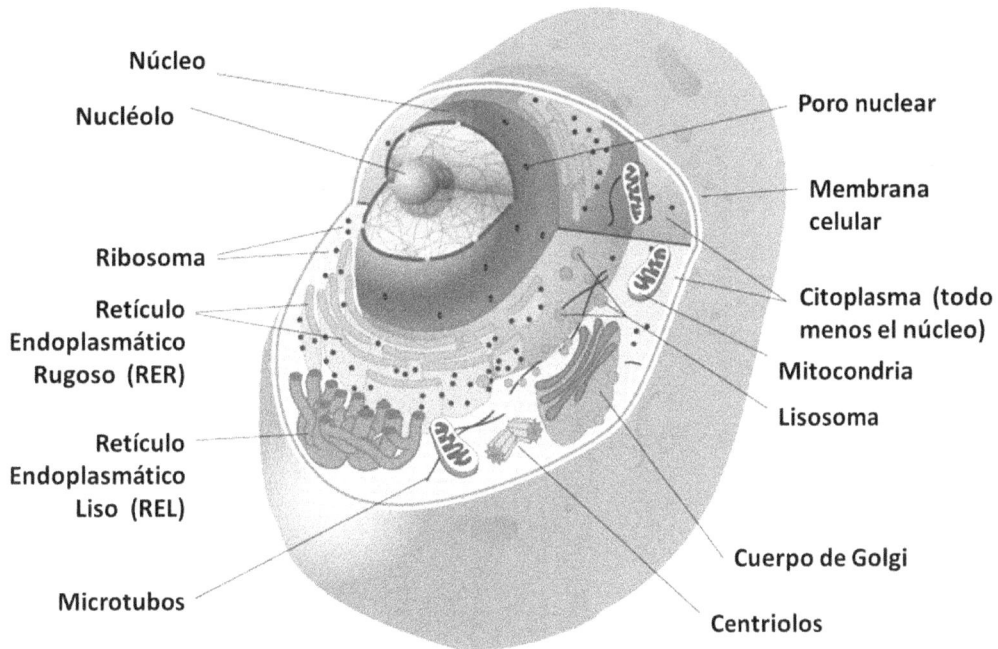

Núcleo

Nucléolo

Ribosoma

Retículo
Endoplasmático
Rugoso (RER)

Retículo
Endoplasmático
Liso (REL)

Microtubos

Poro nuclear

Membrana
celular

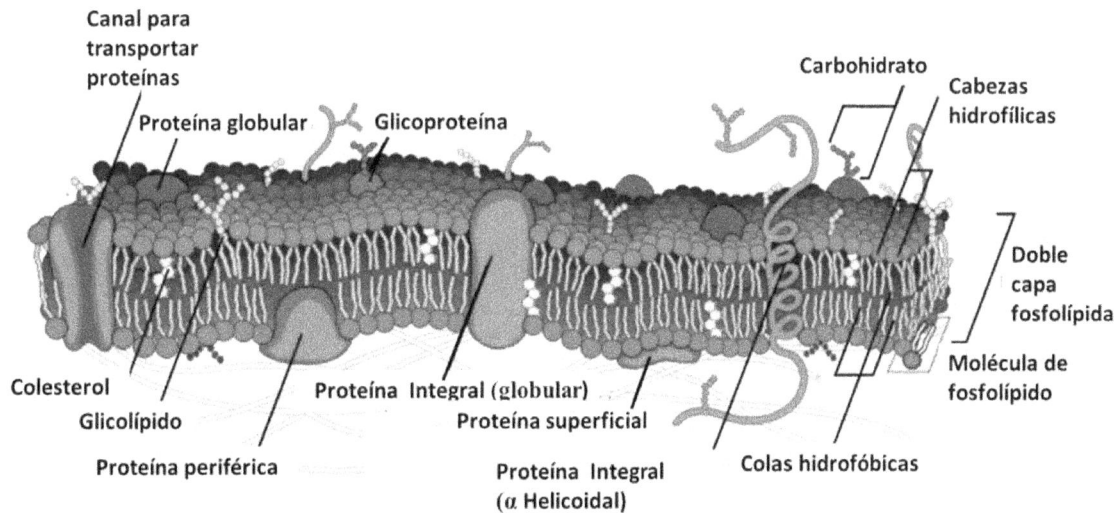

Citoplasma (todo
menos el núcleo)

Mitocondria

Lisosoma

Cuerpo de Golgi

Centriolos

Crédito: Public Domain Image. National Human Genome Research Institute.
Descripciones traducidas al español por Jaime Simán

MEMBRANA CELULAR

Canal para
transportar
proteínas

Proteína globular

Glicoproteína

Carbohidrato

Cabezas
hidrofílicas

Doble
capa
fosfolípida

Molécula de
fosfolípido

Colesterol

Glicolípido

Proteína periférica

Proteína Integral (globular)

Proteína superficial

Proteína Integral
(α Helicoidal)

Colas hidrofóbicas

Crédito: Public Domain. National Human Genome Research Institute.
Ilustración por LadyOfHats Mariana Ruiz. Descripciones traducidas al español por Jaime Simán

MANUFACTURA DE ATP

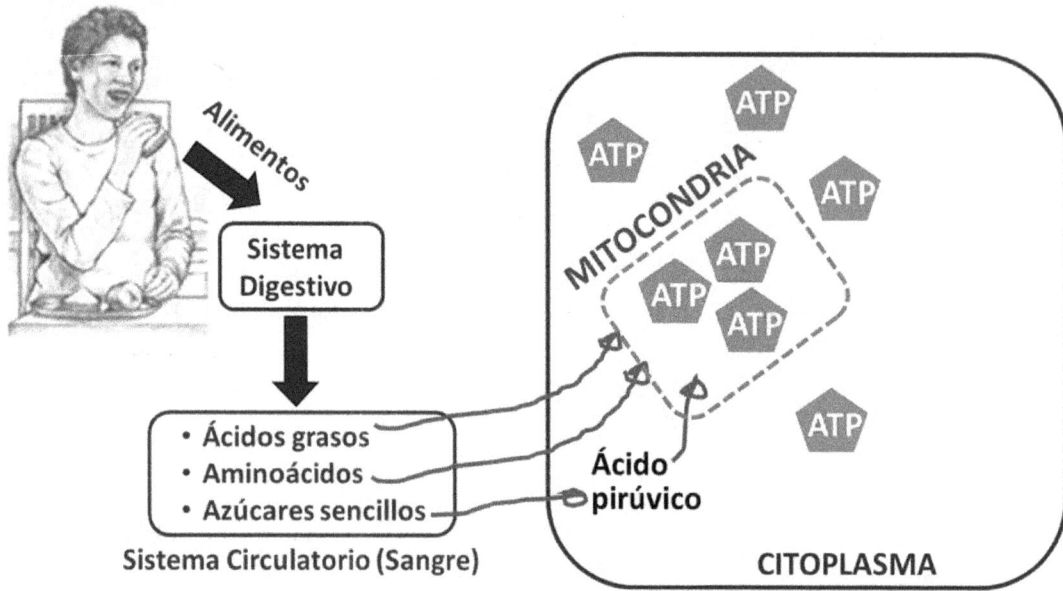

Crédito: Ilustración de persona - The National Institute of Diabetes and Digestive and Kidney Diseases. Modificada por Jaime Simán.

MANUFACTURA DE PROTEÍNAS

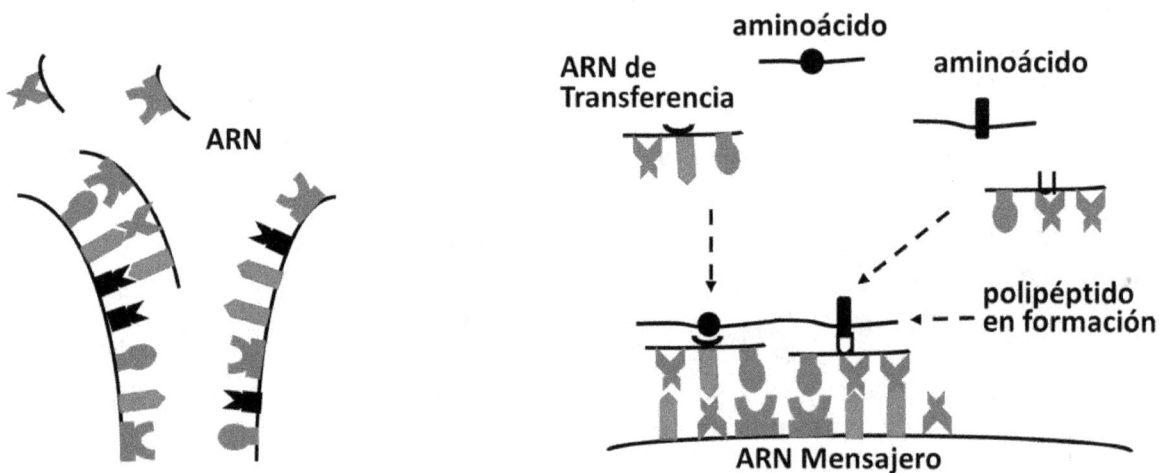

ADN Abriéndose en medio y formación de ARN mensajero

| C = Citosina   G = Guanina |
| A = Adenina T = Timina U = Uracil |

Crédito: Ilustraciones por Jaime Simán.

MITOSIS
Duplicación de Células Somáticas

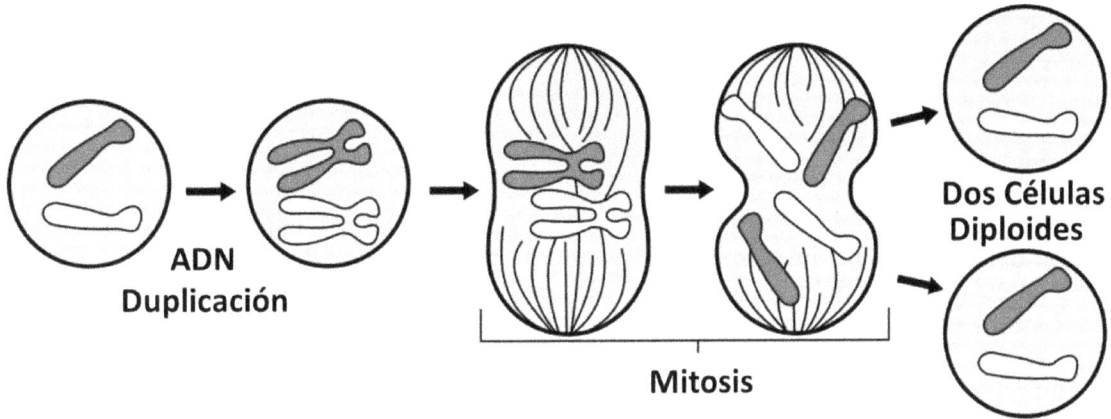

Crédito: The Science Primer a work of the National Center for Biotechnology Information, part of the National Institutes of Health. Vectorized in CorelDraw by Mysid from http://www.ncbi.nlm.nih.gov/ About/primer/genetics_cell.html. Adaptada y con descripción en español por Jaime Simán.

MEIOSIS
Reproducción de Células Sexuales

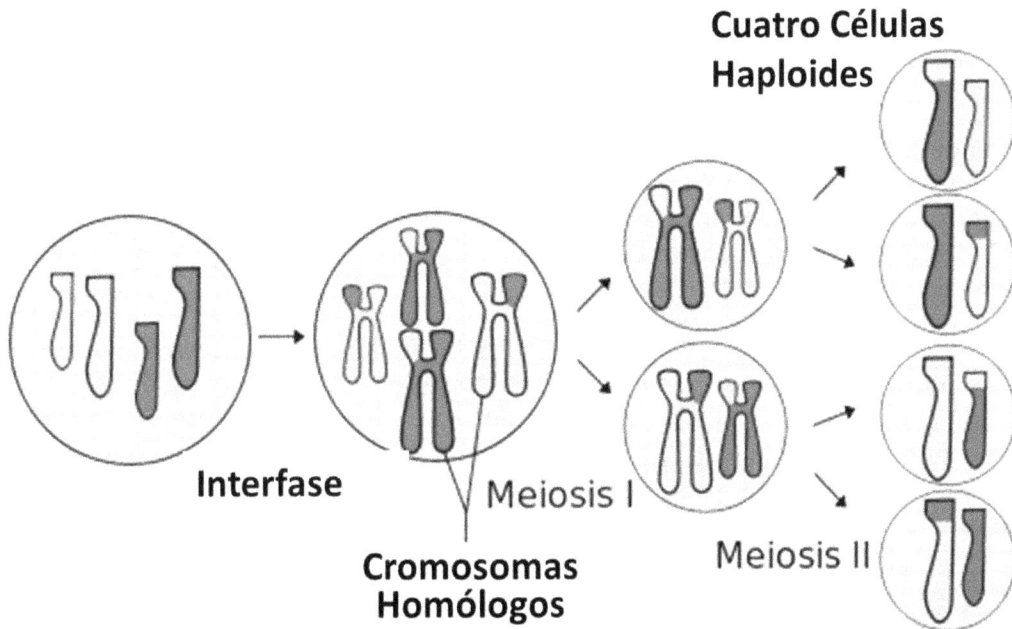

Crédito: The Science Primer a work of the National Center for Biotechnology Information, part of the National Institutes of Health. Source: http://www.ncbi.nlm.nih.gov/About/primer/genetics_cell.html Adaptada y con descripción en español por Jaime Simán.

Clonación

La clonación es la reproducción de un organismo idéntico al que se desea clonar. El interés está en dos áreas: Una, en su uso reproductivo. La otra, en su potencial para fines terapéuticos.

La base de la clonación reside en el hecho que la molécula del ADN, encontrada en el núcleo de la célula de un organismo vivo, contiene toda la información genética necesaria para reproducirlo.

Las distintas células somáticas de un organismo vivo, i.e.: todas las células, excepto las sexuales (el óvulo y el espermatozoide), tienen exactamente el mismo ADN del organismo, y por lo tanto la misma información genética.

La diferencia entre un tipo de célula y otra, está en las secciones de ADN que han sido activadas para producir las proteínas específicas que caracterizan una célula en particular; ya sea ésta por ejemplo, una célula nerviosa, o una célula muscular o una célula ósea.

En la concepción natural de un bebé, éste recibe la mitad de los cromosomas del papá, y la mitad de la mamá. El cigoto, la célula inicial de la cual se desarrolla un bebé, hereda 23 cromosomas del padre y 23 cromosomas de la madre en el caso del ser humano.

En la clonación, contrario a la concepción natural, todo el ADN del organismo que se desea clonar, se duplica exactamente, sin ninguna información genética adicional. De manera, pues, que se produce una copia exacta del organismo original.

El primer mamífero clonado, la oveja Dolly, fue producida al sacar el núcleo de una célula obtenida de la ubre de una oveja, insertándolo en el óvulo de una oveja donante después de que éste fuera vaciado de su núcleo, siendo luego estimulado para hacerlo comportarse como un óvulo fecundado normal. Éste, al ser implantado en una oveja suplente, se desarrolló hasta el momento de su alumbramiento.

A pesar de todo el avance tecnológico actual, Dolly tuvo que ser destruida a los seis años de edad debido a una enfermedad pulmonar.

Dr. Ian Wilmut y la Oveja Dolly

Crédito: The Roslin Institute. The University of Edinburgh, Scotland, UK   www.roslin.ed.ac.uk/public-interest/dolly-the-seep/why-dolly/

En la publicación en www.cnn.com del 27 de diciembre del 2002, "Nace Primer Bebé Clonado: Eva", Miriam Falco cubrió la noticia del supuesto nacimiento del primer humano clonado:

"Grupo anuncia haber dado a luz al primer ser humano clonado. Fundado por los Raelianos, quienes dicen que seres extraterrestres nos diseñaron.

Brigitte Boisselier, directora científica de Clonaid, dijo que el primer bebé humano clonado nació el jueves.

Boisselier es una obispo del grupo religioso los Raelianos. Claude Vorilhon, quien fundó el grupo los Raelianos, dijo a CNN en julio del 2001, que la meta a largo plazo, de la clonación humana, es vivir para siempre."

La noticia causó mucha inquietud, y el caso fue llevado en aquel momento al Senado de los EEUU debido a sus implicaciones éticas.

Miriam Falco mencionó en dicho artículo que :

"Ian Wilmut, el investigador escocés que clonara exitosamente en 1997 al primer animal, la oveja Dolly – desaprueba la clonación humana. Wilmut ha dicho que se necesitaron 276 intentos fallidos antes de que Dolly fuera exitosamente clonada ."

Clonación Reproductiva

Una pareja pudiera desear recurrir a la clonación reproductiva, por ejemplo, en el caso que ya no puedan tener hijos, para reemplazar a un hijo único que tal vez haya muerto por una enfermedad o accidente. Pero la clonación humana tiene graves problemas éticos.

En una publicación del 14 de febrero del 2013 titulada: "Dolly Muere Prematuramente", leemos que:

"La mayor preocupación por parte de muchos científicos es que clones humanos – aun si no tienen anormalidades monstruosas mientras están en el vientre – necesitarían reemplazo de cadera al llegar a la adolescencia, y tal vez desarrollen demencia senil cuando alcancen los 20 años de edad."

Dios estableció el matrimonio y la reproducción humana como expresión de una relación de amor, donde los hijos son fruto de la unión sexual del padre y la madre. Los hijos heredan las características genéticas de ambos padres, convirtiéndose en una manifestación única de la unión de ellos.

En el caso de la clonación, se reproduce un individuo genéticamente exacto al individuo que se desea clonar, no la combinación de un padre y una madre.

Entendiendo que el ser humano es más que materia, átomos y moléculas complejas, ¿estaría obligado el Creador a insertar un alma humana en cada criatura clonada? O, ¿habitaría dicho cuerpo algún espíritu inmundo, un demonio? ¿Hasta dónde tiene libertad el hombre para explorar y experimentar en el campo de la ingeniería genética y la reproducción?

Clonación Terapéutica

Otro uso de la clonación es para fines terapéuticos. Las células madres que integran el blastocisto, a los pocos días de la concepción, son "Células Totipotentes", es decir, con el potencial de diferenciarse y convertirse en cualquiera de las distintas células especializadas que constituyen el cuerpo humano.

En el campo de la medicina las células madres embriónicas presentan, supuestamente, gran potencial para regenerar tejidos dañados, reparar órganos, y reemplazar células dañadas de cierto tipo que supuestamente no se regeneran.

En un artículo publicado el 14 de mayo del 2007 en el Orange County Register leemos:

"La Universidad de California en Irvine se convertirá uno de los pocos centros en el mundo con un programa mayor en clonación terapéutica... Hans Keirstead... neurobiólogo... recibió permiso de parte de la universidad... para producir células madres... Las Clinicas de Fertilidad de la Costa Occidental (The West Coast Fertility Centers) de la ciudad de Fountain Valley, California... proveerá los óvulos sobrantes de donadoras voluntarias...

"Estamos confiados que podemos desarrollar técnicas exitosas de clonación terapéutica..." dijo Keirstead.

...él considera que su trabajo es ético y moral porque... puede producir curas y

tratamientos para una variedad de enfer-medades y lesiones."

Referencia: UCI Pursues Stem Cell Grail. Project aims to produce patient-specific treatments. By Gary Robbins, The Orange County Register. May 14, 2007.

Si bien la clonación terapéutica puede ofrecer tal vez algún beneficio médico a una persona enferma o lesionada, lo hace a costa de una manipulación genética cuestionable desde el punto de vista ético, incluyendo la destrucción de vida: ¡El fin no justifica los medios!

Hay investigadores que están considerando otras opciones genéticas tales como el uso de células madres maduras, las cuales no requieren la destrucción de embriones. El mismo Hans Keirstead dejó la Universidad de California en Irvine para dedicarse a un proyecto genético terapéutico muy prometedor que no requiere células madres embriónicas.

Dolly: Oveja Clonada

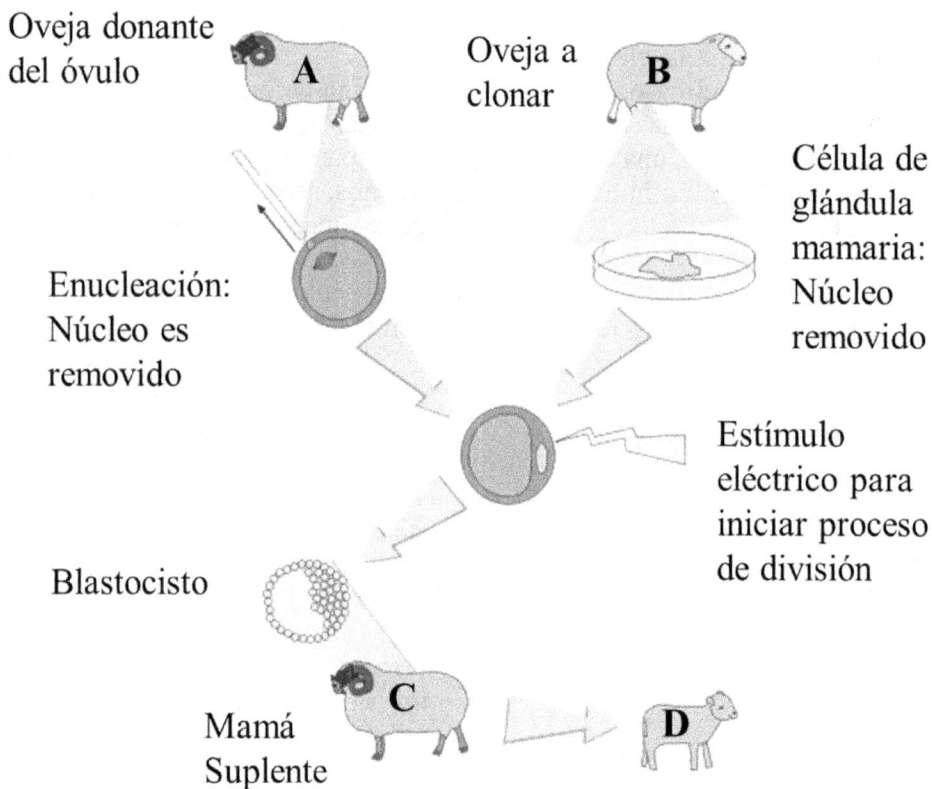

Oveja donante del óvulo — A

Oveja a clonar — B

Enucleación: Núcleo es removido

Célula de glándula mamaria: Núcleo removido

Estímulo eléctrico para iniciar proceso de división

Blastocisto

Mamá Suplente — C

D

Crédito: Ilustración por Squidonius para el proyecto de Wikipedia, y liberada universalmente para uso de dominio público. Modificación y terminología en español por Jaime Simán.

FERTILIZACIÓN IN VITRO

Algunos recurren a la Fertilización in Vitro para poder engendrar hijos cuando por motivos médicos no pueden lograrlo naturalmente.

En la fertilización in vitro varios óvulos de la madre son expuestos al esperma del padre en un laboratorio. En dicha práctica se termina fertilizando más de un óvulo, de manera que los óvulos fecundados que no se vayan a utilizar se congelan para uso futuro, o se destruyen. Como resultado, siempre hay destrucción de vida.

Hoy en día, sin importar las implicaciones éticas, morales y espirituales, se ha comercializado la fertilización in vitro. Hay muchos casos de personas solteras, lesbianas y homosexuales que deseando tener hijos se aprovechan de esta técnica para cumplir sus deseos.

Leía hace poco la noticia de un hombre que no quería esperar a tener esposa para tener hijos. Como resultado, pagó los servicios de una compañía que ofrece todo un banco de información de mujeres donadoras de óvulos, incluyendo su educación, rasgos físicos, así como otros aspectos personales de interés. Escogió, pues, la madre donadora, y pagó para fertilizar in vitro con su esperma los óvulos de dicha mujer .

El óvulo fertilizado fue entonces implantado en otra mujer, una madre alquilada, para llevar a cabo el embarazo normal en su vientre hasta el nacimiento del bebé. El costo de todo el proyecto fue de más de $20,000.

Pero, ¿qué de las implicaciones éticas y morales? ¿No tienen acaso derecho los niños de tener una madre? ¿No tienen derecho, si quiera, de conocer a su madre biológica?

El artículo "¿Es en el Mejor Provecho de los Hijos?" por Margaret Wente, publicado en el Toronto Globe el 30 de septiembre del 2006, toca el tema del anonimato de los donantes:

> *"¿Importa la biología?... Rebecca Hamilton, una bebé nacida de un donante de esperma, quien ahora es una adulto... ha estado buscando a su padre bilógico por años.*
>
> *"Es una necesidad muy naturalmente humana poder mirar a un rostro y decir, sí, de ahí provengo" dice ella.*
>
> *Ella piensa que la práctica común de anonimato del donante (de esperma) es una enorme injusticia a los hijos..."*

Hemos sido creados por Dios, quien ha establecido y definido claramente la familia, de manera que los hijos crezcan bajo la guía y protección de un padre y una madre. Ninguna persona, sociedad o gobierno tiene derecho de violar el diseño y orden establecido por Dios.

Una Madre Común Para La Humanidad

En 1982 acepté una posición como Ingeniero de Materiales en el Departamento de Investigación y Desarrollo de la compañía Westinghouse Electric. Estuve participando en el desarrollo de nuevos polímeros aislantes eléctricos, en proyectos de tecnología avanzada de metal amorfo, y en el desarrollo de modelos de laboratorio de corrosión acelerada en su fábrica de Transformadores de Distribución Eléctrica en Athens, Georgia, EEUU.

En 1984 tuve un encuentro espiritual que cambió radicalmente mi vida. Empecé en esos días a asistir a la Primera Iglesia Bautista de Watkinsville, Georgia donde hice muchas amistades valiosas. Vivía en el pueblito de Watkinsville, que estaba a unos 15 minutos en carro de mi trabajo en Athens.

En una conversación con un gran amigo, Ray Billins, cuya fe y testimonio impactaron mi vida, hice el comentario casual de que Dios nos había creado usando procesos evolutivos. Ray, con mucho respeto y cariño simplemente dijo: *"un día entenderás"*, y continuó con el tema de nuestra conversación, el cual era de otra índole.

Unos meses después, mis amigos de la iglesia de Watkinsville me invitaron a un debate entre un famoso científico creacionista y un evolucionista, en la Universidad de Athens. Asistí al debate con gran interés, pero lamentablemente no se aclararon las cosas para mí en cuanto al tema de orígenes.

Poco después, una mañana allá por el año 1985, viajaba por motivo de trabajo desde el Aeropuerto Internacional Hartsfield, de Atlanta, Georgia hacia la ciudad de Morristown, Pensilvania.

Fue cuando me encontraba esa mañana en el aeropuerto que "la luz se encendió". Mientras esperaba para abordar mi avión, leía calladamente mi Biblia. Estaba disfrutando un tiempo de mucha tranquilidad y meditación espiritual cuando percibí que Dios me dijo: *"Jaime, Pregúntame lo que quieras."* No, Dios no me habló audiblemente, pero su voz era clara en mi mente y corazón. El Señor mismo trajo dos preguntas a mi mente.

La primera tenía que ver con el encuentro que tuvo cierto joven rico con Jesús. En dicho encuentro, el joven rico acercándose a Jesús le preguntó: *Maestro bueno, ¿qué haré para heredar la vida eterna?*

Jesús le respondió: *"¿Por qué me llamas bueno? Nadie es bueno, sino sólo uno, Dios."* Puede leer el resto del intercambio que tuvo lugar en dicha ocasión en el evangelio de Lucas 18:18-30.

Claro, Jesús es bueno. Él mismo declaró ser el Buen Pastor en Juan 10:10. El comentario de Jesús hace reflexionar que ¡Jesús es Dios!, de otra manera no fuera bueno, y su muerte no hubiera podido salvarnos de nuestros pecados: Dios no aceptaría un sacrificio imperfecto por pago de los pecados de la humanidad.

La segunda pregunta que el Señor trajo a mi mente, la hizo mientras abordaba el avión: *"Jaime, ¿crees que es posible que el hombre, complemento perfecto de la mujer, fisiológicamente, considera su aparato reproductivo, pueda ser resultado de procesos casuales? ¿Crees lógico que a través del tiempo se desarrollen ambos independientemente, y a la vez complementariamente, de manera de encontrarse en el mismo lugar y tiempo en la historia del cosmos para generar la raza humana?"*

Mi respuesta fue inmediata, un rotundo: *¡Imposible, Señor!*

Percibí en la misma conversación con el Señor,

que este asunto de orígenes no era cuestión de interpretación del libro de Génesis. Entendí que simplemente Evolución no tenia el mínimo sentido o posibilidad lógica.

Sentí a la vez, que el Señor me estaba invitando a estudiar el tema desde el punto de vista académico. Dado que poseo una preparación profesional en el campo de las ciencias, con una maestría en Ingeniería Química, me sentí interesado y muy deseoso de abordar el tema.

Empecé a leer varios libros, y analizar con un ojo crítico las publicaciones de los periódicos sobre los supuestos descubrimientos en el área de orígenes, de eslabones perdidos, y de la evolución del cosmos.

Después de un par de años de considerar el tema desde la perspectiva científica, pude darme cuenta que Evolución no era posible, que no tenía bases sólidas: Entendí que era una hipótesis alimentada por la ignorancia, o por intereses prejuiciados y antagonistas contra Dios y la Biblia.

En 1988 me trasladé a California para trabajar en el Departamento de Investigación y Desarrollo de Edwards Critical Care, una división en ese entonces de Baxter Healthcare Corporation, localizada en la ciudad de Irvine. Estuve trabajando en dicha compañía hasta el año 2001, cuando renuncié para dedicarme a tiempo completo al ministerio de la Palabra de Dios, y dictar conferencias sobre el tema del Creacionismo.

Al poco tiempo de llegar a California tuve la oportunidad de escuchar personalmente, en conferencias sobre Creacionismo, a hombres brillantes tales como el Dr. A. E. Wilder-Smith, el Dr. Henry Morris, el Dr. Ken Ham, el Dr. John Morris, el Dr. Steve Austin, el Dr. Gary Parker, y a muchos otros.

En una ocasión leía en mi trabajo la edición reciente de la revista Chemical & Engineering News (Noticias de Química e Ingeniería). El artículo "Evidence accrues for specific female ancestor" (Se acumula evidencia de un antecesor femenino específico) publicado en la edición del 6 de febrero de 1989 de dicha revista llamó poderosamente mi atención:

El autor, Alan Wilson, Profesor de Bioquímica de la Universidad de California en Berkeley, reportó que sus investigaciones genéticas en el ADN del mitocondria confirmaban que la raza humana proviene de una madre común.

El Dr. Wilson aseveró en dicho artículo que la tecnología que respalda dicha conclusión es cada vez más avanzada y concluyente.

El descubrimiento anterior está en total armonía con la revelación Bíblica, y con la lógica natural: Sabemos que para que nazca un ser humano se necesita un padre y una madre. Ese padre y esa madre tiene que venir, cada uno, de su propio padre y madre. Partenogénesis, el nacimiento natural de una criatura a partir de sólo un progenitor y no de una pareja, jamás se ha observado en los mamíferos, mucho menos en los seres humanos.

Lo más lógico, pues, es que Dios creó al primer padre y a la primera madre para generar a la humanidad que habría de poblar la Tierra.

Tal como ya lo hemos expresado varias veces, la persona que abraza una cosmovisión atea no acepta la evidencia que respalda creación, no porque no exista la evidencia a favor de Creacionismo, sino porque ha tomado a priori una posición prejuiciada.

El Dr. Randy Guluizza publicó en la revista Acts & Facts de enero del 2009 un fascinante articulo sobre la fertilización humana, mostrando brillantemente la grandeza, creatividad y poder majestuoso de Dios. Basados en dicho artículo, describimos algunos aspectos de la fertilización humana en la sección siguiente, confiados que la breve descripción que damos hará que su corazón asombrado se eleve en alabanzas al Creador.

La Fertilización Humana

El excelente artículo titulado "Made in His Image: Human Reproduction" (Hecho a Su Imagen: Reproducción Humana) por el Dr. Randy Guliuzza, Acts & Facts. 38 (1):14, enero del 2009, da un poco de luz sobre el complejo y maravilloso diseño de la fertilización humana.

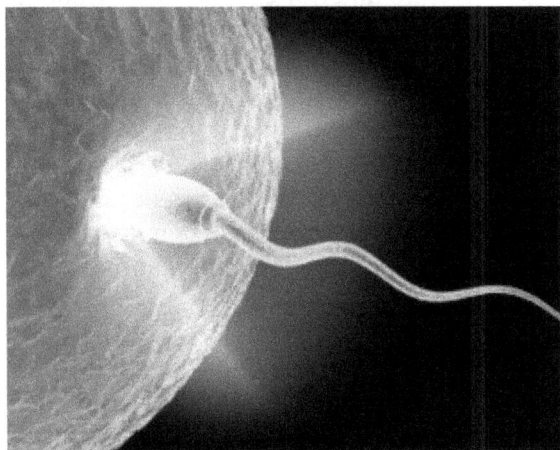

Fecundación de Óvulo Humano
Crédito: Public domain image.

Randy Guliuzza está capacitado para tratar el tema, siendo ingeniero además de doctor en medicina. Adicionalmente posee una Maestría en Salud Pública de la Universidad de Harvard, y una Licenciatura en Teología del Instituto Bíblico Moody.

Procedamos, pues, basados en su artículo, a una breve explicación del proceso de fertilización.

El espermatozoide masculino empieza como una célula redonda. Dicha forma no es apropiada para poder viajar y transportarse hacia el óvulo femenino. Células Sertoli rodean, pues, dichas células sexuales en el testículo del hombre, extrayendo material de su citoplasma y transformando su forma redonda a elongada, como con cola, la que le sirve para movilizarse hacia el óvulo.

La vagina de la mujer tiene un pH ácido, de 3.5, diseñado así por el Creador para darle protección bactericida. El espermatozoide masculino no pudiera sobrevivir en dicho medio ácido. Por tal motivo, el fluido seminal ha sido formulado con un pH alcalino, de 7.5, para neutralizar el medio ácido de la mujer, permitiendo así que el espermatozoide pueda sobrevivir durante su recorrido hacia el óvulo.

El sistema inmune de la mujer, que destruye invasores microscópicos, es suprimido por el semen en el área que impregna a la mujer, de otra manera los espermatozoides serían destruidos. Para evitar que la mujer quede desprotegida, el semen contiene componentes bactericidas que protegen a la mujer de infecciones.

Como un mecanismo de defensa de la mujer, movimientos coordinados de proyecciones en forma de vellosidad que recubren algunas células del útero; junto con pequeñas contracciones rítmicas del útero; producen una corriente de flujo hacia afuera que sirve para expulsar cualquier material invasor.

Esta acción protectora en el útero de la mujer dificultaría el desplazamiento del espermatozoide hacia su óvulo. Por tal motivo, el semen ha sido diseñado con un componente que al entrar en contacto con el útero, provoca una inversión de la dirección del movimiento de las proyecciones (pestañitas), causando que en lugar de expulsar, ayuden a introducir el espermatozoide.

Por su parte, el óvulo femenino contiene una membrana protectora externa, de manera que sólo el espermatozoide humano lo pueda fertilizar.

Para que el espermatozoide pueda fertilizar el óvulo se hace necesario, entonces, remover dicha membrana. ¿Qué mecanismo realiza dicha labor? Dios ha provisto al semen de una enzima corrosiva, la cual es usada para destruir la membrana protectora del óvulo femenino, permitiendo así su fertilización.

Debido a que dicha enzima haría estéril al hombre, ésta se encuentra encapsulada en la cabeza del espermatozoide, el acrosoma.

El cuerpo de la mujer a su vez, produce secreciones corrosivas que remueven la glicoproteína que integra la capa encapsuladora del acrosoma del espermatozoide, de manera de liberar la enzima corrosiva encapsulada en el acrosoma, para que ésta pueda destruir la capa protectora del óvulo, y así permitir su fertilización.

Tan pronto un espermatozoide fertiliza el óvulo, se produce un flujo de iones positivos de sodio hacia la superficie del óvulo, impidiendo que otros espermatozoides fertilicen el óvulo ya fecundado, protegiendo de esa manera tanto al óvulo fertilizado como a la madre.

No sólo hay mucho más detalles dignos de consideración dentro del mecanismo físico, pero sobre todo, la comunión tierna, íntima y profunda planeada por Dios para la pareja en el acto procreativo, debería ser motivo de agradecimiento profundo y alabanzas al Creador por tan hermoso regalo.

> Sustancias producidas independientemente por el hombre para modificar las acciones del cuerpo de la mujer, y viceversa, son necesarias y parte de las interacciones necesarias y complejas requeridas para la fertilización.

☆

> "Grande es el SEÑOR, y digno de ser alabado en gran manera;
> y su grandeza es inescrutable."
>
> Salmo 145:3

El Órgano De La Vista

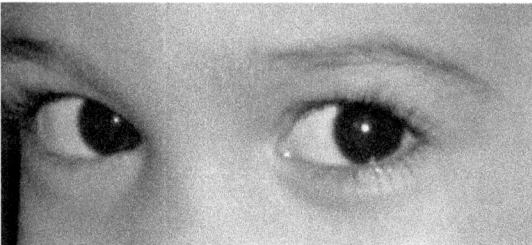

Evolución no puede explicar la existencia de sistemas con propósito. Pensar que la materia inanimada, por sí sola, se pueda organizar accidentalmente a través del tiempo, resultando en máquinas complejas como los órganos del cuerpo humano es absurdo.

Claro, tal como ya lo hemos expresado varias veces, si yo decido a priori abrazar una cosmovisión que excluye la posibilidad de un Creador, tendré que aceptar lo contrario a la evidencia y la lógica, pues lo he decidido de antemano por fe, en este caso, fe en ateísmo.

Consideremos el órgano de la vista. El diseño fabuloso de cada uno de sus componentes, acoplados y cooperando entre ellos, con el propósito de poder llevar al cerebro una imagen del mundo visible que nos rodea, es nada menos que asombroso.

La luz entra por un lente orgánico de gran transparencia, llevando la imagen del objeto visible hacia el fondo del ojo, donde moléculas convierten la señal luminosa en impulsos eléctricos, para ser conducida por células nerviosas al cerebro, donde será interpretada.

La cantidad de luz es regulada por un diafragma que se abre o cierra dependiendo de la cantidad de luz externa. Si sales al Sol, se reduce la apertura; si entras a un cuarto oscuro se abre para dejar entrar más luz. Todo regulado ¡automáticamente!

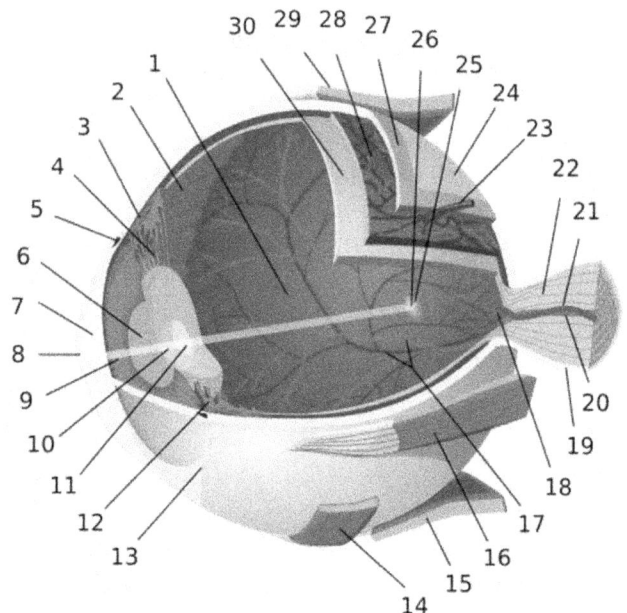

Diagrama del Ojo Humano

1:humor vítreo 2:ora serrata 3:músculo ciliar 4:ligamento suspensorio del cristalino 5:canal de Schlemm 6:pupila 7:cámara anterior 8:córnea 9:iris 10:cortex del cristalino 11:núcleo del cristalino 12:cuerpo ciliar 13:conjuntiva 14:músculo oblícuo inferior 15:músculo recto inferior 16:músculo recto medial 17:arterias y venas retinianas 18:papila (punto ciego) 19:duramadre 20:arteria central retiniana 21:vena central retiniana 22:nervio óptico 23:vena vorticosa 24:conjuntiva bulbar 25:mácula 26:fóvea 27:esclerótica 28:coroides 29:músculo recto superior 30:retina

Músculos mueven los ojos para que no tengas que mover el cuello de un lado al otro.

Los párpados permiten lubricar los ojos, a la vez que protegerlos contra objetos extraños, o insectos. Las lágrimas contienen una enzima, la lisozima, que destruye bacterias invasoras, protegiendo el órgano de la vista contra infecciones.

Tenemos dos ojos con el propósito de ver en tres dimensiones. Si sólo tuviéramos un ojo, sólo pudiéramos apreciar el mundo que nos rodea en dos dimensiones, alto y ancho. No pudiéramos tener una idea de la distancia a la que se encuentran los objetos.

Al tener dos ojos percibimos dos imágenes idénticas. Para no ver "doble", el cerebro dirige el movimiento de ambos ojos hasta tener una sola imagen, formando así un ángulo con el objeto enfocado. El cerebro correlaciona entonces este ángulo con la distancia del objeto: Cuando el objeto está distante el ángulo es pequeño, siendo cero si la distancia es infinita. El ángulo va en aumento entre más cerca esté el objeto.

> Pensar que, por pura casualidad, el cráneo tiene dos agujeros en el lugar apropiado para acomodar los ojos, no tiene sentido.

Hay mucho más que considerar. Veamos a continuación solamente unos cuantos aspectos más, necesarios para que el órgano de la vista funcione adecuadamente.

Las células del ojo necesitan oxígeno para sus procesos bioquímicos. Éste es transportado hacia ellas por medio del torrente sanguíneo con la ayuda de una molécula compleja, la hemoglobina.

La hemoglobina al entrar en contacto con el oxigeno del aire, en los alvéolos pulmonares, forma la oxi-hemoglobina. Ésta es llevada por la sangre a las células del ojo, en donde libera el oxígeno, y atrapa el dióxido de carbono producido por los procesos bioquímicos de la célula, formando así la carboxi-hemoglobina.

La carboxi-hemoglobina es llevada por la sangre a los pulmones, donde libera el dióxido de carbono para atrapar el oxígeno del aire que necesitan las células y así repetir el ciclo.

El Creador ha diseñado la compleja molécula de la hemoglobina considerando las propiedades del oxígeno y el dióxido de carbono; la composición y presión atmosférica, las presiones parciales dentro del ojo, así como otros factores más para que la hemoglobina atrape el oxígeno y suelte el dióxido de carbono en los pulmones, pero haga lo contrario en el ojo, donde suelta el oxígeno, y atrapa el dióxido de carbono.

Y todo eso no pudiera funcionar sin un sistema da arterias, venas y capilares, por donde ha de circular la sangre. Y por supuesto, el corazón que bombea la sangre por todo el cuerpo, es parte vital del sistema.

Además Dios ha diseñado todo un proceso complejo de coagulación de la sangre, para proteger al individuo en caso de accidentes y cortaduras. Si no fuera por dicho proceso de coagulación, al cortarnos sangraríamos hasta perder toda la sangre; o bacterias entrarían al sistema circulatorio causando una infección sistémica mortal.

Y gracias al fabuloso diseño, la sangre no coagula adentro del cuerpo. De otra manera estaríamos ¡en serios problemas! Sólo coagula al entrar en contacto con el ambiente exterior al producirse una cortadura.

El fenómeno de coagulación bloquea la rotura en la piel. Luego, una serie de procesos entran en operación para repararla. Simplemente ¡Genial!

¿Cuánto tiempo tuvo que transcurrir para que el cuerpo produjera por accidente la capacidad de coagular la sangre? Sin esta capacidad, la humanidad se hubiera acabado con la primera pareja.

La interdependencia entre varios componentes perfectamente diseñados y acoplados, trabajando en absoluta armonía es admirable. Notemos por ejemplo, que los músculos del corazón necesitan de los pulmones que proveen el oxigeno para funcionar. Y los pulmones necesitan el corazón funcionando para los músculos que le permiten funcionar. Todo el sistema complejo de corazón, pulmones, arterias, venas y capilares debe estar funcionando complementariamente a la vez, o el sistema no funciona.

Lo que vemos en la naturaleza son sistemas complejos cuyos componentes deben estar funcionando todos a la vez, o no pueden funcionar. Esto es lo que Michael Behe, profesor de bioquímica en la Universidad de Lehigh, en Pensilvania, EEUU llamó: Complejidad Irreducible.

Complejidad Irreducible: O todo el sistema está perfectamente integrado, con cada uno de sus componentes trabajando en forma complementaria a la vez, o el sistema no funciona.

Consideremos además, la caja torácica: El corazón es un órgano vital delicado, por lo que está protegido con un armazón de costillas que tiene suficiente rigidez para proveer protección, pero también la suficiente flexibilidad para permitir su expansión y contracción necesaria durante la respiración.

Hay muchos más aspectos que considerar en el maravilloso mundo de la vista. Creo sin embargo que los ya mencionados son más que suficientes para que reconozcamos la mano del Creador en su diseño.

Tengamos en cuenta, finalmente, que la vista es un órgano maravilloso que no tiene razón de ser excepto para beneficio del cuerpo en el que está integrado: Los ojos no existen para sí mismos, existen para proveer una función muy importante para el cuerpo al que pertenecen.

Así como Dios nos ha dado la vista para observar las realidades físicas que nos rodean, también nos ha dado el cerebro para reconocer, a través de lo creado, su grandeza. No hay excusa, pues, para no reconocer la mano de Dios.

☆

"¡Qué equivocación la vuestra! ¿Es acaso el alfarero como el barro, para que lo que está hecho diga a su hacedor: El no me hizo; o lo que está formado diga al que lo formó: El no tiene entendimiento?"

Isaías 29:16

¿Es Natural El Ateísmo ?

Thomas Nagel, B.A. Cornell; B. Phil. Oxford; Ph.D. Harvard. Professor de Filosofía y de Leyes, con varios títulos honoríficos de Oxford, Harvard, y de la Universidad de Bucarest, dijo:

"Yo deseo que el ateísmo sea verdad, y me inquieta el hecho que algunas de las personas más inteligentes y bien informadas que conozco son creyentes religiosos...

Yo espero ¡que no haya Dios! Yo no quiero que haya un Dios...

Darwin le permitió a la cultura secular moderna dar un suspiro colectivo de alivio al aparentemente proveer una manera de eliminar propósito, significado, y diseño como característica fundamental del mundo."

Referencia: The Last Word (1997) pp. 130-131

Según Richard Dawkins Evolución conlleva hacia el ateísmo. Y según algunas encuestas, Evolución destruye la fe espiritual de muchos jóvenes. Cabe la pregunta: ¿Es el ateísmo una posición que brota de la naturaleza humana? O, ¿es una filosofía que va contra la misma naturaleza del hombre?

Si Dios existe, y ha creado al ser humano para comunión con Él, lo más lógico es que lo haya creado con la capacidad de reconocer su existencia. Este sería el punto de partida para poder conocerle y entrar en una relación con Él.

En tal caso el ateísmo no sería natural; sería más bien una posición ilógica y antagonista contra la realidad misma: ¡el Creador! Su única ventaja sería la excusa que provee a quienes quieren vivir sin ninguna autoridad moral sobre ellos, aquellos que quieren vivir sin tener que darle cuentas a Dios en esta vida por su conducta.

Pero ésa sería una posición tan ilógica como la de la avestruz cuando esconde su cabeza en un hoyo. Su ventaja sería temporal. Y de hecho, no creo que ignorar la voz de alarma de un juicio eterno, pueda considerarse una ventaja. Lamentablemente ésa parece haber sido la posición de Huxley.

Thomas Henry Huxley (1825-1895), defensor y promotor apasionado del Darwinismo, escribió en su libro "Ends and Means" (Fines y Medios):

"Tengo motivos para no desear que este mundo tenga significado, por lo tanto, yo asumí que no lo tenía...

El filósofo que no encuentra significado en este mundo, no se interesa en este asunto sólo por metafísica pura; también se interesa en probar de que no hay razón válida que le impida hacer lo que quiera..."

Referencia; Ravi Zacharias – Conference: Apologetics in the 21st Century. Costa Mesa, California, EEUU Nov. 9th, 2013.

El 12 de mayo del 2011 CNN publicó un artículo de Richard Allen Greene bajo el título: "Un Nuevo y Enorme Estudio Encuentra que Tener Creencia Religiosa es Natural". El artículo hace las siguientes declaraciones:

"La religión resulta natural, es más, es instintiva a los seres humanos, de acuerdo a lo que sugiere un masivo estudio nuevo sobre culturas alrededor del mundo.

"Tenemos la tendencia de ver propósito en el mundo" dijo... Roger Trigg, catedrático de la Universidad de Oxford.

"Vemos una agencia. Pensamos que hay algo ahí, aunque no lo puedes ver... Todo esto tiende a acumularse produciendo una manera religiosa de pensar."

Trigg es co-director del proyecto de tres años basado en Oxford, el cual incorporó más de cuarenta estudios diferentes, realizados por docenas de investigadores, estudiando varios países desde la China hasta Polonia, desde los Estados Unidos hasta la Micronesia.

Estudios alrededor del mundo rindieron descubrimientos similares, incluyendo la creencia generalizada en algún tipo de vida después de la muerte...

Trigg dijo que los niños en particular encontraron muy fácil pensar religiosamente.

Pero también los adultos recurrieron primeramente a explicaciones que implicaban un agente no visible operando en el mundo...

es parte básica de la naturaleza humana... No puedes pretender simplemente que no existe...

El estudio de Oxford, conocido como "El Proyecto Cognición, Religión y Teología" sugiere fuertemente que la religion no se va marchitar... Trigg concluyó: "yo pienso que la tesis de la década de 1960 de la secularización del mundo, no tiene esperanza de materializarse.""

En otras palabras, la evidencia natural es que el ser humano en todo el mundo, en distintas culturas, tribus y naciones, ha sido diseñado con la creencia instintiva de la existencia de un Agente externo, y de vida más allá de la muerte.

La Biblia nos habla claramente de ese Creador, y de la existencia de todo ser humano más allá de esta vida. La fuente de esta revelación es el Creador mismo. Tiene lógica, y no es de extrañar.

> "El que hizo el oído, ¿no oye? El que dio forma al ojo, ¿no ve?"
>
> Salmo 94:9

Claro que oye y ve, y también habla, y lo hace a través de la naturaleza, pero sobre todo, a través de Su Palabra, la Biblia.

Todos un día tendremos que estar frente al Creador, y dar cuentas de nuestra vida. Unos para condenación eterna, otros para vida eterna.

No, la fe en Dios no es ilógica. Gente intelectualmente brillante ha abrazado el cristianismo a través de la historia, desde el apóstol Pablo en el siglo I, hasta pensadores recientes como C. S. Lewis, Oswald Chambers, y contemporáneos como Ravi Zacharias y John Lennox entre otros.

Personalmente estoy convencido que la fe en Dios, no en cualquier dios, sino en el Dios de la Bibia, la fe cristiana, es tremendamente lógica, y la que revela al Creador del cosmos y la vida, dándole el verdadero sentido a nuestra existencia.

> "La actitud real en el corazón del pecado hacia Dios, es la de estar sin Dios;
>
> es arrogancia, la adoración del yo,
>
> ésa es la gran realidad atea en la vida humana."
>
> Oswald Chambers

Referencia: http://www.tentmaker.org/Quotes/atheismquotes.htm

"Entonces el SEÑOR respondió...

¿Quién es éste que oscurece el consejo con palabras sin conocimiento?

¿Dónde estabas tú cuando yo echaba los cimientos de la Tierra?

¿Conoces tú las ordenanzas de los cielos, o fijas su dominio en la tierra?

¿Quién ha puesto sabiduría en lo más íntimo del ser, o ha dado a la mente inteligencia?"

Job 38:1-41

"Desde la antigüedad está establecido tu trono; tú eres desde la eternidad."
Salmo 93:2

EL HABLA

En la 3ª Conferencia Sobre la Evolución del Lenguaje, realizada en el año 2000 en Paris, Francia se buscó la participación de expertos en una gran gama de disciplinas pertinentes, incluyendo paleontólogos, genetistas, neurólogos, lingüistas, y expertos en ciencias de computación entre otros. En un artículo anunciando el evento leemos lo siguiente:

"Datos científicos de varias disciplinas, cuando se reúnen, limitan dramáticamente lo que se puede decir sobre el origen del lenguaje. Este asunto se ha vuelto un problema genuino para la ciencia."

"El lenguaje humano es una vergüenza para la teoría de Evolución" David Premack – Profesor Emérito de Psicología, Universidad de Pensilvania

En el artículo "La Evolución del Lenguaje - Localización e Identidad del Gen para la Asimetría Cerebral y el Lenguaje" por el Dr. Tim J. Crow – POWIC Departamento Universitario de Psiquiatría, Warneford Hospital - Oxford OX3 7JX, leemos que el cerebro humano exhibe una asimetría que corresponde a la habilidad de hablar, asimetría que no existe en el supuesto pariente más cercano al hombre, el chimpancé.

El autor de dicho artículo indica que:

"En el lenguaje tenemos una facultad sin precursores claros en la evolución de los primates... que surgió repentina y recientemente.

Tal innovación es incompatible con el prevalente... concepto de que transiciones entre las especies ocurren en gradientes genéticos...

El origen del lenguaje aparenta ser un caso de evolución "saltatoria" consistente con los conceptos de Goldschmidt (1940) o de Equilibrio Puntuado de Eldredge y Gould (1972) que han carecido... de un mecanismo específico."

En otras palabras: La capacitación del cerebro humano para poder hablar ocurrió de un salto, no en forma gradual. De acuerdo a la propuesta de Goldschmidt una especie saltó a otra, y por eso no hay especies en transición. ¿Dónde está la evidencia de tal transición? ¡No la hay!. ¿Dónde encontramos tal mecanismo de evolución? En la imaginación de aquellos que no pueden aceptar la explicación más lógica: El hombre fue creado con la habilidad de hablar.

> *"El language humano es una vergüenza para la teoría de evolución."*
>
> **David Premack**
> **Profesor Emérito de Psicología**
> **Universidad de Pensilvania**

Recuerdo escuchar personalmente al Dr. A. E Wilder Smith disertar sobre el lenguaje humano. El Dr. Wilder Smith explicaba que si una persona no es expuesta al lenguaje humano durante su niñez, cuando es adulta ya no puede aprender un lenguaje. En otras palabras, los humanos hablamos porque nuestros primeros padres, Adán y Eva, fueron creados con la habilidad del hablar, y recibieron sobrenaturalmente un lenguaje. La Biblia nos revela que Dios se comunicaba con Adán y Eva, y ellos enseñaron a sus hijos a hablar.

En el evento de Babel, Dios sobrenaturalmente intervino ante la arrogancia y rebeldía humana, de manera que confundió el lenguaje común de los habitantes de la Tierra. La población de ese tiempo se separó en grupos de acuerdo a sus nuevas lenguas.

En un artículo titulado "El lenguaje y el cerebro" encontrado en una página web de Western Washington University, leemos lo siguiente:

"Los humanos nacen con una capacidad innata para adquirir el extremadamente complejo y creativo sistema de comunicación que llamamos lenguaje.

Nacemos con el instinto del lenguaje, el cual Chomsky llama LAD (Language Acquisition Device) (En español: AAL Aparato de Adquisición de Lenguaje).

Esta aptitud para el lenguaje es completamente distinta a los reflejos innatos que responden a estímulos, tales como la risa, el estornudar, o el llorar.

El instinto del lenguaje parece ser una dotación genética única del ser humano: Casi todos los niños expuestos al lenguaje adquieren naturalmente el lenguaje casi como si por arte de magia.

El Aparato de Adquisición de Lenguaje en sí, es probablemente, por supuesto, el resultado de la interacción compleja de muchos genes, no sólo uno. Y el malfuncionamiento de un solo gen clave simplemente hace cortocircuito al sistema.

...la habilidad natural para adquirir lenguaje normalmente disminuye rápidamente cerca de la pubertad. Hay una edad crítica para adquirir la capacidad de hablar con soltura un lenguaje natal."

Fuente: http://pandora.cii.wwu.edu/vajda/ling201/test4materials/language_and_the_brain.htm

En el artículo "Los Pequeñitos Leen Los Labios Para Aprender A Hablar" de Prensa Asociada, publicado el 17 de junio del 2012 en el Orange County Register, leemos:

"...empezando como a los 6 meses los bebés empiezan... estudiando la boca de quien les habla. El bebé, para imitarlo, tiene que descubrir cómo mover sus labios para producir el sonido particular que están escuchando, según explica el sicólogo de desarrollo David Lewkowicz de Florida Atlantic University... es un proceso increíblemente complejo."

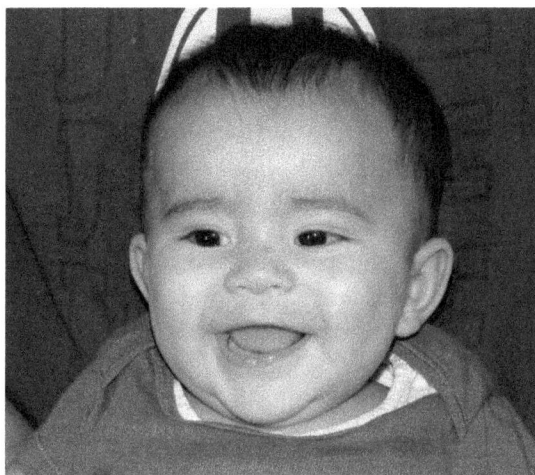

Crédito: Andrés Antonio. Publicado con permiso de sus padres. © 2015 Jaime Simán

El aprendizaje del habla es realmente una manifestación del poder creativo de Dios. Para empezar, el bebé tiene un deseo innato de imitar a sus padres, y aprender a hablar. Además, tiene un cerebro que dirige el órgano de la vista, y usa los sonidos percibidos por el oído, procesando la información externa y relacionándola con su propio cuerpo, los músculos de la boca, y el movimiento de la lengua, y la respiración, para producir los sonidos deseados.

El habla es una evidencia más a favor de Creación, y un argumento más en contra de Evolución.

El Pájaro Carpintero y El Escarabajo Bombardero

El Pájaro Carpintero

Cada especie que encontramos en la naturaleza exhibe increíble complejidad, y una exquisita creatividad. Consideremos por ejemplo el pájaro carpintero.

Tiene un pico duro, y músculos en su cuello, que le permiten operar como un taladro. Su cerebro está acolchonado con músculos que lo protegen contra el impacto de tal acción.

Sus patas tienen, por lo general, dos garras anteriores y dos posteriores, para poder subir sobre los árboles y taladrarlos sin caerse hacia atrás.

Tiene una lengua larga que le permite explorar los agujeros hechos en la corteza de los árboles, en busca de termitas y otros insectos. Dicha lengua no cabe en su pico, de manera que ha sido diseñada para enrollarse por atrás, alojando su mayor parte dentro de sus fosas nasales.

Crédito: Black Woodpecker Dryocopus martius with young, Finland. Foto: Alastair Rae from London, United Kingdom. Image cropped by Jaime Siman. CC BY-SA 2.0 https://en.wikipedia.org/wiki/Woodpecker#/media/File:BlackWoods.jpg https://creativecommons.org/licenses/by-sa/2.0/deed.en

El Escarabajo Bombardero

El escarabajo bombardero es otra especie que muestra la grandeza del Creador.

Este insecto ¡no es cualquier cosa! Produce en cámaras separadas dos agentes químicos: Hidroquinona y Peróxido de Hidrógeno. Y, cuando se ve amenazado, envía cada agente químico a una cámara de mezcla en su vientre, donde al entrar en contacto se produce una reacción química exotérmica (i.e.: que genera calor), cuyo producto es Benzoquinona, una sustancia tóxica, la cual es expulsada en forma de vapor.

Cuando la presión es suficientemente alta, se abre una válvula por donde expulsa el vapor tóxico a través de un cañón.

El escarabajo bombardero tiene la capacidad de dirigir su cañón en la dirección deseada para defenderse de sus enemigos, ya sean estos hormigas, una rana o cualquier otro depredador que va tras él. Referencia: Institute of Physics (2008, April 5). The Bombardier Beetle, Power Venom, And Spray Technologies. Science Daily. Retrieved July 2, 2008.

En el artículo: "Dirigiendo el Spray en el Escarabajo Bombardero" por Thomas Eisner and Daniel J. Aneshansley, publicado en 1999, aparecen excelentes fotos mostrando este maravilloso sistema de defensa creado por Dios. Incluimos una de ellas en la página siguiente.

En dicha publicación leemos:

Escarabajo Bombardero

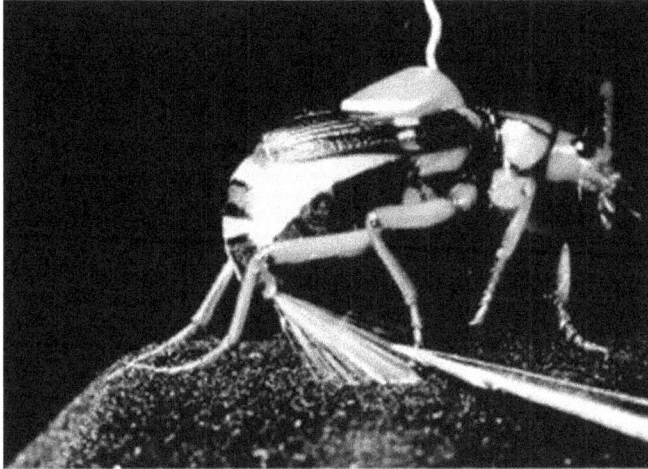

"...el Escarabajo Bombardero Africano, Stenaptinus insignis, puede dirigir su espray virtualmente en cualquier dirección. Puede apuntar a sus piernas individualmente, e incluso a segmentos individuales de sus piernas... el escarabajo puede hasta apuntar a sitios específicos de su espalda."

Crédito: Publicado con permiso. Copyright (1999) National Academy of Sciences, U.S.A—Photo B, Fig 1, Proc. Natl. Acad. Sci. USA Vol. 96, pp. 9705–9709, August 1999 Ecology Spray aiming in the bombardier beetle: Photographic evidence (chemical defenseyquinonesyCarabidaeyFormicidae) Thomas Eisner And Daniel J. Aneshansley. Section of Neurobiology and Behavior and Department of Agricultural and Biological Engineering, Cornell University, Ithaca, NY 14853 Contributed by Thomas Eisner, June 29, 1999.

——————— ☆ ———————

"¡Cuán numerosas son tus obras, oh SEÑOR! Con sabiduría las has hecho todas; llena está la tierra de tus posesiones."

Salmo 104:24

El Huevo Y La Gallina

¿Qué fue primero, el huevo o la gallina?

Crédito: Küken vor dem ersten Ausflug. Author: HerbertT . Wikipedia. Foto modificada por Jaime Simán. Creative Commons Attribution-Share Alike 3.0 Unported https://creativecommons.org/licenses/by-sa/3.0/deed.en

Creación directa de acuerdo a Génesis provee la respuesta más lógica y apegada a la evidencia natural: ¡La gallina!

El Darwinismo, por su parte, no puede responder la pregunta. Los evolucionistas se contradicen, sus esfuerzos son inútiles. Veamos:

El artículo "¿Qué fue primero, el pollo o el huevo?", publicado el 26 de mayo del 2006 en www.cnn decía:

"Un equipo formado por un genetista, un filósofo y un criador de pollos, dijeron haber encontrado la respuesta: ¡Fue el huevo!

...la razón es que... material genético no cambia durante la vida de un animal. Por lo tanto, el primer pájaro que evolucionó a lo que hoy en día conocemos como pollo,

probablemente en tiempos prehistóricos, debió haber existido primero como un embrión (de pollo) dentro de un huevo.

El Sr. Papineau, un experto en la filosofía de la ciencia, está de acuerdo que el primer pollo salió de un huevo, y eso prueba que hubieron huevos de pollo antes que pollos...

Si un canguro puso un huevo del cual salió un avestruz, eso sería seguramente un huevo de avestruz, no un huevo de canguro."

David Papineau es profesor de King´s College, de Londres, Inglaterra. El Profesor John Brookfield es especialista en genética evolucionaria en la Universidad de Nottingham, Inglaterra.

En otras palabras, expertos catedráticos universitarios ingleses concluyeron que un ave distinta a la gallina, de repente puso un huevo no de su especie, sino un huevo de gallina, del que nació un pollito. La razón: Un ave no cambia en otra mientras está viva. No hay indicios que un animal vivo se transforme en otro, así que la única explicación que les queda es la anterior: Digamos por ejemplo, una lechuza al poner un huevo, puso un huevo distinto a su especie, puso un huevo de gallina.

Pues bien, el 14 de julio del 2010 www.cnn.com publicó otro artículo relacionado con nuestro tema: "Científicos Resuelven el Enigma de la Gallina y el Huevo" por Hilary Whiteman. Dicho reporte cubría un estudio realizado por científicos de la Universidad de Sheffield, al norte de Inglaterra, y de la Universidad de Warwick. Ellos llegaron a la conclusión opuesta:

> *"Investigadores en Inglaterra... descubrieron que cierta proteína en los ovarios de la gallina ayuda acelerar la producción de la cáscara del huevo.*
>
> *El descubrimiento pudiera sugerir que primero fue la gallina antes que el huevo, pero tal vez no."*

Realmente es hasta divertido ver lo desatinado del proceso cuando se camina en la oscuridad por haberse rechazado la luz. Bueno, la verdad es que no tiene nada de divertido: Es triste si consideramos las consecuencias espirituales, emocionales y sociales de Evolución.

> Si se necesita un huevo para que nazca una gallina, y se necesita una gallina para poner un huevo, lo más lógico es que el Creador formó primero la gallina, la cual puso huevos, de los cuales nacieron pollos.
>
> La gallina crió los pollos hasta que estuvieron grandes y siguieron el ciclo reproductivo. Todo en total acuerdo con el libro de Génesis de la Biblia.

☆

> "Y así como Janes y Jambres se opusieron a Moisés, de la misma manera éstos también se oponen a la verdad...
>
> Pero no progresarán más, pues su insensatez será manifiesta a todos, como también sucedió con la de aquellos dos."
>
> II Timoteo 3:8-9

METAMORFOSIS

Sabemos que un pelícano, por más radiación solar o cósmica que sufra, no podrá jamás sufrir cambios genéticos acumulativos y complementarios que lo conviertan en un perico tropical, todo por accidente. Podrá quizás desarrollar cáncer, pero nunca se transformará en otro animal durante su breve existencia.

Sin embargo, en la naturaleza ocurre una transformación radical asombrosa. No hablo de un invento de la imaginación, sino de algo que podemos presenciar: Una transformación que muestra ser obra maestra de un Dios de creatividad, poder, capacidad y sabiduría increíble. Me refiero a la metamorfosis de la oruga. Considerémosla un poco:

La mariposa pone un huevo que tarda de tres a seis días para producir la oruga, llamada también larva. Ésta al nacer empieza a alimentarse y crecer por un periodo que dura entre 9 y 14 días.

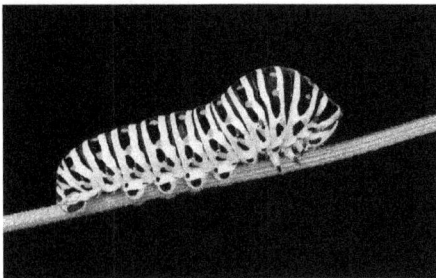

Oruga

Crédito: Caterpillar of the Old World Swallowtail - Size 42mm. Autor: Didier Descouens. CC BY-SA 3.0. Creative Commons Attribution-Share Alike 3.0 Unported license. https://creativecommons.org/licenses/by-sa/3.0/deed.en

La oruga madura se envuelve entonces en un capullo, para comenzar a sufrir un proceso de transformación en el que su cuerpo se convierte en un material pastoso, a partir del cual se forman órganos y miembros nuevos gracias a la reorganización radical de sus moléculas.

Después de algunos meses de metamorfosis, del capullo, llamado también ninfa, sale una linda y perfecta mariposa.

Mariposa

Referencia: Emerald Swallowtail (Papilio Palinurus) butterfly.

Si evolución gradual es la única explicación permitida para la existencia de las mariposas, las mariposas no existirían ya que las orugas no tienen capacidad reproductiva. El precursor de la oruga simplemente no pudiera evolucionar gradualmente a una oruga capaz de transformarse en mariposa, pues no se puede reproducir.

En otras palabras, si la oruga evolucionó para llegar a su estado actual, tuvo que haber evolucionado de un solo salto. Si no apareció de un solo salto con todo el proceso de metamorfosis integrado en su diseño, para poder pasar de oruga a mariposa, nunca hubiera existido.

Se requiere más fe para creer que la oruga se produjo por evolución accidental de un solo salto, que creer en un Dios que la haya creado completa y funcional con capacidad de metamorfosis desde su origen.

Comparemos a continuación algunas características de la oruga y la mariposa para apreciar un poco la asombrosa transformación.

1- La oruga tiene "seudopatas", mientras que la mariposa tiene seis patas segmentadas.

2- La oruga tiene una boca masticadora; la mariposa tiene en cambio, un tubo chupador para extraer el néctar de las flores.

3- La oruga no se puede reproducir; la mariposa tiene perfectamente desarrollado un sistema reproductivo.

4- La oruga se arrastra en el suelo; la mariposa tiene hermosas alas que le permiten volar.

5- Si bien los diseños de distintos colores de las alas de las mariposas son asombrosos, hay otro factor que no todo mundo conoce, y que es igual de asombroso: Los colores de la mariposa no son resultado de pigmentos, sino un fenómeno óptico resultado de lo que se conoce como "coloración estructural".

El diseño molecular y microestructuras en la superficie de las alas de la mariposa, causa que la luz solar incidente se separe en distintas longitudes de onda, reflejando así los colores correspondientes que muestran sus alas.

Yo encuentro en la metamorfosis de la oruga una gran ilustración espiritual:

Así como la molécula del ADN tiene toda la información necesaria para dirigir el proceso que transforma la oruga de un gusano que se arrastra en la tierra, a una hermosa mariposa que vuela sobre los campos floreados, y que saborea el néctar de las flores; así mismo la Palabra de Dios tiene poder para transformar al hombre.

Lo transforma de un ser caído, que se revuelca en el pecado y la inmundicia moral, para elevarlo a la categoría de hijo de Dios, nacido de Dios, capaz de volar sobre campos espirituales hermosos y elevados, saboreando el néctar espiritual de la Palabra de Dios.

☆

"Pues habéis nacido de nuevo, no de una simiente corruptible, sino de una que es incorruptible, es decir, mediante la palabra de Dios que vive y permanece."

I Pedro 1:23

INSTINTOS MIGRATORIOS

¿Qué ha podido explicar Evolución que se pueda verificar experimentalmente? ¡Nada!

Son innumerables los aspectos del mundo natural que nos rodea que proveen un reto formidable para la hipótesis de Evolución. Uno de ellos es la migración de las aves y otros animales. De acuerdo a una fuente:

"Aves migratorias pueden viajar miles de millas en sus travesías anuales... Aves que migran en su primer año pueden hacerlo, sin necesidad de acompañamiento, hacia un hogar de invierno que nunca han visto antes, y regresar la siguiente primavera al lugar donde nacieron.

Los secretos de sus increíbles habilidades de navegación permanecen grandemente sin descubrir,

La aves aparentemente navegan usando una variedad de técnicas, incluyendo navegación con ayuda de las estrellas, percibiendo cambios en el campo magnético terrestre, e incluso con ayuda del olfato."

Referencia: http://www.birds.cornell.edu/AllAboutBirds/studying/migration/ Accedido el 9 de junio del 2015.

De acuerdo a otra fuente:

"Algunos animales migratorios usan el movimiento del Sol en el cielo para saber su ruta migratoria. Siendo que el Sol cambia de posición al rotar la Tierra, estos animales necesitan hacer ajustes a su ruta de viaje para que no sea afectada por el movimiento del Sol. Esto se llama "Compensación del tiempo".

Referencia: http://idahoptv.org/sciencetrek/topics/

animal_migration/facts.cfm Accedido el 9 de junio del 2015.

¿Qué le dice a un ave, en la cercanía del primer invierno de su existencia, que el invierno se aproxima, y que necesita migrar hacia un lugar de clima más amigable, con abundancia de alimento?

¿Cómo desarrollaron las aves en sus genes, por accidente, la capacidad de saber en qué dirección volar? ¿Cómo obtuvieron por accidente ese compás que les permite saber su posición y mantener la trayectoria correcta?

Así como muchas especies tienen sistemas internos que las dirigen a sus hogares de invierno con la ayuda del Sol y las estrellas, el ser humano ha sido creado con ansias de vida eterna, más allá del mundo presente. El Sol de referencia para llegar al destino eterno es Jesucristo; la guía, el compás: la Biblia y el Espíritu Santo.

Recientemente veía un pajarito recoger material para elaborar su nido. ¿Cómo supo que está gestando huevos en su cuerpecito? ¿Quién le enseñó a fabricar el nido?

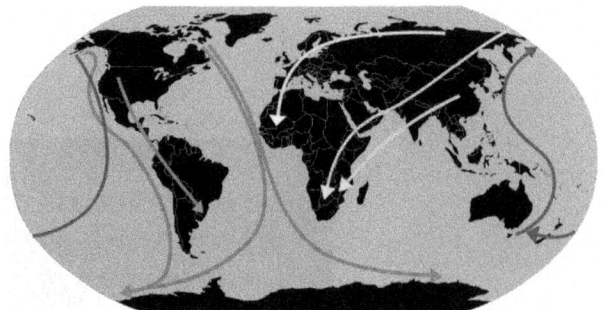

Rutas Migratorias de Algunas Aves

Crédito: Migration routes of birds based on Newton, I. 2008. Autor: L. Shyamal. Public domain image. https://en.wikipedia.org/wiki/Bird_migration#/media/e:Migrationroutes.svg

III– TERCERA PARTE

EL COSMOS HABLA

Estrellas Y Planetas

Si dirigimos la mirada al espacio estelar, nos encontramos con toneladas de evidencias que revelan la mano del Creador. Bien escribió el salmista hace unos 3,000 años:

"Los cielos proclaman la gloria de Dios, y la expansión anuncia la obra de sus manos.

Un día transmite el mensaje al otro día, y una noche a la otra noche revela sabiduría.

No hay mensaje, no hay palabras; no se oye su voz.

Mas por toda la tierra salió su voz, y hasta los confines del mundo sus palabras."

Salmo 19:1-4

Crédito: Foto tomada en ATAMI, La Libertad, El Salvador © 2013 Jaime Simán

David, cuando era joven, siendo pastor de ovejas, sin lugar a duda pasó muchas noches al aire libre cuidando los rebaños de su padre Isaí, y admirando la hermosura de los cielos.

Al ver los cielos, David reconocía la mano de Dios en su creación. Los cielos dan testimonio silencioso, pero no por eso menos poderoso, de los atributos divinos del Creador.

Crédito: Foto tomada en ATAMI, La Libertad, El Salvador © 2013 Jaime Simán

Una explosión, o expansión casual de materia y espacio, no produce nada ordenado, digno de admiración.

El mismo origen y desarrollo de los cuerpos celestes, y sistemas cósmicos que adornan el universo, carecen de explicación satisfactoria si partimos de una cosmovisión evolucionista.

Las estrellas por ejemplo, no pueden haberse formado a través de la acumulación y concentración gradual de átomos de hidrógeno.

Para empezar, una nube de gas tiende a disiparse no a concentrarse. Si tienes un globo lleno de helio, y le haces un agujero, éste se desinfla; el gas escapa y se disipa. La energía cinética disipadora es mucho mayor que la fuerza de atracción gravi-

Pilar de Polvo Cósmico Carina

Crédito: Carina Nebula Dust Pillar NASA, ESA, and the Hubble SM4 ERO Team

Vía Láctea

Crédito: Starry Night at La Silla.jpg Autor: ESO/H. Dahle Source: http://www.eso.org/public/images/potw1333a/

tacional. Lo mismo podemos decir de los planetas gaseosos.

En el artículo "Planetas Grandes Se Forman en un Flash Cósmico" publicado en www.cnn.com el 28 de noviembre del 2002 Richard Stenger escribió que, según Thomas Quinn:

"Si el gigante planeta gaseoso no se forma rápidamente, probablemente no se podrá formar...

La radiación estelar (de estrellas vecinas) calentaría y dispersaría las vastas reservas gaseosas que se van acumulando alrededor del centro de planetas grandes."

Quinn es Físico de la Universidad de Washington, coautor del estudio publicado en la revista Science del 29 de noviembre del 2002.

Júpiter

Crédito: NASA/Damian Peach, Amateur Astronomer

Bueno, es claro que no es posible que se formen lentamente, pero tampoco existe ninguna explicación satisfactoria para su formación a través de "un flash cósmico." Y lo mismo podemos decir de las estrellas:

"Pareciera que la formación de las estrellas es un problema que ha sido resuelto. Pero nada pudiera estar más lejos de la verdad."

Referencia; Young E. T. Mysteries of How a Star is Born. Scientific American, Feb 2010

Jason Lisle, Ph.D. Astrofísica, Universidad de Colorado escribe:

"...Los astrónomos han descubierto miles de nébulas, pero nadie ha visto jamás una que colapse interiormente para formar una estrella.

La fuerza hacia fuera por la presión gaseosa en una nébula típica, más que excede la... fuerza gravitacional hacia su centro..."

Referencia: El Sistema Solar: El Sol, ICR Acts & Facts Julio 2013.

Bueno, sí, las estrellas y planetas gaseosos se formaron en un flash cósmico, pero por un acto sobrenatural: Se necesitó la intervención directa del Creador, quien de acuerdo a la Biblia, los creó en un abrir y cerrar de ojos con el poder de su palabra el cuarto día de la creación.

No sólo los planetas gaseosos presentan dificultad para Evolución. Hasta la fecha no existe ninguna teoría general de evolución de los planetas que esté debidamente respaldada. Los retos son muchos. Los descubrimientos cada vez complican más las cosas para Evolución.

Por ejemplo, en nuestro sistema solar los ocho planetas siguen órbitas alrededor del Sol en la misma dirección que rota el Sol sobre su eje. Para un observador parado en el Polo Norte del Sol ésta sería en la dirección contraria a las agujas del reloj. Sin embargo, sólo seis planetas rotan sobre sus ejes en la misma dirección que giran alrededor del Sol. Dos rotan en dirección contraria, Venus y Urano.

La composición de los planetas de nuestro Sistema Solar varía entre uno y otro planeta.

En julio del 2015 la nave espacial "New Horizons" pasó muy cerca de Plutón. En el año 1969, cuando estudiaba Cosmografía en mi escuela secundaria, éste era considerado el noveno planeta. Hoy se ha bajado de categoría, a planeta enano.

En un artículo de Karen Kaplan en Los Angeles Times del 19 de julio del 2015 leemos que:

"Científicos creen que… Plutón y Charon… con toda probabilidad… eran parte de un mismo cuerpo hasta que colisionó con otro objeto en el sistema solar…

Sin embargo, datos obtenidos por el equipo de New Horizons (la nave espacial) muestra diferencias significativas…

"Estos dos objetos… son totalmente diferentes" dijo Alan Stern, Investigador Principal de la misión New Horizons."

Referencia: Ref.: Pluto and Charon´s Rare Astronomical Dance by Karen Kaplan. LA Times Julio 19, 2015

Plutón

Crédito: NASA/JHUAPL/SwRI

Los satélites de los distintos planetas de nuestro sistema solar rotan y giran en distintas direcciones: unos en una dirección, otros en otra.

Recientemente, para complicarle las cosas a los evolucionistas, se han encontrado planetas que no orbitan estrellas. Aparentemente éstos son muy comunes.

Tal como lo expresó un artículo al respecto, los científicos están cada vez en mayor oscuridad al tratar de formular cómo evolucionaron los planetas:

"Entre más descubrimos planetas nuevos, parece que menos sabemos acerca de cómo nacen los sistemas planetarios, de acuerdo a un prominente cazador de planetas."

Lovett, R. A. Three Theories of Planet Formation Busted, Expert Says. - National Geographic News. Posted on news.nationalgeographic.com February 22, 2011

Mercurio es otro de tantos enigmas para los evolucionistas, pero no para las creacionistas.

""Mercurio tiene un núcleo derretido," (i.e.: en estado líquido) dijo Jean-Luc Margot, de la Universidad de Cornell, quien dirigió la investigación publicada en la revista Science …

"Eso es sorprendente… Mercurio es tan pequeño que la mayoría de los investigadores pensaban que ya se habría enfriado y solidificado", dijo Margot en una entrevista telefónica."

Referencia: "Mercury more Earth-like than once believed." By Julie Steenhuysen. Reuters. Chicago. 4 de mayo del 2007.

La respuesta más apropiada es que Mercurio no se ha enfriado todavía porque es relativamente joven, no tiene cuatro mil millones de años de existencia como proponen los evolucionistas, es de creación reciente.

———————— ☆ ————————

La Tierra Y Su Sistema Solar

Nuestro Sistema Solar es asombroso, una obra majestuosa que no se puede describir adecuadamente con palabras.

Admirar una puesta del Sol,

el ocaso adornado por pelícanos en formación volando sobre el mar, como preámbulo de la noche que le sigue, embellecida con la Vía Láctea,

y la Luna que sale a danzar de un extremo del firmamento al otro,

es un espectáculo que inspira profunda admiración de su Creador.

Isaac Newton escribió:

"Este sistema máximo en hermosura que consiste del Sol, los planetas y cometas, sólo puede proceder del consejo y dominio de un Ser inteligente y poderoso... Este Ser gobierna todas las cosas... como Señor de todo...."

Referencia: The Mathematical Principles of Natural Philosophy - 1687

El Sol

Nuestro sistema solar muestra enorme evidencia de haber sido diseñado para abrigar la vida en la Tierra. Jason Lisle, Ph D en Astrofísica, Universidad de Colorado, escribió:

"El núcleo solar es la región más caliente del Sol, con temperaturas excediendo los 15 millones de grados celcios (15,000,000 ºC)... el Sol ha sido diseñado para hacer posible la vida en la Tierra.

Algunas estrellas exhiben gigantes llamaradas soltando enorme cantidad de radiación mortal. Afortunadamente para nosotros, el Sol no las tiene (tan grandes)...

La temperatura y distancia del Sol a la Tierra son ideales para la vida... estrellas más candentes producen mucha más radiación ultravioleta, que produciría efectos dañinos en los tejidos vivos.

Estrellas más frías emitirían mucho más "calor infrarrojo" por cantidad de energía visible emitida..."

Referencia: Solar System: The Sun. by Jason Lisle, ICR Acts & Facts July 2013.

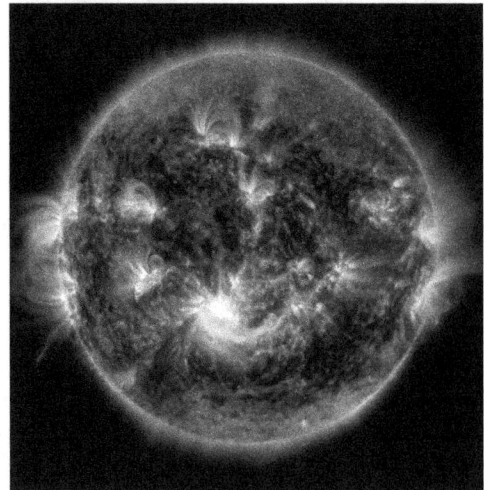

El Sol
Crédito: NASA/SDO

El Campo Magnético de la Tierra

El campo magnético de la Tierra nos protege de radiación cósmica dañina.

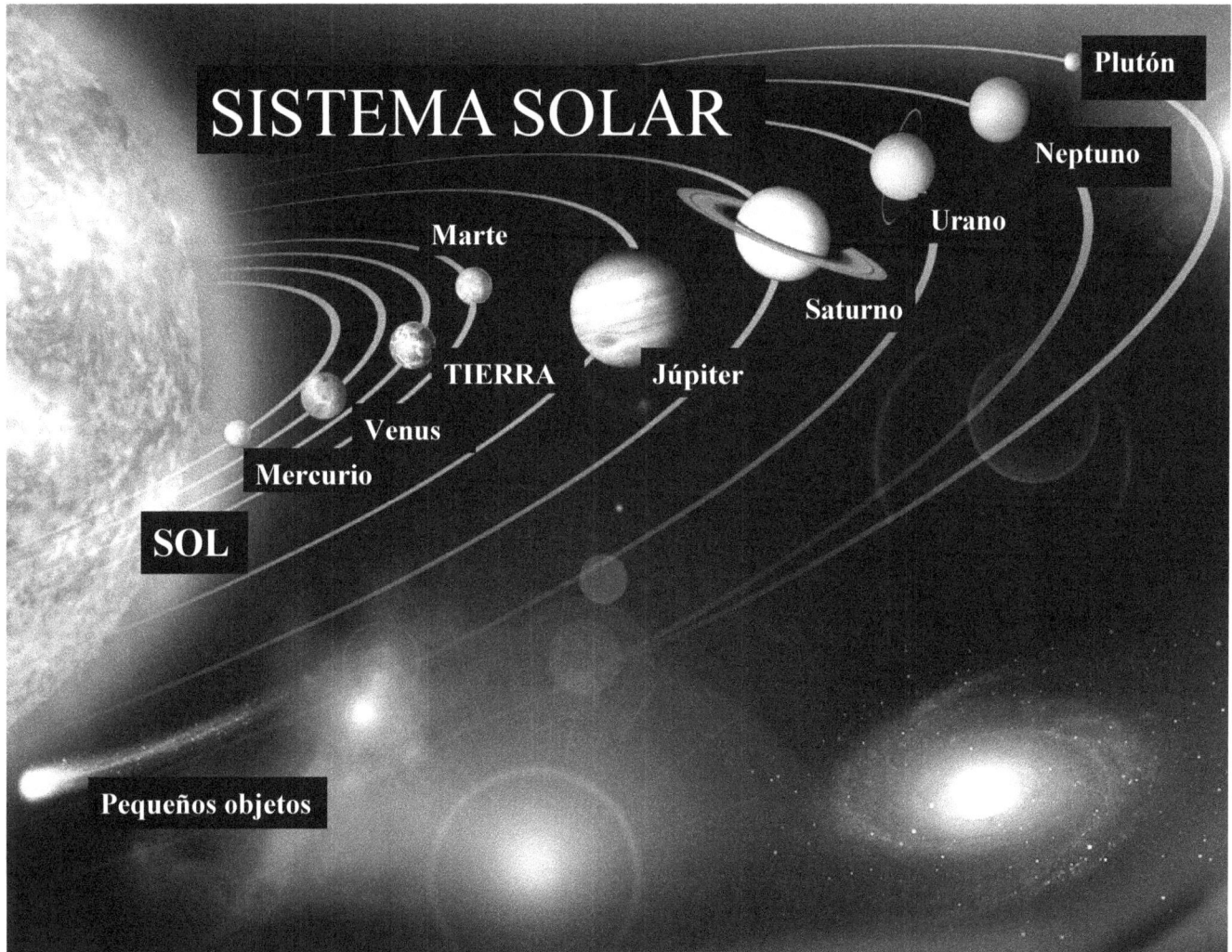

SISTEMA SOLAR

Plutón
Neptuno
Urano
Saturno
Marte
Júpiter
TIERRA
Venus
Mercurio
SOL
Pequeños objetos

"En seis días hizo el SEÑOR los cielos y la tierra, el mar y todo lo que en ellos hay, y reposó en el séptimo día; por tanto, el SEÑOR bendijo el día de reposo y lo santificó."

Éxodo 20:11

"Astronautas viajando hacia, y desde Marte, serían bombardeados con... radiación... suficiente como para elevar el riesgo de cáncer de un astronauta... desde rayos cósmicos galácticos de gran energía arrojados por explosiones de supernovas distantes, hasta explosiones esporádicas de partículas cargadas lanzadas por el sol.

El campo magnético de la tierra ayuda a desviar la mayoría de esa radiación dañina."

Referencia: Viaje a Marte Llevaría Riesgos de Radiación. Alicia Chang AP - OC Register. Mayo 31, 2013

La Ozonósfera

La ozonósfera nos protege también contra rayos ultravioleta dañinos.

"La capa de ozono absorbe del 97% al 99% de los rayos ultravioleta de frecuencia mediana provenientes del Sol, (con un rango de longitud de onda de aproximadamente 200 nm a 315 nm), la cual dañaría potencialmente las formas de vida cercana a la superficie."

Referencia: https://en.wikipedia.org/wiki/Ozone_layer Accedido el 15 de junio del 2015.

Distancia del Sol

Si la Tierra estuviera un 2% más lejos del Sol, nos congelaríamos. Si estuviera 2% más cerca, ¡nos achicharraríamos!

La Tierra

Si nuestro planeta Tierra fuera mayor, la fuerza de gravedad sería enorme. Caminar sería todo un esfuerzo, y la presión atmosférica sería tremenda.

Si la Tierra fuera más pequeña, no pudiera retener la atmósfera necesaria.

Si nuestro planeta no rotara sobre su eje, la mi-

tad expuesta al Sol sería un horno de alta temperatura, mientras que la mitad escondida del Sol sería un congelador de bajísimas temperaturas, sin posibilidad de albergar vida.

Si la Tierra rotara más lentamente, las temperaturas durante el día y la noche serían extremas, impidiendo la vida. Y el día y la noche duraría más tiempo. Imagínese un día de 60 horas, o una jornada laboral diaria de 45 horas: ¡No quiero imaginarlo!

Si nuestra atmósfera tuviera menor concentración de oxígeno, impactaría las posibilidades de vida.

Si tuviera más oxígeno, los incendios forestales serían mucho más frecuentes y devastadores, destruyendo toda vegetación.

La Luna

Si la Luna fuera más grande, o estuviera más cerca, las mareas serían enormes, produciendo maremotos, tsunamis, ¡todos los días!

Luna

Crédito: Luna Llena. Foto tomada en Santa Ana, California, EEUU © 2014 Jaime Simán

Si no existiera la Luna, no existirían las mareas que oxigenan el agua, y que hacen posible la existencia de numerosas especies de vida marina.

Oleaje Causado por la Luna

Crédito: ATAMI, Departamento de La Libertad, El Salvador © 2013 Jaime Simán.

Congelación del Agua

La molécula del agua exhibe un fenómeno físico interesante, clave para la supervivencia de muchas especies. Lo explicamos brevemente a continuación.

Al bajar la temperatura, como todo líquido, el agua aumenta su densidad. Lo que significa que en los lagos y mar, el agua fría baja al fondo.

Al descender la temperatura hasta los cuatro grados centígrados (4 ^{0}C) el agua alcanza su máxima densidad, para luego disminuirla debido a un cambio estructural. Al congelarse, a los 0 ^{0}C, el agua restructura sus moléculas resultando en menor densidad que el agua líquida.

Como resultado, todo cuerpo de agua se congela primero desde su superficie, lo cual funciona también como una barrera al aire frío.

Gracias a ese fenómeno las especies que se arrastran en el fondo del agua de los lagos, ríos y mares, sobreviven el invierno pues la superficie de ellos, no el fondo, es lo que se congela.

Enorme Cantidad de Factores

De acuerdo a una publicación en www.cnn.com del 28 de julio del 2000, los profesores Peter Ward y Donald Brownlee, de la Universidad de Washington, en su libro "Rare Earth" (Tierra Poco Común), concluyen que hay una innumerable cantidad de factores claves que hacen po-

sible la vida en la Tierra, por lo cual nuestro planeta no es una ocurrencia común en el cosmos.

Ellos llegan a esa conclusión después de estudiar nuestro planeta y sistema solar, y considerar una lista amplia de disciplinas científicas, incluyendo la geología y astrofísica, entre otras.

Mencionan, por ejemplo, que Júpiter es un planeta clave, que gracias a su tamaño y posición relativa a la Tierra, desvía desperdicios cósmicos que destruirían la vida en nuestro planeta.

Variedad de Elementos Químicos

El núcleo de la Tierra está constituido de hierro y níquel, sin embargo su superficie cuenta con una amplia variedad de elementos químicos indispensables para formar las moléculas, estructuras y procesos complejos de la vida.

El cuerpo humano, por ejemplo, requiere una gran variedad de elementos químicos indispensables para su formación y buen funcionamiento, incluyendo átomos de carbono, hidrógeno, oxígeno, nitrógeno, calcio, potasio, sodio, cloro, azufre, hierro, fósforo y magnesio, entre otros.

Pensar que esta variedad de elementos químicos es resultado de la casualidad no es razonable, sobre todo a la luz de la composición de otros planetas de nuestro Sistema Solar, ¡nada similar a la nuestra!

Vida Reciente

Los evolucionistas dicen que nuestro Sistema Solar, y la Tierra, tiene 4,600 millones de años de antigüedad. Y que las primeras formas de vida en la Tierra se originaron hace unos 3,500 millones de años.

El astrofísico Jason Lisle menciona un factor del Sol que niega que haya existido vida en la Tierra hace 3,500 millones de años, si es que nuestro sistema solar tuviera tal edad.

"La fusión nuclear cambia gradualmente la densidad del núcleo, causando que una

estrella aumente su brillantez con el tiem-po. El fenómeno es imperceptible en un período de 6,000 años. Sin embargo, si el Sol tuviera miles de millones de años de edad, hubiera sido un 30% menos bri-llante en el pasado distante... entonces la Tierra hubiera sido un yermo (lugar de-sierto) congelado, y la vida no hubiera sido posible."

Referencia: Solar System: The Sun. by Jason Lis-le, Ph.D. Astrophysics, University of Colorado. ICR Acts & Facts July 2013.

Tamaño y Distancia del Sol y la Luna

El tamaño aparente del Sol y de la Luna es exactamente igual. Basta tan solo este factor, que ninguna mente pensante sin prejuicios pue-de atribuir a la casualidad, para darle gloria al Creador.

El Sol es mucho más grande que la Luna, y mu-cho más distante.

El Sol mide 696,000 Km de radio, y se encuen-tra a unos 150 millones de kilómetros de distan-cia de la Tierra.

La Luna en cambio, mide solamente 1,737 Km de radio, y se encuentra a 405,646 Km de la Tierra en su distancia más lejana. Referencia: http://www.space.com Accedido el 11 de junio del 2015.

En otras palabras, El Sol mide 400 veces más que la Luna, y sin embargo se ven del mismo tamaño desde la Tierra, pues su distancia es tal que su tamaño aparente coincide exactamente con el de la Luna.

Eso no es ¡coincidencia! No hay ningún razón astronómica que obligue al Sol y la Luna tener los tamaños y distancias de la Tierra que le per-miten tener exactamente el mismo tamaño apa-rente para un observador en la Tierra. El gran Artista del Cosmos, Dios, los creó así para testi-monio de su grandeza, y para beneficio de la humanidad.

"E hizo Dios las dos grandes lumbreras, la lumbrera mayor para dominio del día

y la lumbrera menor para dominio de la noche; hizo también las estrellas.

Y Dios las puso en la expansión de los cielos para alumbrar sobre la tierra, y para dominar en el día y en la noche, y para separar la luz de las tinieblas.

Y vio Dios que era bueno. Y fue la tarde y fue la mañana: el cuarto día."

Génesis 1:16-19

Posición en la Galaxia

La Tierra y su posición en la Galaxia está dise-ñada no sólo para abrigar vida, sino también para que el hombre pueda admirar y descubrir el universo y glorificar a su Creador.

El Dr. Jason Lisle nos habla de la posición es-tratégica que tenemos en nuestra galaxia, la Vía Láctea:

"La posición del Sol en la galaxia apa-renta haber sido optimizada para la vida y para la ciencia.

Si el Sol estuviera cerca del centro de la galaxia, radiación dañina pudiera ser un serio problema.

Si el Sol estuviera en la periferia de la galaxia, la mitad del firmamento (que veríamos) estaría desprovisto de estre-llas, haciendo más difícil... investigar el universo."

Referencia: Solar System: The Sun. by Jason Lis-le, ICR Acts & Facts July 2013

Cometas

En cuanto a la edad de nuestro Sistema Solar, los cometas son un fuerte argumento contra la edad de 4,600 millones de años estimada por los evolucionistas.

Los cometas son masas de "hielo sucio" que orbitan al rededor del Sol.

Los astrónomos agrupan convencionalmente los cometas en dos categorías: Cometas de "Período Largo", y cometas de "Período Corto" dependiendo de si su orbita al rededor del Sol dura menos de 200 años, o si dura más de 200 años.

Cometa Halley

Crédito: NASA

Cada vez que un cometa se acerca al Sol en su órbita, el viento solar causa evaporación de su masa, la cual produce la cola del cometa que va siempre en dirección opuesta al Sol.

Pues bien, el Sol desintegra totalmente a los cometas en mucho menos tiempo que los 4,600 millones de años.

Se ha propuesto que hay una nébula, la Nébula Oort, que es la fuente de donde se están desprendiendo y supliendo nuevos cometas de período largo para seguir su propia órbita elíptica al rededor del Sol. Pero la existencia de tal nébula, y que los cometas provengan de ahí, jamás se ha confirmado. Es ¡pura especulación!, una hipótesis más, propuesta para defender la teoría evolucionista.

A la pregunta "¿Cuáles son las pruebas que permiten aceptar la teoría de la Nébula Oort?", encontré la siguiente respuesta:

"Admito, sin ninguna prueba, que la Nébula Oort (Reservorio de cometas) debería existir, y parece ser muy aceptada por la mayoría de astrónomos. Pero todavía es una teoría que carece de observación directa, excepto que especulamos que los cometas provienen de esta nébula (una nébula de cometas).

Referencia: http://physics.stackexchange.com/questions/26132/what-are-the-facts-that-allow-accepting-the-oort-cloud-theory accedido el 12 de junio del 2015.

En cuanto a los cometas de período corto, se había propuesto que éstos se originan en la Banda Kuiper, una región más allá de Neptuno que contiene objetos masivos de más de 100 Km de diámetro, la mayoría formados por agua, metano y amonio congelados. Se ha confirmado sin embargo, que esta banda es estable y no la fuente de los cometas. Los cometas además, son de diámetros mucho menores.

Recesión de la Luna

Un par de factores, la distancia actual de la Luna y su recesión alejándose de la Tierra, al ser considerados juntos, nos hacen concluir que nuestro sistema solar no puede ser tan antiguo como dicen los evolucionistas. Walt Brown en su libro "In the Beginning" (En el Principio) cubre este fenómeno.

El Dr. Brown, tiene un Ph D en Ingeniería, de MIT, ha sido Jefe de Estudios de Ciencia y Tecnología del Colegio de Guerra de EEUU, y Profesor de Matemáticas y Computación.

El mar, al ser atraído gravitacionalmente por la Luna, se desplaza hacia su dirección, causando un abultamiento. Dicho abultamiento también se desplaza tangencialmente debido a la rotación de la Tierra sobre su eje.

Como resultado, se incrementa la fuerza tangencial a la órbita lunar, acelerando la Luna y causando su alejamiento de la Tierra, el cual es de aproximadamente 4 cm por año.

Este alejamiento no es linear. La extrapolación de dicho alejamiento mostraría la Luna a cero kilómetros de distancia de la Tierra tan solo hace 1,400 millones de años. Por lo tanto, la Luna no puede tener 4,600 millones de años de antigüedad.

LA VÍA LÁCTEA Y MÁS ALLÁ

Edad de la Vía Láctea y el Cosmos

De acuerdo a los evolucionistas la Vía Láctea tiene 13,600 millones de años de edad. Pero las galaxias espirales, tales como la nuestra, no pudieran tener más de 2,000 millones de años y preservar su forma. Referencia: Mike Riddle - B. Sc. Matemáticas, DVD "Astronomía y la Biblia".

Vía Láctea

Crédito: NASA JPL

Otro fenómeno que indica que nuestro universo es reciente son los Restos de Supernovas (Super Nova Remanents, SNR).

Una estrella es un reactor químico donde átomos de hidrógeno se convierten, por fusión, en átomos de helio. Posteriormente el helio genera átomos de carbono, de los cuales se produce oxígeno; y así sucesivamente se forman otros elementos químicos, incluyendo hierro. Cuando la densidad de la estrella es demasiado grande para mantenerse estable, estalla en el fenómeno que se conoce como Supernova.

Nadie ha visto el nacimiento de una estrella, pero la muerte de una estrella, una Supernova, sí se ha observado. Y al analizar los restos de una supernova, los científicos pueden determinar hace cuánto tiempo estalló.

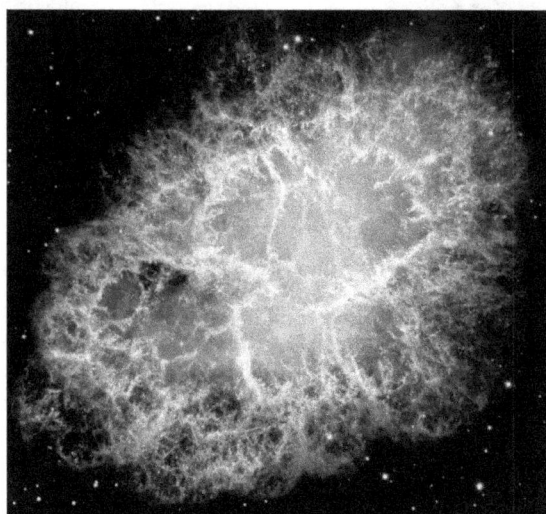

Nébula del Cangrejo—Remanente de una Supernova

Crédito: NASA, ESA, J. Hester, A. Loll (ASU). Acknowledgement: Davide De Martin (Skyfactory)

Los restos de Supernovas (SNR, Super Nova Remanents) se categorizan en tres grupos: Tipo I, II o III, dependiendo de hace cuánto tiempo ocurrió su explosión, si hace unos 100 años, o unos 1000 años, o millones de años.

El número de Restos de Supernovas observados en la actualidad, de Tipo I, II y III, coincide con los estimados para un universo que tiene unos 7,000 años de antigüedad, y no con las cifras proyectadas para un universo de miles de millones de años de antigüedad.

Restos de Supernovas: Proyectado vs. Actual

TIPO	Miles de Millones de años	7,000 años	Actual Observado
I	2	1	5
II	2,260	125	200
III	5,000	0	0

Referencia: Mike Riddle - DVD "Astronomía y la Biblia".

En otras palabras, la evidencia respalda la narrativa de Génesis, no la hipótesis evolucionista.

Espacio, Gravedad y Tiempo

El universo está constituido de espacio; y de materia y energía en diversas formas. El espacio es una realidad creada, con propiedades específicas. La materia deforma el espacio donde se encuentra, impactando la velocidad de los procesos que ocurren en dicho espacio.

Un reloj atómico, usado para medir precisamente el tiempo en función del número de oscilaciones de un átomo específico, se ha usado para comparar el tiempo en dos lugares distintos: Uno en Greenwich, a nivel del mar; y el otro en Boulder, Colorado, a 1,500 m sobre el nivel del mar.

El tiempo en Greenwich transcurrió más lentamente que el tiempo medido en Boulder, Colorado. Claro, la diferencia fue minúscula, pero real. La razón de la diferencia es que a nivel del mar se está más cerca del centro de la Tierra, y la fuerza de gravedad es mayor, deformando más el espacio que en lugares elevados. Como resultado, la velocidad de los procesos, y por ende, el tiempo, es más lento en Greenwich.

Russell Humphreys, PhD en Física, usando la relación anterior del espacio-gravedad-tiempo, ofrece una explicación científica de cómo la luz de estrellas de galaxias lejanas, pudiera haber llegado a la Tierra en tan poco tiempo la primera semana de la creación.

En la creación del universo, si nuestra galaxia estaba en el centro del universo, habría estado en el centro gravitacional del cosmos, y por lo tanto, en la zona de mayor lentitud de tiempo con respecto a las galaxias más lejanas. Un día en la Tierra, equivaldría a mucho tiempo para los procesos fuera de nuestra galaxia, pues estos habrían sido mucho más rápidos. La luz de galaxias lejanas habría llegado en poco tiempo a la Tierra, de acuerdo al calendario terrestre.

Otra posibilidad es que el Creador, quien formó el universo de la nada por el poder de su palabra, al crear las estrellas lejanas creó a la vez su luz incidiendo en la Tierra desde el momento de su creación.

Ley de Hubble

Los científicos han verificado que nuestro universo, el espacio en particular, se está expandiendo como un globo que se está inflando.

Las galaxias, que están suspendidas en el espacio, al expandirse éste, se alejan entre ellas mismas, así como se alejarían entre sí los puntos marcados en la superficie de un globo en expansión.

La ley de Hubble predice que el desplazamiento hacia el rojo de la luz de las galaxias que llega a la Tierra, es proporcional a la distancia de ellas con respecto a nuestro planeta. Lo explicamos a continuación.

La expansión del espacio afecta la longitud de onda de la luz que lo atraviesa, estirándola, y desplazándola hacia el rojo en el espectro electromagnético.

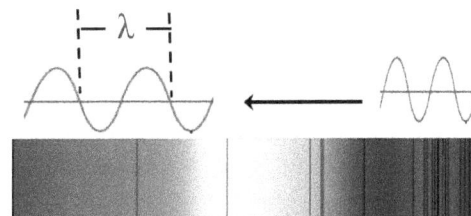

Desplazamiento hacia el Rojo

Crédito: Ilustración por Jaime Simán

Entre más lejana está una galaxia, más tiempo tarda su luz en llegar a la Tierra. Al estar su luz más tiempo expuesta a la expansión que sufre el espacio, ésta experimenta un mayor desplazamiento hacia el rojo. El desplazamiento hacia el rojo de la luz que llega a la Tierra de galaxias lejanas, es pues, proporcional a la distancia de la galaxia.

Lo interesante es que, los desplazamientos de las galaxias hacia el rojo ocurre en grupos, y en forma cuántica, no continua.

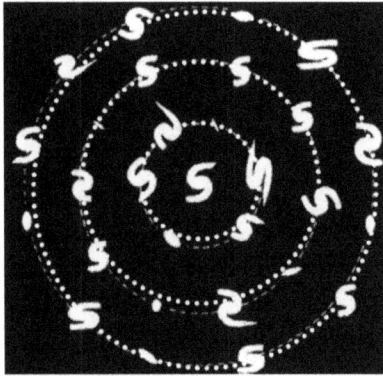

Galaxias en el Cosmos

Esto, según el Dr. Russel Humphreys, es causa para pensar que nuestra galaxia está en el centro del universo. Y esto es algo que los evolucionistas no desean aceptar, pues según ellos la posición de nuestro planeta y galaxia en el universo es accidental, no planeada ni preferencial.

"El que las mediciones del desplazamiento hacia el rojo no varían en forma continua sino en gradas... es tan inesperado que la astronomía convencional nunca ha podido aceptarlo, a pesar de la abrumadora evidencia observable"

Halton Arp

Astrónomo del Observatorio del Monte Wilson y Monte Palomar. B. Sc. Harvard, Ph.D. California Institute of Technology.

Referencia: Quasars, Redshifts and Contraversies 1987, pg 195. Halton Arp.

Pareciera, pues, que la galaxia en que se encuentra la Tierra, la Vía Láctea, esté en el centro del Cosmos. Pero aún si no lo estuviera, la Tierra muestra muchas evidencias de ser un lugar sumamente especial, central en el propósito de la creación de Dios.

Oscuridad

El universo no sólo está en estado de expansión, su velocidad de expansión se está acelerando con el tiempo.

En Octubre del 2012 los científicos midieron la velocidad de expansión del universo: 74 km/seg por cada 3 millones de años luz. El diámetro del universo observable reportado en el año 2011 era en ese entonces: 92,000 millones de años luz. Por lo tanto, el universo se estaba expandiendo en el 2012 a una velocidad redondeada de 1,135,000 Km/seg, la cual es mayor que la velocidad de la luz (300,000 Km/seg).

No es la materia la que se mueve a esa velocidad sino el espacio. Pero como resultado, llegaría el momento, si el universo continuara por millones de años más de existencia, en que no se recibirá más luz estelar debido a la velocidad de alejamiento de las estrellas respecto a la Tierra. Los observadores en la Tierra no podrán ver en ese tiempo ninguna estrella: En una noche sin Luna, el firmamento estará totalmente oscuro.

Estoy convencido que el universo no durará tanto tiempo sin que antes intervenga su Creador.

Pero me temo que para algunos, la luz de la revelación de Dios, se está alejando,

y si no la buscan ahora que tienen la oportunidad, se quedarán en oscuridad absoluta, toda la eternidad.

Negar la evidencia que nos rodea, rechazar la luz de la revelación natural, no es ¡buena idea!

Materia y Energía Oscura

James Bullock, Profesor de Física y Astronomía en UCI (University of California in Irvine), y Director del Centro del Sur de California para la Investigación de la Evolución de las Galaxias, menciona que solamente entendemos el 5% de lo que compone el universo.

Muchos cosmólogos creen en la existencia de "Materia Oscura" y de "Energía Oscura". No las han detectado directamente, pero requieren de su existencia para poder explicar el universo actual, y el modelo del Big Bang.

Según ellos el 70% del universo está formado por energía oscura. La existencia de la energía oscura les ayudaría explicar el por qué de la aceleración de la expansión del universo.

Creen además que el 25% del universo está integrado por materia oscura desconocida. La existencia de dicha materia les permitiría explicar qué mantiene a una galaxia integrada.

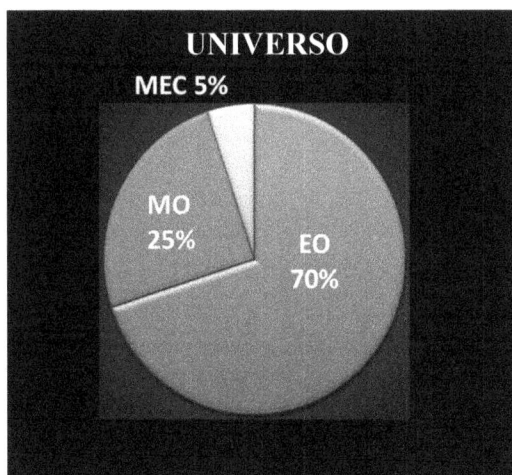

Composición del universo de acuerdo a Evolucionistas. MEC: Materia y Energía en estado conocido. MO: Materia Oscura desconocida. EO: Energía Oscura desconocida.

Crédito: Ilustración por Jaime Simán

En otras palabras, se desconoce el 95% del tipo de materia energía que existe. Y si se desconoce tanto, ¿cómo pueden los evolucionistas declarar con tanta autoridad que el universo se originó con un Big Bang hace 13,800 millones de años, y que todo se ha ido desarrollando por evolución?

Ignorancia Cósmica

Los conceptos y modelos de evolución cósmica que postulan los evolucionistas se desmoronan continuamente.

En la revista US News & World Report del 26 de Marzo de 1990 leemos:

> *"Los modelos elegantes establecidos por los físicos en las dos décadas pasadas, para explicar la formación del universo, se están resquebrajando ante información obtenida recientemente.*
>
> *...investigadores científicos no pueden explicar ninguna estructura en el universo, y ahora cuentan con un universo con muchas más estructuras sin explicación.*
>
> *...es probable que la mayoría del universo esté formado por partículas desconocidas, ajenas aun a nuestro vocabulario científico."*

Richard Stenger reportó el 30 de junio del 2001 en www.cnn.con, el lanzamiento de un nuevo satélite de la NASA. El artículo decía:

> *"...Los científicos esperan que la misión les ayudará a descifrar profundos misterios cósmicos como ¿Qué pasó acabando de ocurrir el Big Bang? ¿Cómo evolucionó el universo? ¿Qué forma tiene el universo? ¿De qué está compuesto el universo?..."*

En otras palabras, los científicos evolucionistas desconocen mucho del universo y su evolución. Estoy seguro que si empiezan a considerar que no evolucionó, que fue creado, tendrán más éxito en sus investigaciones.

En el artículo titulado "Un Descubrimiento Significativo de Nada" por Dennis Overbye, publicado en The New York Times el 31 de Octubre del 2013 leemos:

"...Investigadores buscando Materia Oscura no encontraron nada, pero tienen esperanza...

Los científicos... no saben con certeza de qué está compuesta o cómo interactúa con la materia común. Es considerada vital para todas las teorías científicas que explican cómo se está expandiendo el universo y cómo las galaxias se mueven e interactúan.

"Sabemos que hay algo ahí, que es distinto, y hace que estas búsquedas sean enormemente importantes porque sabemos que nos falta la mayoría del universo" dijo Neal Weiner, director del Centro de Cosmología y Física de las Partículas de la Universidad de Nueva York."*

Tal vez existe materia y energía de tipo desconocido. Hay mucho del cosmos que desconocemos. Pero de encontrarse, no es prueba que el universo evolucionó.

Una cosa es conocer la composición y forma del universo actual. Otra es especular cómo llegó a su existencia presente.

Me llama la atención el que algunos creen en la existencia de la materia oscura para explicar la aparente evidencia de sus efectos en el cosmos; pero se niegan a creer en el Creador ante la clara y poderosa evidencia de diseño y orden en la creación.

☆

"Grande es nuestro Señor, y muy poderoso;
su entendimiento es infinito."

Salmo 147:4

Fuerzas Electromagnéticas Y Nucleares

Las constantes y leyes universales han sido diseñadas para hacer posible la vida, la estabilidad y la grandiosidad de nuestro universo. A continuación consideraremos las fuerzas electromagnéticas y las fuerzas nucleares como evidencia de diseño para tal propósito.

Fuerza Electromagnética

Si la fuerza entre los protones y los electrones en el núcleo fuese menor, los protones serían incapaces de retener los electrones. Los átomos no tuvieran entonces electrones que compartir, por lo que no podrían formar moléculas.

En cambio, si la fuerza electromagnética fuese mayor, los electrones estarían tan atraídos a sus protones que los átomos no los compartirían, impidiendo así la formación de moléculas necesarias para la vida.

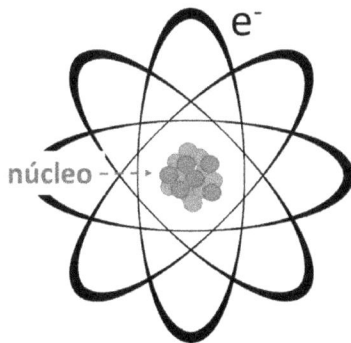

Átomo Esquematizado
Crédito: Jaime Simán

Fuerza Nuclear

Los protones y neutrones son mantenidos unidos en el núcleo gracias a la fuerza nuclear fuerte. Si esta fuerza fuera 2% menor, el único elemento químico posible en el universo sería hidrógeno. Y si ésta fuera sólo un 0.3% mayor, no podría existir el hidrógeno.

"Si la fuerza nuclear es demasiado fuerte, los protones y neutrones en el universo se encontrarían pegados a otros protones y neutrones, lo que significa que tendríamos un universo carente de hidrógeno.

Hidrógeno es el elemento compuesto de un solo protón. Sin hidrógeno no existiría la química necesaria para la vida. Es imposible concebir la química de la vida sin hidrógeno.

Por otro lado, si hacemos la fuerza nuclear ligeramente más débil, los protones y neutrones no se pegarían entre sí. Todos los protones y neutrones estarían "solteros", en cuyo caso, el único elemento que existiría en el universo sería el hidrógeno. Y es imposible que haya vida si lo único con lo que contamos es hidrógeno."

Referencia: Where did the Universe Come From? New Scientific Evidence for the Existence of God A seminal presentation by Dr. Hugh Ross April 16, 1994

Edad De La Tierra

Los evolucionistas creen que la Tierra tiene 4,600 millones de años de antigüedad. Sin embargo, hay muchos métodos que indican que nuestro planeta es relativamente joven, de unos cuantos miles de años de edad.

Las Rocas Hablan: Serie del Uranio Plomo

El Instituto de Investigación de la Creación (Institute for Creation Research, ICR) realizó estudios de la edad de las rocas usando la serie de desintegración radioactiva del Uranio / Plomo.

De acuerdo al uso convencional de dicha serie radioactiva, y siguiendo el método empleado por los evolucionistas, las rocas estudiadas resultaron tener unos 1,500 millones de antigüedad. Sin embargo, los investigadores del ICR obtuvieron edades menores a los 10,000 años al emplear un método alterno de la misma serie Uranio / Plomo. A continuación explicamos los resultados.

El uranio radioactivo, ^{238}U, es un elemento inestable, que después de liberar varios átomos de helio, produce átomos estables de plomo ^{206}Pb.

El uranio radiactivo se encuentra en cristales de "Zirconio", el cual es un mineral transparente que se halla incrustado en un mineral de mica negro llamado "Biotita", dentro de las rocas graníticas.

Cuando el zirconio está en estado líquido, absorbe uranio radioactivo, pero repele el plomo. Durante la formación de las rocas, el zirconio empieza, pues, con uranio radioactivo, y no contiene nada de plomo. Tampoco contiene helio, pues éste es un gas muy escurridizo que escapa a la atmósfera fácilmente, sobre todo a altas temperaturas.

Todo el plomo que se encuentra en el zirconio es,

pues, de origen radiogénico, producido por desintegración radioactiva del uranio, y atrapado dentro del cristal de zirconio.

Por su parte, el helio producido dentro del zirconio sólido, tiende a escapar hacia la mica negra, y luego hacia la atmósfera. No lo hace instantáneamente, pues la roca ya no está en estado líquido ni a temperaturas elevadas.

Granito conteniendo biotita

Crédito: NASA. http://mars.nasa.gov/mer/classroom/schoolhouse/rocklibrary/

La velocidad de desintegración radioactiva del uranio al plomo se caracteriza por medio de la Vida Media. La Vida Media en una serie radiactiva es el tiempo que requiere para que la mitad de los átomos radioactivos padres se desintegren formando los átomos hijos estables. La Vida Media del ^{238}U / ^{206}Pb es de 4,470 millones de años.

Conciendo la cantidad de uranio, y la cantidad de plomo presentes en una roca, los evolucionistas calculan el tiempo que tiene de haberse formado dicha roca, es decir, su edad. Para ello tienen que aceptar varias asunciones, entre ellas, el que la

Serie de Desintegración Radioactiva ^{238}U/ ^{206}Pb

NÚMERO ATÓMICO										
82	83	84	85	86	87	88	89	90	91	92
								^{234}Th ←α		^{238}U
									β ^{234}Pa	β
^{214}Pb ←α		^{218}Po ←α		^{222}Rn ←α		^{226}Ra ←α		^{230}Th ←α		^{234}U
β	^{214}Bi β									
^{210}Pb ←α		^{214}Po								
β	^{210}Bi β									
^{206}Pb ←α		^{210}Po								

Ecuaciones de la Vida Media

$$A \longrightarrow xB + \dots$$

$$A_t = A_0\, e^{-\lambda t} \qquad \lambda = 0.693/T_m$$

$$A_0 = [(1/x)(B_t - B_0 + B_f)] + (A_t - A_f)$$

A: Elemento (padre) radioactivo

B: Elemento (hijo) producto de desintegración radioactiva de A

X: Número de átomos B producidos por c/ átomo A

λ: Constante de desintegración del elemento A

t: Tiempo transcurrido

T_m: Vida Media de elemento A. Hay evidencias que ha variado en el pasado.

A_0: Cantidad inicial de A en el sistema

A_t: Cantidad de A después de pasado un tiempo t

B_0: Cantidad inicial de B en el sistema

B_t: Cantidad de B después de transcurrido t

A_f: Cantidad de A que se ha fugado o penetrado en el sistema debido a otros mecanismos

B_f: Cantidad de B que se ha fugado o entrado en el sistema.

Vida Media ha sido constante a través del tiempo.

Los investigadores del ICR ponen en tela de juicio la suposición de que la Vida Media haya sido constante a través del tiempo. Para evaluar la posibilidad que este parámetro ha variado con el tiempo, ellos investigaron la edad de la roca usando la velocidad de difusión del helio, así como la cantidad de helio remanente en la roca.

Al conocer la cantidad de plomo en la roca, pueden saber cuánto helio se debió haber generado desde la formación de la roca. Conociendo la velocidad de difusión del helio, y la cantidad residual de helio, se puede determinar cuánto tiempo tiene la roca desde su formación. Los resultados del grupo de investigadores del ICR dataron las rocas con una edad aproximada a los 10,000 años.

La discrepancia entre los resultados obtenidos por ICR y las edades proyectadas por los evolucionistas indican que la Vida Media de la serie ^{238}U / ^{206}Pb no ha permanecido constante a través del tiempo.

El cálculo obtenido por los científicos de ICR corresponden muy cercanamente a la edad de la Tierra, la cual es de aproximadamente 6,000 años de acuerdo a la palabra de Dios, la Biblia.

> "Antes bien, sea hallado Dios veraz, aunque todo hombre sea hallado mentiroso."
>
> Romanos 3:4

Otros Métodos Geocronológicos

Hay otros métodos para determinar la edad de la Tierra, métodos que arrojan una edad mucho menor a los miles de millones de años proyectados por los evolucionistas.

El Dr. Walt Brown en su libro "In the Beginning" (En el Principio) menciona por ejemplo, que el helio producido por desintegración radioactiva, y que escapa de las rocas hacia la atmósfera, alcanzaría la cantidad acumulada actual en tan sólo 40,000 años.

En la misma referencia, el Dr. Brown menciona que la cantidad de sedimentos que van a parar al mar es de 27,000 millones de toneladas por año. A dicha velocidad de erosión, la cantidad de sedimentos encontrada actualmente en los océanos se acumularía en unos 30 millones de años.

Claro, ha habido eventos en que él depósito de sedimentos ha sido mucho mayor, como en el Diluvio Universal, por lo que la edad de la Tierra es incluso menor a lo calculado por este método.

El Dr. Henry Morris, en su libro What is Creation Science (¿Qué es la Ciencia de la Creación?), cuyo coautor es el Dr. Gary Parker, menciona la velocidad de deposición anual de diversos elementos y compuestos químicos en los mares. Conociendo la cantidad de estos compuestos en el mar, se proyecta una Tierra mucho más joven que lo estimado por los evolucionistas.

Por ejemplo, toda la cantidad de calcio acumulada en el mar, dada la velocidad de incorporación anual actual, se lograría en sólo un millón de años. Si esta velocidad de depósito ha sido superior en algunas ocasiones, la edad de la Tierra sería todavía menor.

La cantidad de níquel actual en el mar, dada la velocidad de influjo actual, se lograría en 9,000 años.

Edad Del Hombre Y Los Animales En La Tierra

Según los evolucionistas las formas más simples de vida se originaron hace unos 3,500 millones de años en la Tierra. Los dinosaurios existieron hace millones de años, entrando a extinción hace 65 millones de años. Y el hombre, en su estado actual, Homo Sapiens, tiene 180,000 años de ambular por el planeta. Esto es lo que se enseña en las escuelas y universidades, lo que se presenta en los museos, y lo que se promueve en programas de televisión como realidad incuestionable, algo comprobado. Veamos si es cierto.

Método del C^{14}

El método del C^{14} es utilizado para estimar la edad de restos de animales, plantas y seres humanos. A continuación explicamos el método, y luego mostramos sus limitaciones.

El nitrógeno en la atmósfera es bombardeado por rayos cósmicos, alterando su núcleo. Como resultado neto, su núcleo pierde un protón y gana un neutrón, convirtiéndose en C^{14}, una forma de carbono radioactivo.

Átomos de C^{14} radioactivo reaccionan con el oxígeno atmosférico, formando dióxido de carbono radiactivo, el cual es absorbido por las plantas. El C^{14} pasa al cuerpo de los animales y seres humanos al ingerir éstos las plantas.

Cuando una planta muere, deja de absorber dióxido de carbono. Los animales al morir, dejan de ingerir alimentos. El C^{14} que tienen las plantas y animales al morir se va desintegrando y regresando a la atmósfera. La edad de un fragmento de planta o animal, es decir, el tiempo que lleva muerto, se determina usando la cantidad de C^{14} residual que tiene, y la Vida Media del C^{14}.

La Vida Media del C^{14} es de 5,730 años (+- 40 años). Y la cantidad de C^{14} en la atmósfera actual es de una parte por billón de carbono (1 ppb: 1 átomo de C^{14} en 1,000,000,000,000 de átomos de carbono).

El método parece bueno, pero tiene serias limitaciones, entre ellas las siguientes:

1- Asume que la concentración de C^{14} en la atmósfera, al morir el espécimen estudiado, era la misma que la concentración atmosférica actual de C^{14}.

Esta suposición requiere que la concentración de C^{14} en la atmósfera ya haya llegado a su equilibrio cuando murió el espécimen, y que se haya mantenida constante con el tiempo.

Si la Tierra tuviera millones de años de edad, esta asunción sería aceptable. Pero si la Tierra es joven, de unos 6,000 años de edad, esta asunción da malos resultados, pues la concentración de C^{14} en la atmósfera y de dichos restos al morir, era para empezar, menor que lo estimado.

2- Aparentemente, en el segundo día de la semana de la creación, Dios al crear la atmósfera la formó con una envoltura superior de agua.

En Génesis 1:6-8 leemos: *"Entonces dijo Dios: Haya expansión en medio de las aguas, y separe las aguas de las aguas. E hizo Dios la expansión, y separó las aguas que estaban debajo de la expansión de las aguas que estaban sobre la expansión. Y fue así. Y llamó Dios a la expansión cielos. Y fue la tarde y fue la mañana: el segundo día.*

La Biblia en los capítulos 6 al 9 del libro de Génesis habla de un Diluvio Universal que impactó todo el globo terrestre. En dicho evento las "Ventanas del Cielo" fueron abiertas, y llovió por 40 días y 40 noches seguidas.

Es muy probable, pues, que había una envoltura de agua en la atmósfera superior, la cual protegía la Tierra de rayos ultravioletas, y producía un efecto de invernadero, resultando en una temperatura templada al rededor de todo el planeta. Las condiciones eran favorables para la vida.

Al derramarse sobre la tierra esa envoltura de agua (las ventanas del cielo), en los días del Diluvio Universal, su impacto en la salud y la vida de sus habitantes debió ser notable.

Si observamos las genealogías en los capítulos 5 y 11 de Génesis, notaremos que el promedio de vida de los antepasados antes del Diluvio Universal era del orden de los 900 años, mientras que después del Diluvio empezó a decrecer drásticamente, reduciéndose a menos de 200 años de vida durante los días del patriarca Abraham.

El Diluvio Universal ocurrió hace aproximadamente 4,300 años

Podemos esperar, pues, que la concentración de C^{14} aumentó drásticamente a partir del Diluvio. La datación de especímenes que murieron antes del Diluvio arrojaría una edad mucho mayor que la real.

3- El método del C^{14} asume que el espécimen no ha perdido ni ganado C^{14} desde su muerte, ya sea por contaminación externa, pérdida por lavamiento u otra causa.

4- El método del C^{14} asume que todas las especies absorben la misma concentración de C^{14}.

5- El método del C^{14} asume que la Vida Media del C^{14} ha sido constante con el tiempo.

po.

6- Hay reportes de casos en que el método del C^{14} ha estimado erróneamente edades de miles de años a cadáveres de animales recién muertos.

El Instituto de Investigaciones de la Creación (ICR) llevó a cabo el proyecto de investigación titulado RATE (el acrónimo de "Radioactivity and Age of the Earth", en español: "Radioactividad y la Edad de la Tierra"), con el objeto de examinar el método de datación de especímenes usando la vida media de elementos radioactivos, a la vez de considerar métodos alternos.

En dicho proyecto los científicos creacionistas analizaron especímenes de carbón procedentes de varios depósitos carboníferos en Estados Unidos, los cuales según la geología convencional eran del período Eoceno (37 a 50 millones de años), Cretáceo (66 a 144 millones de años), y Pensilvanio (286 a 320 millones de años).

Los resultados no son alentadores para los evolucionistas, ya que mostraron que dichos depósitos de carbón no son tan antiguos como lo asume la geología convencional basada en Evolución. Lo explicamos a continuación:

1- La concentración de C^{14} en la atmósfera, y en especímenes de plantas y animales al morir, tal como ya vimos, es muy pequeña, 1 ppb. Como resultado, a muestras de más de 100,000 años de antigüedad no les queda suficiente C^{14} como para ser detectable.

2- Las muestras anteriores, de los depósitos de carbón que supuestamente tienen millones de años de antigüedad, tienen menos de 100,000 años ya que la concentración de C^{14} era detectable y considerable.

Los investigadores encontraron además, que la concentración de C^{14} en las distintos depósitos (Eoceno, Cretáceo y Pensilvanio) no sólo era considerable, mas era similar entre ellas. Esto confirma que dichos depósitos carboníferos se formaron en la misma época, probablemente

Método Cronométrico del C^{14}

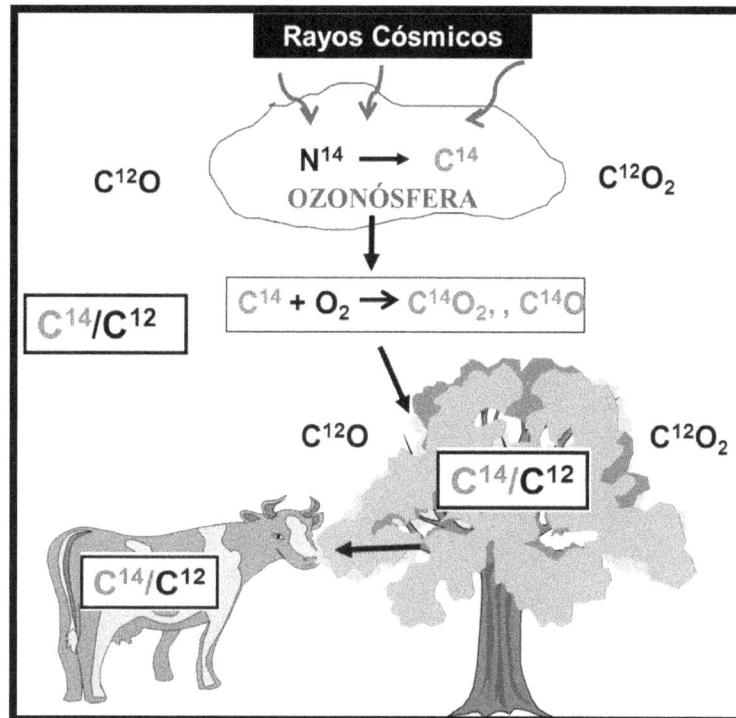

Rayos Cósmicos

$C^{12}O$

$N^{14} \longrightarrow C^{14}$
OZONÓSFERA

$C^{12}O_2$

C^{14}/C^{12}

$C^{14} + O_2 \rightarrow C^{14}O_2, , C^{14}O$

$C^{12}O$

$C^{12}O_2$

C^{14}/C^{12}

C^{14}/C^{12}

Crédito: Ilustración por Jaime Simán

- - - - - - - - - - - - - -

Cantidad de C^{14} vs Era Geológica

Muestras de Carbón obtenidas en Distintos Estratos y Regiones de EEUU

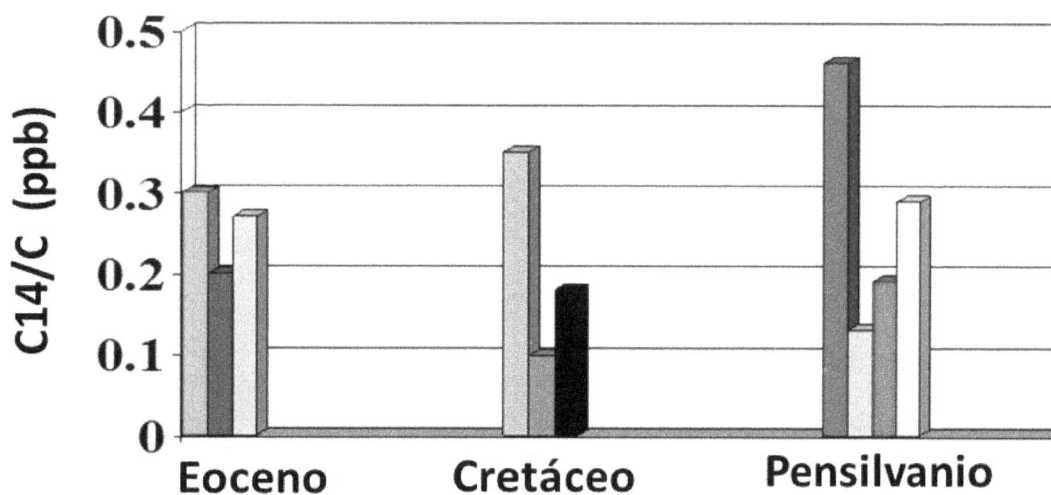

Edades Según Geología Convencional: Eoceno: 37 – 58 Millones de años / Cretáceo: 66 – 144 Millones de años Pensilvanio: 286 – 320 Millones de años.

Fuente de datos: ICR, Institute for Creation Research.

como resultado del Diluvio Universal, hace unos 4,300 años.

El equipo de científicos del proyecto RATE, estudiaron además varias muestras de diamantes. Una vez más, los resultados son mala noticia para los evolucionistas: La cantidad de C^{14} fue 100 veces mayor a la detectable, lo que indica que dichos diamantes no tienen millones de años de existencia.

De acuerdo a la geología convencional, el carbón y el diamante se forma a través de un proceso lento, a lo largo de millones de años, bajo condiciones de alta temperatura y presión. Nuevos estudios muestran que, dadas las condiciones apropiadas, no se requiere grandes períodos de tiempo para la formación de carbón y diamantes.

Preservación de ADN y Tejidos Flexibles

El artículo "Hueso de Neandertal Provee Claves del ADN" de Prensa Asociada, publicado en www.cnn.com el 16 de noviembre del 2006 incluía el siguiente comentario:

"Todd Disotell, del Centro del Estudio de los Orígenes del Hombre, de la Universidad de Nueva York, quien no participó en la investigación, dijo encontrar "realmente sorprendente que fósiles de 38,000 años de antigüedad, estén dando suficiente ADN como para poder eventualmente obtener todo el genoma... Sólo este hecho, el que pueden hacer esto es asombroso ....""

Tal vez una explicación más probable es que los fósiles en cuestión no son tan antiguos.

Recientemente se han hecho descubrimientos de tejidos flexibles de fósiles que supuestamente tienen millones de años de antigüedad. Tales descubrimientos respaldan la idea de que no son tan antiguos. Entre ellos está el reportado por Mary Schweitzer, paleontóloga molecular en la Universidad Estatal de Carolina del Norte, quien descubrió en el 2005 tejido suave y flexible en un Tyrannosaurus rex. Referencia: Dinosaur Shocker By Helen Fields, Smithsonian.

Magazine May 2006. http://www.smithsonianmag.com/science-nature/dinosaur-shocker-115306469 Accedido el 18 de junio del 2015.

Carga Genética y Velocidad de Mutación

El Dr. Nathaniel Jeanson, Ph D en Biología de la Célula, y Biología del Desarrollo, de la Universidad de Harvard, publicó un excelente artículo en la revista Acts & Facts de abril del 2014, cubriendo un estudio que realizó sobre la edad del hombre y de varias especies en la Tierra. Los resultados claramente son mala noticia para quienes desean creer en Evolución a toda costa.

Las investigaciones del Dr. Jeanson muestran que el ser humano, así como las especies estudiadas, tienen sólo unos miles de años ambulando por la Tierra. A continuación explicamos brevemente el procedimiento usado y sus resultados.

El Mitocondria, el organelo celular donde se genera la molécula de ATP, contiene ADN. El ADN del mitocondria, distinto al ADN del núcleo, proviene exclusivamente de la madre. Toda variación, pues, en el ADN del mitocondria es resultado exclusivo de mutaciones genéticas, i.e. errores introducidos durante el proceso de duplicación de la células, así como por otras causas posibles.

Los científicos han determinado la velocidad de mutación en el ADN del mitocondria humano por generación. También han determinado este valor en varias especies animales. Siendo que hubo un punto de partida en que las especies no mostraban ningún error, se puede determinar la edad de las especies desde su creación.

El Dr. Jeanson, al aplicar la velocidad de mutación del ADN del mitocondria de los seres humanos, y de tres especies (gusano, piojo acuático, y mosca de fruta), y la variación actual en cada especie, determinó que cada uno de ellos tenía unos 10,000 años de existencia, contrario a lo que evolución enseña.

A continuación presentamos los resultados graficados para el ADN del mitocondria humano.

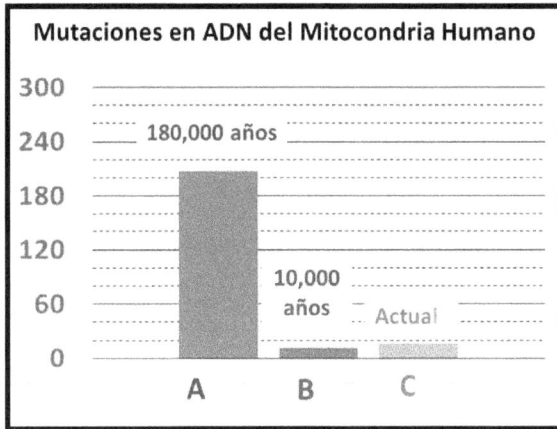

Mutaciones en ADN del Mitocondria Humano

A: Mutaciones proyectadas para 180,000 años de existencia (124-290, 95% Confidence Interval).

B: Mutaciones proyectadas para 10,000 años de existencia (7-16, 95% Confidence Interval).

C: Mutaciones observadas en la actualidad (0-32, 95% Confidence Interval).

Crédito: Gráfica por Jaime Simán basada en información publicada en esta referencia.

Referencia: New Genetic-Clock Research Challenges Millions of Years by Nathaniel T. Jeanson, Ph.D. Acts & Facts April 2014.

Registro Histórico

De acuerdo a los evolucionistas, los dinosaurios existieron hace millones de años, entrando en extinción hace 65 millones de años.

Dinosaurios

Crédito: Foto tomada en Natural History Museum

of Los Angeles, Los Angeles, California, EEUU
© 2015 Jaime Simán

La Biblia dice, sin embargo, que Dios creó a los reptiles el sexto día, el mismo día que creó al hombre. Eso implica que, al principio de la creación, el hombre y los dinosaurios fueron contemporáneos. ¿Existe alguna evidencia al respecto? Veamos a continuación.

El libro de Job es, de los 66 libros de la Biblia, el considerado de mayor antigüedad en cuanto a la fecha en que fue escrito. Ahí encontramos la siguiente descripción que Dios hace, en su conversación con Job, de una criatura portentosa y temible llamada Leviatán:

"¿Sacarás tú a Leviatán con anzuelo...? ... ¿Podrás llenar su piel de arpones...?... ¿Quién lo desnudará de su armadura exterior? ¿Quién penetrará su doble malla? ¿Quién abrirá las puertas de sus fauces (Literalmente: su rostro)? Alrededor de sus dientes hay terror.

Sus fuertes escamas (Literalmente: hileras de escudos) son su orgullo, cerradas como con apretado sello. La una está tan cerca de la otra, que el aire no puede penetrar entre ellas. Unidas están una a la otra; se traban entre sí y no pueden separarse.

Sus estornudos dan destellos de luz... De su boca salen antorchas, chispas de fuego saltan. De sus narices sale humo, como de una olla que hierve sobre juncos encendidos. Su aliento enciende carbones, y una llama sale de su boca.

En su cuello reside el poder... Unidos están los pliegues de su carne, firmes están en él e inmovibles...

Cuando él se levanta, los poderosos tiemblan; a causa del estruendo quedan confundidos.

La espada que lo alcance no puede prevalecer, ni la lanza, el dardo, o la jabalina. Estima el hierro como paja, el bronce como madera carcomida.

No lo hace huir la flecha; en hojarasca se convierten para él las piedras de la honda. Como hojarasca son estimadas las mazas; se ríe del blandir de la jabalina.

Por debajo tiene como tiestos puntiagudos; se extiende como trillo sobre el lodo.

Hace hervir las profundidades como olla; hace el mar como redoma de ungüento.

Detrás de sí hace brillar una estela; se diría que el abismo es canoso. Nada en la tierra es semejante a él, que fue hecho sin temor."

Job 41:1-34

Le descripción anterior es apropiada para un dinosaurio. También muestra que el Leviatán era una bestia de la que salía humo de sus narices: Esto no debe sorprendernos, las leyendas de dragones pudieron haber tenido su raíz histórica en los dinosaurios, hasta que estos animales se extinguieron.

En el caso del escarabajo bombardero vemos un ejemplo actual en la naturaleza, en que un animal combina dos sustancias químicas y produce un vapor tóxico de alta temperatura, el cual lanza en forma de spray, para defenderse de sus enemigos.

El Behemot es otra criatura portentosa y temible mencionada en el libro de Job. Leamos a continuación la descripción bíblica.

"He aquí ahora, Behemot, al cual hice como a ti, que come hierba como el buey.

He aquí ahora, su fuerza está en sus lomos, y su vigor en los músculos de su vientre. Mueve su cola como un cedro;

entretejidos están los tendones de sus muslos. Sus huesos son tubos de bronce; sus miembros como barras de hierro.

Es la primera de las obras de Dios; que sólo su hacedor le acerque su espada...

Bajo los lotos se echa, en lo oculto de las cañas y del pantano. Lo cubren los lotos con su sombra; los sauces del arroyo lo rodean.

Si el río ruge, él no se alarma; tranquilo está, aunque el Jordán se lance contra su boca.

¿Lo capturará alguien cuando está vigilando? ¿Perforará alguien su nariz con garfios?"

Job 40:15-24

Vemos que mueve su cola como un cedro; esto excluye la posibilidad que sea un hipopótamo. Su descripción encaja mejor con la de un tipo de dinosaurio.

En la pared de roca del templo budista Ta Prohm, en Angkor, Cambodia se encuentra esculpido una criatura similar al estegosaurio. ¿Cuándo fue construido el templo? En el siglo XII.

Figura Escupida en Monasterio
Fuente www.bible.ca

Los evolucionistas tratan de dar todo tipo de explicaciones alternas, ya sea que la hilera sobre el lomo de la bestia era simplemente un adorno decorativo añadido por el escultor, o que es la representación de vegetación en el fondo, atrás de la bestia.

Una explicación más probable es que la escultura es la de un dinosaurio contemporáneo al escultor, a menos que uno no pueda aceptar esa posibilidad por abrazar Evolución a priori.

Estegosaurio

Crédito: Foto tomada en Natural History Museum of Los Angeles, Los Angeles, California, EEUU
© 2015 Jaime Simán

Reptiles Voladores Contemporáneos

El historiador judío Josefo (37DC-100DC), en su obra "Antigüedad de los Judíos", escribió sobre Moisés cuando encabezaba el ejército egipcio contra los etíopes:

"Era difícil pasar por el terreno debido a la multitud de serpientes... algunas que ascendieron y volaron en el aire, viniendo sobre los hombres desprevenidos..."

El historiador Herodoto (484AC-425AC), escribió:

"hay una región en Arabia... Adonde fui a inquirir sobre las serpientes aladas... Al principio de la primavera vuelan de Arabia a Egipto...

Su forma es como la serpiente de agua, sus alas no son plumadas sino mas parecidas a las alas del murciélago..."

Pierre Belon (1517-1564) fue un naturalista, explorador, diplomático y escritor francés. En su libro "Observaciones de varias singularidades y cosas memorables encontradas en Grecia, Asia, Judea, Egipto, Arabia Saudita y otros países" incluyó a reptiles voladores dentro de sus descripciones de los animales que encontró en sus viajes por Medio Oriente.

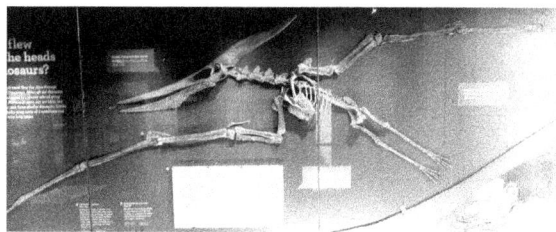

Pterosaurio

Crédito: Foto tomada en Natural History Museum of Los Angeles, Los Angeles, California, EEUU
© 2015 Jaime Simán

Isaías profetizó en contra del pueblo judío de su tiempo, el cual se había vuelto infiel a Dios. Ante la amenaza de enemigos invasores, Judá en lugar de arrepentirse de su idolatría e infidelidad, y buscar apoyo en su Dios, buscó apoyo en Egipto. El profeta hizo mención de la serpiente voladora en su mensaje profético. Leamos a continuación.

"El amparo de Faraón será vuestra vergüenza, y el abrigo a la sombra de Egipto, vuestra humillación...

Profecía sobre las bestias del Neguev. Por tierra de tribulación y angustia, de donde vienen la leona y el león, la víbora y la serpiente voladora,

llevan sus riquezas sobre lomos de pollinos y sus tesoros sobre gibas de camellos, a un pueblo que no les traerá provecho, a Egipto, cuya ayuda es vana y vacía."

Isaías 30:33-37

Vemos, pues, que hay referencias a reptiles voladores en múltiples fuentes históricas.

De acuerdo a una publicación en www.cnn.com del 17 de marzo del 2006, según el paleontólogo David Raup, han existido de 5,000 a 50,000 millones de especies de plantas y animales en nuestro planeta.

Se cree además, que hay unas 40 millones de especies en existencia en la actualidad. Esto implica que un 99.9% de las especies han desaparecido: *"sólo cerca de 1 en 1,000 especies vive todavía – un historial paupérrimo de supervivencia"*.

Muchos se preguntan: ¿Cuándo desaparecieron los dinosaurios? Es indudable que el Diluvio Universal tuvo un tremendo impacto en el ecosistema global. Es probable que estas grandes criaturas que poblaron el planeta, desaparecieron después del Diluvio Universal.

Respecto al Diluvio Universal, hay gran cantidad de evidencia de que la Tierra sufrió un diluvio que cubrió toda su superficie del planeta. Tratamos ese tópico en la sección siguiente.

¿Cuál es la realidad respecto a la evolución de las especies?

La realidad es que no vemos evolución.

Lo que vemos es extinción.

☆

"Todas las cosas fueron hechas por medio de El, y sin El nada de lo que ha sido hecho, fue hecho."

Juan 1:3

DILUVIO UNIVERSAL

Fosilización

Un pez u otro animal, al morir, generalmente cae presa de otros animales, o se pudre. Lo mismo las plantas, si no se convierten en alimento de algún animal o ser humano, se pudren.

Para que se forme un fósil se requiere un proceso catastrófico, en el cual la planta, árbol o animal es enterrado rápidamente por sedimentos, iniciando el proceso de fosilización que preserva el espécimen para el futuro. El proceso requiere mucha agua, acarreando sedimentos y atrapando el organismo vivo repentinamente.

Se ha encontrado gran variedad de fósiles. Estos pueden ser partes o fragmentos de la planta o animal cuando fue enterrado súbitamente por los sedimentos; pueden ser huellas, o impresiones dejadas en el sedimento; o sus excrementos.

El Dr. Gary Parker menciona en el libro "What is Creation Science?" (¿Qué es la Ciencia de la Creación?) que *"una vez una planta o animal es enterrado lo suficientemente profundo, en el tipo correcto de sedimentos, no se necesita ningún truco especial para convertirlo en un fósil, ni se requieren grandes cantidades de tiempo. Simplemente los minerales se acumulan en el espécimen, o en la cavidad dejada por el espécimen después que éste se pudre."*

La enorme cantidad de fósiles en todo el mundo, incluyendo fósiles de especies marinas encontrados en grandes elevaciones, en montañas altas, dan testimonio de una gran inundación en el pasado, una inundación que cubrió todo el planeta, tal como lo registra la Biblia en el libro de Génesis.

Narraciones Históricas del Diluvio Universal

En varias culturas, alrededor del mundo, se encuentran historias de dicho evento. Como es de esperarse, cuando una historia se transmite oralmente de una generación a otra, con el tiempo se introducen variantes que la distorsionan.

Si bien hay diferencias entre una y otra narración entre varias culturas, existen elementos comunes que testifican de un evento histórico real, un evento catastrófico único, de proporciones globales, que corresponde al Diluvio Universal de hace unos 4,300 años.

Hace algún tiempo leía sobre los indígenas que vivían en la vecindad del Gran Cañón, en EEUU.

"Mucho antes que los geólogos llegaran al Gran Cañón... los indígenas que vivían en la vecindad habían creado sus propias explicaciones de la formación....

Algunas tribus nativas creen que el Gran Cañón fue resultado del Gran Diluvio que ahogó al mundo malvado previo por haber olvidado a los dioses..."

Referencia: En la página web http://www.mysteriousworld.com/Journal/2003/Winter/GrandCanyon.

En el sitio www.indian.org encontré la historia de uno de los grupos indígenas de Norte América. El artículo titulado "La Historia Cowichan: Literatura de Pueblos Indígenas" decía:

"Antes que los misioneros llegaran al Nuevo Mundo los indios tenían leyendas antiguas de una gran inundación... ésta es la de los Cowichan:

En tiempos antiguos había tanta gente en la tierra que vivían por todos lados... la gente tenía pleitos por territorios para cazar...

sus ancianos-sabios... soñaron que lluvia caía por mucho tiempo... causando una inundación tan grande que toda la gente se ahogaba...

La gente que creyó... trabajó duro construyendo una balsa...

Poco después la balsa estuvo lista, y grandes gotas de agua comenzaron a caer, los ríos se desbordaron, y los valles se inundaron...

los que habían creído en los sueños llevaron alimentos a la balsa, y tanto ellos como sus familias se subieron a ella mientras las aguas crecían.

Vivieron en la balsa muchos días y no podían ver nada más que agua. Aun las cimas de los montes habían desaparecido de vista bajo la inundación...

Después de mucho tiempo... la gente... de nuevo llenó la tierra; y comenzaron a tener pleitos... esta vez se separaron en tribus y clanes, cada uno yendo a un lugar diferente... así se propagó la gente sobre toda la tierra."

La narración anterior tiene un gran paralelo con la historia bíblica de Génesis. Además menciona la dispersión sobre toda la Tierra de los habitantes postdiluvianos. De acuerdo a la Biblia, esto ocurrió como resultado del evento de la Torre de Babel.

Pictogramas Chinos

Otra pieza de evidencia que apunta al Diluvio Universal la encontramos en un pictograma chino de hace 4,300 años. La palabra "barco" se representaba de la siguiente manera:

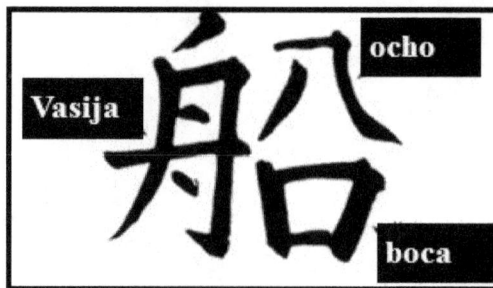

Referencia: James J. S. Johnson, J.D., Th. D., Acts and Facts March 2015 Genesis in Chinese Pictographs.

En otras palabras, la palabra barco se representaba por tres caracteres, los cuales combinados hacen referencia clara al Diluvio Universal: Ocho personas en una vasija. Fueron un total de ocho personas las que, de acuerdo a la historia bíblica, entraron en el Arca de Noé.

Otro dato de interés: El idioma chino de dicha época, poco después del Diluvio Universal, hace clara referencia a otra historia bíblica, la historia de la creación encontrada en Génesis. La palabra "crear" en pictograma chino de hace 4,300 años se expresaba de la siguiente manera:

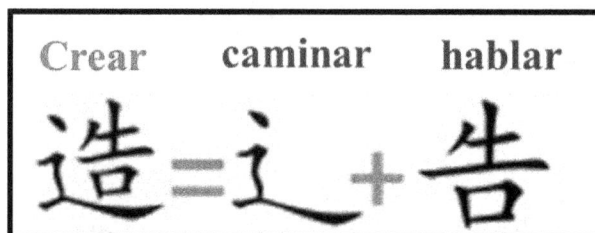

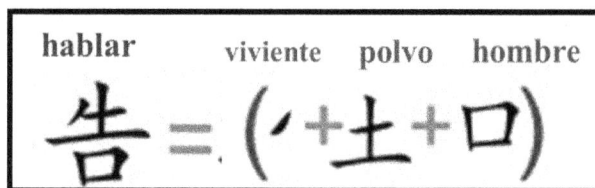

Referencia: James J. S. Johnson, J.D., Th. D., Acts and Facts March 2015 Genesis in Chinese Pictographs.

La palabra "crear" hace, pues, referencia directa a la revelación bíblica: Dios formó al hombre del polvo de la tierra, creando un ser viviente que hablaba y caminaba.

Cordillera Oceánica

El Dr. Walt Brown, en su libro "In the Beginning" (En el Principio), hace referencia a fósiles de mastodontes congelados, conteniendo todavía en su sistema digestivo plantas tropicales. Esto indica que dichos mastodontes fueron enterrados abruptamente en hielo, en su ambiente tropical, antes que su alimento fuera destruido por los jugos gástricos del animal.

Fósil de Mastodonte

Crédito: Foto tomada en Natural History Museum of Los Angeles, Los Angeles, California, EEUU © 2015 Jaime Simán

El Dr. Brown explica cómo esto fue resultado de los eventos que se desataron en el Diluvio Universal, lo cual detallamos más adelante.

En su libro Dr. Brown explica varias características geológicas actuales, relacionándolas con los procesos que probablemente estuvieron operando durante el Diluvio. Una de las correlaciones que hace el Dr. Walt Brown es la Cordillera Oceánica, incluyendo la sección que se encuentra en el Atlántico, la Cordillera Atlántica.

Pues bien, en el fondo del océano existe dicha cordillera, la cual recorre todo el globo. Es muy probable que ésta fue resultado de una falla en el fondo del mar, la cual se produjo al inicio del Diluvio Universal, propagándose a través de la masa continental.

Esta falla o rotura es totalmente consistente con lo que leemos en el libro de Génesis respecto al

Diluvio Universal:

"... *se rompieron todas las fuentes del gran abismo, y las compuertas del cielo fueron abiertas.*"

Génesis 7:11

La masa continental global fue entonces partida en varias secciones por esta falla, las cuales se desplazaron en direcciones opuestas, separándose una de la otra, formando así los nuevos continentes.

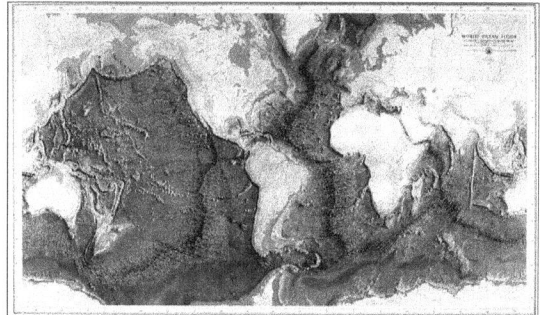

Cordillera Oceánica

Crédito: Mapa del Suelo Marino The 1977 World Ocean Floor Map created by Bruce Heezen and Marie Tharp

De acuerdo a la Enciclopedia Británica

La Cordillera Oceánica es "una Cadena montañosa submarina continua que se extiende aproximadamente 80,000 Km a lo largo de los océanos del mundo."

Referencia: http://www.britannica.com/science/oceanic-ridge Accedido el 13 de Agosto del 2015

El agua que estaba contenida bajo presión en cámaras debajo del suelo marino, fue expulsada a través de la falla a gran fuerza y hacia grandes alturas, donde sus gotas se congelaron. Gran cantidad de precipitación en forma de hielo atrapó animales al caer, preservando algunos que han sido descubiertos en nuestro tiempo, tales como los mastodontes antes mencionados.

El agua, al salir por la falla a gran presión y velocidad, generó enorme cantidad de sedimentos, los cuales participaron en el proceso de formación de fósiles por todo el mundo.

El agua liberada de las cámaras encontradas debajo del suelo marino incrementó el volumen de los océanos. Gran actividad volcánica post-diluviana generó nuevas montañas y volcanes.

La hipótesis del hidropalto del Dr. Brown explica la formación de las montañas dobladas, las cordilleras continentales, la existencia de magma, la forma complementaria de los continentes, y otros rasgos de la geología actual.

Independiente de qué tan acertada o correcta esté en todos sus aspectos la hipótesis del hidroplato, el esfuerzo del Dr. Brown es valioso, y muestra que el Diluvio Universal no es un evento imposible de armonizar con la geología actual de nuestro planeta.

Estoy seguro que si todo el dinero, tiempo, y recursos humanos empleados en la búsqueda de explicaciones evolucionistas a la geología de nuestro planeta, y a nuestro cosmos, se emplearan en investigaciones realizadas desde una perspectiva creacionistas, tendríamos mucho más éxito científico.

Grandes Cataclismos

De un artículo de John Noble Wilford publicado en el New York Times el 12 de noviembre del 2007, "Rethinking Extinction" (Reconsiderando Extinción), hacemos las siguientes observaciones:

> De acuerdo a Neil Landman, paleontólogo del Museo Americano de Historia Natural, quien dirigió una investigación en la base del río Manasquan, NJ, la abundancia de iridio (Ir) en un estrato considerado 65,000,000 años de antigüedad, cuando supuestamente desaparecieron los dinosaurios, proviene del impacto de un meteorito. El Ir se haya en cantidades mayores en meteoritos, de manera que su abundancia en dicho estrato se asocia con el impacto de meteoritos.

Landman observa, sin embargo, que es difícil comprender cómo inmediatamente sobre el estrato de Ir aparecen restos de una especie marina. Si fue por impacto, las condiciones ambientales debieron impedir vida por varios años: El estrato inmediato posterior sobre el Ir no debería mostrar estos fósiles.

Esto no sería problema si hubo un Diluvio, donde gran cantidad de sedimentos arrastrados por agua enterraron animales y plantas, fosilizándolos con el tiempo.

> Landman piensa - al estudiar el arroyo en Nueva Jersey - que hubo "tormentas de proporciones bíblicas, y grandes descargas por inundaciones fluviales que pudieron haber enterrado sedimentos rápidamente."

Gerta Keller, Paleontóloga y Profesora de Geociencias en la Universidad de Princeton, dijo que sus estudios indican que hubo muchos impactos, y que la extinción masiva se debió también a erupciones volcánicas en India, y que el ecosistema mundial sufrió amplio estrés por tiempo extenso en esa época.

Bueno, no sabemos qué usó Dios para iniciar la cadena de eventos relacionados con el Diluvio Universal. Dios pudo haber usado meteoros entre otros factores. Hay evidencia abundante, sin embargo, de gran actividad volcánica en el pasado, y que se produjeron grandes terremotos y tsunamis que devastaron y transformaron totalmente la superficie del planeta.

Creacionistas que cooperan con los Ministerios "Answers in Genesis" (Respuestas en Génesis), e ICR (Institute for Creation Research / Instituto de Investigación de la Creación), así como con otras organizaciones creacionistas, han estado haciendo investigaciones de alto calibre, ofreciendo una perspectiva creacionista a los rasgos geológicos de nuestro planeta.

Los evolucionistas siguen buscando explicaciones materialistas ateas como causa de todo rasgo geológico que encontramos; rechazando cualquier posición creacionista que apunte a la acción directa del Creador como su origen.

Pero, el Creador ha intervenido sobrenaturalmente en su creación en varias ocasiones, a lo largo de la historia, trayendo catástrofes previamente profetizadas. Estas catástrofes fueron resultado de la intervención directa de Dios sobre la naturaleza, juzgando a la humanidad rebelde y perversa. Las evidencias de ello han quedado registradas en la Biblia y en la Tierra: Tal es el caso del Diluvio Universal, y el de Sodoma y Gomorra.

El Gran Cañón

Los creacionistas entendemos que el Gran Cañón fue producido por el Diluvio Universal, donde una gran cantidad de agua, fluyendo a gran velocidad y presión, talló en poco tiempo esta maravilla geológica.

Muchos se niegan a considerar que el Gran Cañón ocurrió en poco tiempo, simplemente por que eso armoniza con la historia narrada en Génesis, donde Dios juzgó a la humanidad entera hace unos 4,300 años. Su cosmovisión no acepta la posibilidad de un Dios personal y transcendente que se involucra en su creación, que juzga el pecado y que participa en lo eventos del cosmos.

Para ellos el Gran Cañón es resultado de la erosión gradual y continua causada por el Río Colorado a través de millones de años.

Me parece incongruente la posición de algunos que no aceptan la posibilidad que el Gran Cañón se produjera en poco tiempo, pero que no

tienen ningún problema en creer que los grandes cañones del planeta Marte fueran producidos repentinamente en procesos catastróficos.

Gran Cañón, Arizona, EEUU

Crédito: Grand Canyon National Park. NPS. T502 Plateau Point—Aerial View. Public domain photo.

En un artículo de Prensa Asociada publicado en www.cnn.com el 21 de junio del 2002 leemos lo siguiente:

"Agua saliendo precipitosamente de un lago sobrecargado talló instantáneamente un Gran Cañón sobre la superficie de Marte hace unos 3,500 millones de años, de acuerdo a un análisis nuevo de fotos tomadas por la nave espacial.

Investigadores del Museo Nacional del Aire y Espacio dijeron que la inundación... provino de un enorme lago, tan grande como para inundar simultáneamente Texas y California, rebalsando sobre un cráter cercano – producido por un impacto.

Cuando el cráter se llenó, dijo el geólogo Ross Irwin, el agua erosionó una barrera en su orilla escapando abruptamente hacia la planicie... La fuerza y volumen de las aguas fueron suficientes para cortar un valle de más de 2.3 Km de profundidad y 880 Km de longitud en cuestión de meses...

"Contrario al Gran Cañón de Arizona, que fue esculpido a lo largo de millones de años por el Río Colorado, Ma'adim

Vallis fue hecho en cuestión de meses, ciertamente en menos de un año." dijo Irwin."

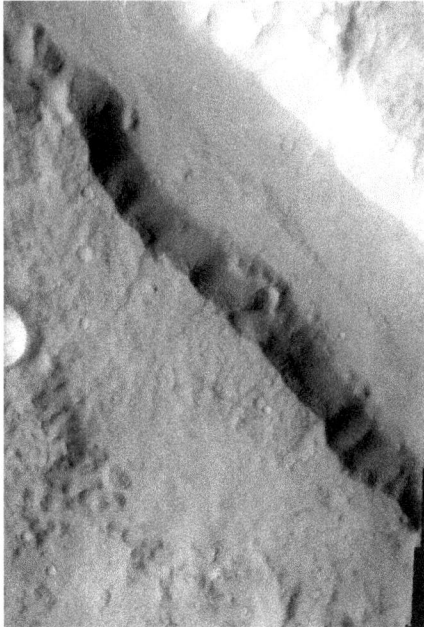

Sección de Ma'adim Vallis—Marte

Crédito: Foto PIA14774.jpg Mission 2001 Mars Odyssey. NASA/JPL/ASU Christensen, P.R., N.S. Gorelick, G.L. Mehall, and K.C. Murray, THEMIS Public Data Releases, Planetary Data System node, Arizona State University, <http://themis-data.asu.edu>. Modificada por Jaime Simán

Larry Vardirman, Ph. D. en Ciencias Atmosféricas de la Universidad Estatal de Colorado hace los siguientes comentarios sobre otro gran cañón, el Vallis Marineris:

"Vallis Marineris, el gran cañón de Marte... mide cerca de 3,200 Km de longitud, por 600 Km de ancho, por 8 Km de profundidad...

Es claro que procesos catastróficos en gran escala han ocurrido en el pasado de Marte...

Muchos de estos rasgos geológicos fueron formados probablemente en los días del Diluvio Universal de la Tierra. De ser así, esto extendería el impacto del Diluvio a otras partes del sistema solar...

cráteres en la Luna fueron formados por proyectiles provenientes del espacio...

la Tierra muestra evidencia de cientos de tales impactos también... sin embargo... sólo los efectos de los impactos cerca del final del Diluvio fueron preservados...

Un grupo de científicos franceses y norteamericanos... creen que el agua cubría globalmente a Marte....

No deja de sorprendernos que... la mayoría de la comunidad científica cree que una catástrofe o serie de catástrofes removieron el agua de la superficie marciana, pero que la superficie de la Tierra —ahora cubierta en su mayoría por agua— no fue cambiada por la catástrofe global descrita en Génesis."

Estratos Geológicos

De acuerdo a Evolución, sedimentos producidos por erosión causada por la lluvia, los ríos y el viento, fueron acumulándose lenta y gradualmente a lo largo de millones de años, formando así los distintos estratos geológicos.

El Dr. Henry Morris, padre del movimiento creacionista moderno, habiéndose graduado de Ingeniería Civil decidió proseguir estudios de postgrado, y sacar un Doctorado en Geología con el propósito de evaluar con mayor autoridad, y sin el prejuicio de los evolucionistas, los estratos geológicos.

Sacó, pues, su doctorado en la Universidad de Minnesota, con especialidad mayor en Hidrología, y especialidades menores en Geología y Matemáticas. Escogió la Universidad de Minnesota en aquel tiempo por ser una institución líder en dichas disciplinas.

La conclusión del Dr. Henry Morris: Los estratos geológicos son testimonio poderoso del Diluvio Universal.

En el libro "What is Creation Science?" (¿Qué es la Ciencia de la Creación?) el Dr. Gary Parker escribe lo siguiente:

"El evolucionista promedio piensa que una cura contra el creacionismo, es una caminata desde el fondo hasta la cima del Gran Cañón. Acá, dice el evolucionista, la historia de Evolución yace exhibida en frente de nuestros ojos: Criaturas marinas al fondo, luego plantas terrestres, y más arriba: animales.

Ahora bien, la columna geológica es (simplemente) una idea, no una serie actual de capas rocosas. En ningún lugar encontramos la secuencia completa. Aun las paredes del Gran Cañón sólo incluyen 5 de los 12 sistemas mayores (el uno, el cinco, el seis, y el siete, con porciones menores acá y allá del cuarto sistema, el Devoniano).

Estratos Sedimentarios—Gran Cañón

Crédito: NPS, National Park Service, U.S Department of the Interior.

Pero aun así, la columna geológica representa una tendencia de los fósiles de ser encontrados en grupos, y el de esos grupos ser hallados en cierto orden vertical. Trilobitas del período Cambriano y dinosaurios del Cretáceo no se encuentran comúnmente juntos...

¿Por qué no se encuentran juntos fósiles de trilobitas con fósiles de dinosaurios? De acuerdo a Evolución, la respuesta es fácil: Las trilobitas del Cambriano se extinguieron millones de años antes que evolucionaran los dinosaurios.

Pero hay otra explicación que parece aún más natural. Después de todo, aun si las trilobitas y los dinosaurios vivieran hoy en día, no se encontrarían juntos. ¿Por qué? Porque viven en distintas zonas ecológicas. Los dinosaurios son animales de tierra, pero las trilobitas son criaturas que habitan en el fondo del mar.

Trilobita

Crédito: NPS, National Park Service, U.S Department of the Interior.

De acuerdo a los creacionistas, los sistemas geológicos representan zonas geológicas distintas, los restos enterrados de animales y plantas que una vez vivieron juntos en el mismo medio ambiente.

Una caminata a través del Gran Cañón, no es entonces una caminata a través del tiempo, (de la historia) de evolución; sino más bien, es como una caminata desde el fondo del océano, atravesando la zona del oleaje, pasando por la orilla, llegando a las tierras bajas, y luego subiendo a las regiones elevadas. Varias evidencias parecen favorecer este punto de vista ecológico."

En otras palabras, los fósiles aparecen en distintos estratos dependiendo del ecosistema que habitaban. Los estratos más bajo contienen los fósiles que habitaban el fondo del mar. Los estratos superiores contienen fósiles que habitaban las zonas altas.

Columna Geológica Convencional

ERA	PERIODO	EDAD (Millones de años)	DETALLES
CENOZOICA	Cuaternario		Florecen Humanos.
	Terciario	2 MM	Florecen Mamíferos. Angiospermas (flores y frutos)
		64 MM	
MESOZOICA	Cretáceo	140 MM	Dinosaurios. Gimnospermas (flores)
	Jurásico	208 MM	Dinosaurios y Aves. Coníferos.
	Triásico	242 MM	Reptiles y Mamíferos
PALEOZOICA	Pérmico	284 MM	Extinción de trilobitas
	Carbonífero	360 MM	Florecen anfibios. Aparecen reptiles. Helechos.
	Devoniano	409 MM	Aparecen anfibios. Florecen peces.
	Siluriano	436 MM	Corales. Plantas terrestres.
	Ordoviciano	500 MM	Aparecen peces. Florecen trilobitas.
	Cámbrico		Trilobitas
PRECÁMBRICO		564 MM	Protozoos. Esponjas. Bacterias. Algas.
		4,600 MM	

Referencia: Ref.: http://csls-text2.c.u-tokyo.ac.jp/inactive/01_03.html The University of Tokyo

Estratos Geológicos: Quebrada de las Conchas, Salta, Argentina Author: travelwayoflife File: Quebrada de Cafayate, Salta (Argentina).jpg Modificada por Jaime Simán https://creativecommons.org/licenses/by-sa/2.0/deed.en

Según el Uniformitarismo: Las características geológicas de la Tierra son resultado de procesos actuales que han operado en el pasado, a través del tiempo, en forma uniforme, y no de catástrofes ocasionales (Catastrofismo).

El Dr. Parker menciona varios problemas que tiene que enfrentar la geología convencional al abrazar el Uniformitarismo.

Uno de los problemas para el Uniformitarismo son los fósiles encontrados en estratos "equivocados". Por ejemplo, se ha encontrado en roca cámbrica fósiles de plantas de tierra que supuestamente evolucionaron hasta después que se extinguieron las trilobitas. El Dr. Parker escribe:

"Fósiles en estratos equivocados son lo suficientemente comunes como para que los evolucionistas tengan un término para referirse a ellos.

Un espécimen encontrado "demasiado bajo" en la columna geológica (antes de su supuesta evolución) es llamado "fuga estratigráfica", mientras que un espécimen encontrado "demasiado arriba" es llamado un "espécimen reelaborado""

Referencia: "What is Creation Science?" By Henry Morris and Gary Parker

En algunos casos faltan estratos intermedios, y sus respectivos fósiles, entre un sistema y otro. De manera que se encuentra un estrato con el tipo de fósil correspondiente a ese estrato; y luego se halla encima otro estrato, con un fósil correspondiente a ese otro estrato; pero falta el estrato intermedio, con el fósil intermedio que según los evolucionistas, formó parte de la cadena evolutiva. Esto presenta un serio problema para Evolución. ¿Cómo puede un fósil saltar de una especie a otra sin pasar por la especie intermedia que Evolución asegura es parte de la cadena evolutiva?

Otro problema para los evolucionistas, la Columna Geológica, y el Uniformitarismo, son los "Fósiles Polistratos": Fósiles que atraviesan varios estratos.

Si estos estratos fueron depositados a lo largo de millones de años, no es posible que un espécimen atraviese varios estratos a la vez. Por ejemplo, si parte de un pez quedó atrapado en sedimentos, y si los sedimentos superiores tardaron millones de años en depositarse, el resto del pez debió haberse podrido, o debió haber sido devorado por otros animales, antes que se depositara todo un estrato sedimentario sobre él.

Fósil Polistrato, Nova Scotia, Canadá

Crédito: Michael C. Rygel via Wikimedia Commons

El Dr. Henry Morris, en el libro "What is Creation Science?" (¿Qué es Ciencia de la Creación?) escribe lo siguiente respecto la Columna Geológica y sus estratos:

"Esta columna estándar tiene supuestamente 160 Km de espesor (algunos escritores dicen que hasta 320 Km de espesor), representando la actividad total de sedimentación de todas las épocas geológicas.

Sin embargo, el espesor promedio de la columna geológica local es cerca de 1.6 Km (en algunos lugares, la columna tiene prácticamente no espesor, y en algunos lugares puede ser cercana a 25 Km de espesor, pero el espesor promedio global es de 1.6 Km).

La Columna Geológica Estándar se ha construido mediante la superposición de columnas locales de varias localidades...

El principio fundamental de Estratigrafía es que los sedimentos en el fondo fueron depositados primero, y por lo tanto son

más antiguos. Esto parece ser obvio. Y sin embargo, hay muchas, muchas regiones donde formaciones "viejas" se encuentran depositadas encima de formaciones "jóvenes"..."

El Dr. Steve Austin ha estudiado de cerca el monte St. Helens, en el estado de Washington, EEUU, incluyendo los cambios geológicos y estratos sedimentarios producidos en breve tiempo por la erupción del 18 de mayo de 1980, así como en eventos subsecuentes.

Brian Thomas, quien visitó en la primavera del 2015 el sitio, en su artículo "Monuments of Catastrophe from Mout St. Helens" (Monumentos de Catástrofe del Monte St. Helens), Acts & Facts, 25 de Julio del 2015, escribe:

"Las corrientes lodosas de 1980 (i.e.: las originadas por la erupción, la nieve derretida, el vapor de agua expulsado en la erupción, etc...) depositaron sedimentos que formaron estratos sedimentarios rocosos claramente definidos en cuestión de dos años...

El 19 de marzo de 1982 una explosión moderada inició un episodio que derritió nieve y produjo lodo que sobrecargó una presa natural, provocando una corriente lodosa catastrófica que excavó... en los depósitos (sedimentarios) de dos años de edad... todo un nuevo cañón... en cuestión de horas."

Lava continuó escapando a la superficie entre 1980 y 1984 *"... y nueva lava fluyó en 1986. Diez años después, ICR obtuvo roca dacita (tipo de lava enfriada y solidificada) de 1986, y envió tres muestras a un laboratorio estándar para datar las muestras usando el método (de la serie de desintegración radioactiva) del K-Ar (Potasio-Argón). En 1996 el geólogo Steve Austin publicó los resultados, los cuales indicaron edades desde 340,000 años a 2,800,000 años de edad para estas rocas de 10 años de edad... Otra buena razón para dudar las edades de millones de años según el método K-Ar para rocas encontradas en otras partes del mundo."*

Monte St. Helens y Spirit Lake antes de la Erupción de 1980

Crédito: Spirit Lake y Monte St. Helens Pre-Erupción 1980 USFS United Sates Forest Service.

Erupción del Monte St. Helens, Washington, EEUU, Mayo 18 de 1980.

Crédito: United States Geological Survey. http://volcanoes.usgs.gov/volcanoes/st_helens/st_helens_geo_hist_99.html

La erupción de un solo monte, el monte St. Helens en el estado de Washington, fue capaz de afectar grandemente la región, produciendo en poco tiempo estratos sedimentarios rocosos, y un cañón 1/80[avo] el tamaño del Gran Cañón de Arizona.

Podemos concluir razonablemente, pues, que la actividad volcánica global, y los terremotos y maremotos generados durante el Diluvio Universal, modificaron dramáticamente la superficie de nuestro planeta, depositando la mayoría de los estratos sedimentarios que encontramos en todo el mundo; produciendo el Gran Cañón, y atrapando innumerable cantidad de plantas y animales, que dadas las condiciones apropiadas formaron los fósiles.

Este evento único en la historia del planeta, por su magnitud y alcance global, dio inicio también a la formación de depósitos de carbón, gas natural y petróleo como resultado de las grandes masas de vegetación flotante arrancadas por las fuerzas hidráulicas que operaron durante el Diluvio, las cuales eventualmente descendieron al fondo y fueron comprimidas por las enormes cantidades de sedimentos transportados por el agua.

Troncos Arrancados Flotando en Lago

Crédito: SpiritLake2012Treemat02.JPG Tree mats drifting on Spirit Lake, with Mount St. Helens' open crater in the background. Taken in August 2012. Foto: Stephan Schulz. https://creativecommons.org/licenses/by-sa/3.0/legalcode

El Dr. Morris cita a varios académicos críticos del uso del registro fósil como prueba de Evolución. Cita a Mark Ridley, profesor en el Departamento de Zoología de la Universidad de Oxford:

"Ningún evolucionista verdadero, ya sea gradualista o puntualista, usa el registro fósil como evidencia a favor de la teoría de Evolución, en oposición a la de Creación especial."

Morris cita también a David Kitts, de la Escuela de Geología y Geofísica de la Universidad de Oklahoma, especialista en Paleontología y en la

Filosofía de la Geología:

"Yo creo que son pocos los paleontólogos que alguna vez supusieron que los fósiles, por sí solos, proveen bases para concluir que evolución ocurrió...

El registro fósil ni siquiera provee evidencia alguna en apoyo a la teoría Darwiniana..."

El Dr. Morris cita al evolucionista Ronald R West, Ph. D. profesor asistente de Paleontobiología de la Universidad Estatal de Kansas:

"El registro fósil no respalda la teoría de Evolución Darwiniana porque es esta teoría... la que usamos para interpretar el registro fósil.

Al hacerlo, nos volvemos culpables de razonamiento circular si decimos entonces que el registro fósil respalda la teoría."

Si Evolución Darwiniana es real, ¿por qué no vemos ninguna especie en transición en la actualidad, ninguna entre las millones de especies vivas? Tampoco vemos ninguna especie en transición en el registro fósil, ninguna.

Morris cita a Steven Stanley, paleontólogo evolucionista, de la Universidad John Hopkins:

"El registro fósil conocido falla en documentar un tan solo ejemplo de evolución filética que logre una transformación morfológica mayor, por lo que no ofrece evidencia de que el modelo gradualista pueda ser válido."

Con respecto a si el tipo de roca y su composición, tenga que ver con la edad de ésta, el Dr. Morris dice lo siguiente (Misma referencia anterior):

"Hubo un tiempo en que se creía que distintos tipos de rocas (granito, arenisca, pizarra, etc...) fueron formadas en distintas épocas, pero nadie cree eso ahora. Se sabe desde hace más de cien años que rocas de distintos tipos pueden ser encontradas en distintas "eras" geológicas. Es más, minerales y metales de todo tipo pueden ser encontrados en todas las eras.

Todo tipo de estructuras geológicas pueden ser encontrada en todas las eras. Incluso carbón y petróleo han sido encontrados en sistemas rocosos de las llamados "eras geológicas". En otras palabras, nada acerca del tipo de roca, o los contenidos de las rocas puede determinar su edad."

Edad de Hielo

Hay evidencias claras que nuestro planeta ha experimentado un enfriamiento intenso en el pasado, con la respectiva formación de glaciares.

El DVD titulado "Wild, Wild Weather: The Genesis Flood & The Ice Age" (Clima Alocado: El Diuvio de Génesis y la Edad de Hielo) contiene una excelente disertación sobre el tema. La presentación es dada por el Dr. Larry Vardiman, coproducida por las organizaciones Answers In Genesis (Respuestas en Génesis) y ICR (Institute for Creation Research / Instituto de Investigación de la Creación).

Glaciar Margerie

Crédito: NPS http://www.nps.gov/media/photo/gallery.htm?id=8BF149C4-1DD8-B71C-078C38214A05AD04

A continuación presentamos algunos aspectos de la Edad de Hielo, y sus probables causas. Descansamos fuertemente, para ello, en la referencia anterior. Algunos cometarios presentados a continuación pudieran ser citas casi textuales del DVD.

1. Los glaciares son masas gigantes de hielo que cubrieron montañas y enormes áreas del planeta.

2. Los glaciares cubrieron con hielo de 1 a 1.5 Km de espesor, las montañas de Norte América, y hasta zonas ecuatoriales en África.

3. Los evolucionistas no tienen una explicación robusta para el fenómeno que originó los glaciares. Hay varias hipótesis, la más generalmente aceptada por los evolucionistas es la Astronómica.

4. Las hipótesis para explicar la formación de los glaciares se clasifican en Terrestres (causas se hallan en el planeta) y Extraterrestres (causas fuera del planeta), dentro de las cual se incluye la Astronómica.

5. Dentro de las causas terrestres está la de volcanismo: Según sus proponentes, la actividad volcánica en el pasado produjo tanta ceniza que bloqueó la luz solar lo suficiente para reducir la temperatura atmosférica.

6. Dentro de las Hipótesis Extraterrestres se mencionan las siguientes: a) Posible reducción de energía emitida por el Sol b) Meteoritos impactando la Tierra y causando el mismo efecto que volcanismo. c) Polvo Cósmico: El sistema solar pudo haber atravesado una región galáctica de mayor concentración de polvo cósmico, el cual interfirió entre el Sol y la Tierra reduciendo la cantidad de energía solar que llegó a la Tierra d) Astronómica.

7. La Astronómica se basa en variaciones observadas en el eje de rotación de la tierra (La Tierra rota sobre su eje con cierto ángulo, en círculo, como un trompo); y en variaciones en la órbita de tras-

lación de la Tierra alrededor del Sol, la cual varía de circular a elíptica con el tiempo. Hay otras variaciones que aparentemente son periódicas.

Estas variaciones se consideran la causa astronómica de la glaciación de los continentes. Los evolucionistas creen que la edad de hielo no fue solamente una, sino varias; habiendo ocurrido hasta un total de 50 a 60 épocas de glaciación, separadas por períodos de hasta 100,000 años.

Según ellos las últimas glaciaciones se dieron hace 20,000; 40,000 y 100,000 años de acuerdo a estudios de los sedimentos del suelo submarino.

Los evolucionistas han establecido cierta relación entre la periodicidad de las variaciones en las órbitas de la Tierra y las supuestas glaciaciones de hace 20,000 y 40,000 años; pero no han podido relacionarla con la supuesta glaciación de hace 100,000 años.

8. La respuesta más clara es que los glaciares ocurrieron por una catástrofe global, el Diluvio Universal, lo cual explica satisfactoriamente su origen:

i- En el Diluvio Universal hubo gran actividad volcánica.

ii– El magma calentó el agua de los mares produciendo mucha evaporación.

iii- La formación de gran cantidad de nubes, así como las cenizas y partículas que resultaron de la actividad volcánica, bloquearon considerablemente el Sol, causando un enfriamiento de la atmósfera.

iv- La temperatura en los continentes después del diluvio, se redujo aún más debido a la gran devastación causada por las olas y corrientes de agua, las cuales barrieron la superficie de los continentes, dejándola sin árboles y reflejando mejor la energía solar incidente.

v- La corriente atmosférica llena de humedad proveniente de los mares, al entrar en contacto con regiones y superficies continentales altas más frías, produ-

jo precipitaciones en forma de nieve.

vi– Las superficies cubiertas de nieve reflejaban la radiación solar durante el día, y emitían energía infra-roja (IR) durante la noche, provocando mayor enfriamiento de la región. Este fenómeno causó mayor precipitación de nieve, y la correspondiente expansión de las áreas nevadas.

vii- Con la reducción de la absorción neta de la energía solar se extendieron, pues, las superficies cubiertas de glaciares.

viii– Con el tiempo la temperatura de los mares se fue equilibrando, resultando en un enfriamiento neto de ellos. La evaporación de agua a la atmósfera disminuyó, reduciendo la cantidad de precipitación en forma de nieve.

ix– Después de la persistentes lluvias la atmósfera fue librándose gradualmente de las cenizas que bloqueaban la luz solar.

x- Con la reducción de nubes y cenizas, la atmósfera permitió que penetrara más energía solar a la superficie terrestre.

xi- Los glaciares se fueron derritiendo lentamente, y a medida que se derretían, mayor energía solar era absorbida, acelerando su reducción.

"Venid ahora, y razonemos –dice el SEÑOR– aunque vuestros pecados sean como la grana, como la nieve serán emblanquecidos;

aunque sean rojos como el carmesí, como blanca lana quedarán."

Isaías 1:18

IV– Cuarta Parte

Darwinismo y Otras Hipótesis

Darwinismo Y Otras Hipótesis

Darwinismo

Jean Baptist de Lamark (1744-1829), un naturalista francés, propuso que los organismos podían heredar las características adquiridas de sus padres, y de esa manera ir cambiando.

Charles Darwin tomó la idea de que las características adquiridas, por uso o falta de uso, podían ser transmitidas a los descendientes; y la combinó con el concepto de Selección Natural.

De acuerdo a Selección Natural, organismos cuyas características no son favorables para subsistir en un medio ambiente determinado, desaparecen. Aquellos cuyas características son favorecidas por dicho medio ambiente, prosperan. Es el concepto de "supervivencia del más fuerte".

El concepto de Selección Natural no fue idea original de Darwin. Edward Blyth propuso el concepto desde el punto de vista creacionista en el año 1834, antes que Darwin publicara su obra "El Origen de las Especies" en 1859.

Pero, ¿qué mecanismo usan los organismos para trasmitir características adquiridas a sus descendientes? Darwin usó la idea de "Pangenes". Nada comprobado científicamente, simplemente una idea para respaldar su hipótesis de Evolución.

La palabra pangenes viene del griego: "pan" (significa "todo"), y "genes" (significa "origen"). Es decir, "origen de todo". Hipócrates usó este término allá por el año 450 AC; lo mismo que Aristóteles, por el año 350 AC. Según ellos una criatura se formaba de sus distintas partes al integrar éstas el nuevo organismo.

De acuerdo al Darwinismo, un animal, digamos en este ejemplo el predecesor de la jirafa, estuvo estirando su cuello para poder alcanzar las hojas de los árboles, debido a la ausencia de hierbas en el suelo. Tal vez por alguna sequía en esos días, la hierba se murió y sólo quedaban hojas en los árboles.

Con los días el cuello del animal quedó alargado un poco. Y esta característica adquirida, se transmitió supuestamente, a través del sistema circulatorio, a los órganos reproductivos. Cuando los animales se aparearon, esta característica se transmitió a sus bebés.

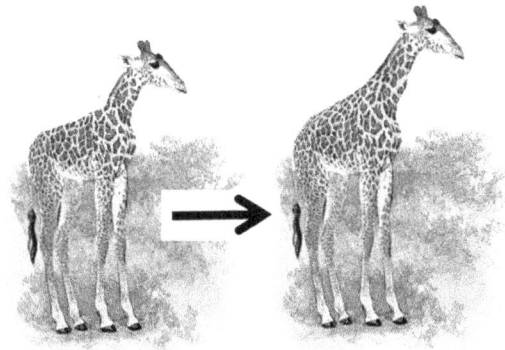

Supuesta Evolución del Cuello de la Jirafa

Crédito:Ilustración de jirafa en www.wpclipart.com con modificaciones por Jaime Simán

Bueno, todos sabemos que si un padre hace pesas y tiene fuerte musculatura, no por eso su hijo nacerá automáticamente con gran musculatura.

Biceps

Crédito: www.wpclipart Figura de dominio público.

Un investigador, esperanzado en poder comprobar que las características adquiridas después de nacer se pueden trasmitir a los descendientes, le cortó la cola a varias generaciones de ratones. Sorpresa: ¡Todos nacieron con su colita!

La idea de pangenes desapareció por ser claramente falsa. Sin embargo, la hipótesis del Darwinismo no desapareció: Tenía demasiado valor para las personas que querían eliminar toda influencia religiosa de la vida diaria.

El poderío, la riqueza material, la corrupción y la influencia política del sistema religioso tradicional sobre los gobiernos y pueblos de Europa en los siglos XV y siguientes, no era nada de lo que Jesús vino a enseñar, ni lo que modeló la iglesia naciente en Pentecostés.

La corrupción y politiquería religiosa de la época fue combustible para que algunos quisieran rebelarse contra el establecimiento religioso. Lamentablemente algunos, reaccionando equivocadamente, decidieron descartar la Biblia y a Dios.

Neo-Darwinismo

Ante el problema de los pangenes, el Darwinismo fue remplazado por el Neo-Darwinismo. ¿De dónde provienen las nuevas características? El Neo-Darwinismo proveyó la respuesta: Mutaciones Genéticas.

La naturaleza es escenario continuo de corrupción. Los rayos cósmicos, los elementos radioactivos en el suelo y las rocas, así como el efecto de sustancias químicas, el estrés ambiental, errores de duplicación y otros factores, causan cambios genéticos en las células. Los errores así introducidos al código original, se transmiten a los descendientes.

El que las nuevas características funcionales sean resultado de mutaciones genéticas no se ha comprobado científicamente. De hecho, todo lo que sabemos de la genética y de los organismos vivos, contradice este concepto. Veamos:

1– Un órgano nuevo requeriría una enorme cantidad de mutaciones nuevas, de generación en generación, en la dirección correcta, hacia la formación del nuevo órgano.

No pudiera haber mutaciones negativas que obstruyeran el desarrollo del nuevo órgano. ¿Una cantidad innumerable de mutaciones complementarias, todo por accidente? Creer eso es ¡absurdo!

2- Las mutaciones genéticas, por lo general, no son benéficas al organismo. De hecho, las mutaciones se conocen generalmente por la enfermedad que ocasionan.

El agujero en la ozonósfera, y los accidentes en plantas nucleares, causan mucho pánico. Sabemos el impacto de la radiación, las mutaciones genéticas horrendas que produce.

Las personas afectadas por el accidente nuclear en Chernobyl sufren el horrendo y devastador impacto de las mutaciones causadas por dicho desastre.

El daño a la planta nuclear de Fukushima durante el terremoto y tsunami que devastó el noreste de Japón el 11 de marzo del 2011, fue tratado con altísima urgencia. Un indicio del terror justificado que le tenemos a las mutaciones genéticas.

Símbolo de Peligro de Radiación

3– Si un animal experimentara una serie de mutaciones, de generación en generación, las desviaciones del diseño original se vuelven una seria desventaja. Veamos a continuación.

Consideremos hipotéticamente a un reptil que empieza a sufrir mutaciones, de manera que sus patas se empiezan a deformar incrementalmente, de generación en generación, hasta que dejan de ser patas.

Es más, supongamos que las patas fueran, por casualidad mágica, progresando gradualmente a convertirse en alas.

Pues bien, mientras las patas no son alas completas, pero ya han dejado de ser patas funcionales, digamos que son "patalas", el animal estaría en seria desventaja.

Si un predador corre tras él para comérselo, no pudiera escapar: No pudiera correr, ni pudiera volar. Sería ¡fácil presa!

Louis Agazzis (1807–1873), Profesor de Zoología y Geología de la Universidad de Harvard, en una carta a Fritz Muller escribió:

> "Lejos de haber sido atraído a la teoría darwiniana, todos mis estudios y toda mi experiencia hasta ahora me han conducido en la dirección opuesta."
>
> Louis Agazzis

En el artículo "Evolución y Permanencia de Tipo" publicado en The Atlantic Monthly en enero de 1874 Agazzis escribió:

"No es cierto que una pequeña variación dentro de generaciones sucesivas del mismo origen, va incrementándose hasta que la diferencia alcanza una distinción específica. Al contrario, es un hecho que variaciones extremas al final... como monstruosidades mueren, o regresan a su tipo."

4– Pensar que algo tan complejo como el órgano de la vista, o el cerebro humano, se produjo por mutaciones genéticas casuales sucesivas es totalmente ilógico.

5– Los virus no son organismos vivos, son material genético, moléculas de ADN o ARN y proteínas, que al entrar en un organismo vivo toman control del sistema reproductivo de la célula, reproduciéndose y propagándose.

Es posible que un virus sufra mutaciones genéticas, y que por lo tanto, nuestros anticuerpos ya no sean efectivos en combatirlo, y por lo tanto tenemos que desarrollar nuevos anticuerpos.

Los creacionistas no negamos el que existan mutaciones genéticas. Pero ellas no son la respuesta, sino uno de muchos problemas para Evolución.

> Un virus podrá sufrir mutaciones genéticas, pero sigue siendo virus. No se convierte jamás en alguna especia viva.

6- Las bacterias también pueden sufrir mutaciones genéticas, algunas de las cuales pueden hacerlas más resistentes a ciertos antibióticos.

Por ejemplo, es posible que una bacteria sufra una mutación en una región del ADN o ARN que un antibiótico específico atacaba. La mutación pudiera volver inefectivo a dicho antibiótico, por lo que se necesitaría un nuevo antibiótico para atacar la bacteria.

Pero eso no prueba Evolución. La bacteria sigue siendo bacteria, sin desarrollar ningún órgano ni sistema complejo nuevo.

Evolución de Reptil a Ave: ¡Imposible!

Crédito: Imágenes obtenidas de www.wpclipart.com y www.freestockphotos.biz/stockphoto/16690. Dominio público. Composición por Jaime Simán

Si Evolución ocurrió a través de mutaciones genéticas y selección natural, ¿por qué no la vemos ocurrir ahora? Los evolucionistas dicen que ocurre demasiado lenta y gradualmente como para ser notada durante nuestras vidas. Entonces, ¿por qué no vemos especies en transición en el registro fósil?

Los mismos evolucionistas reconocen que no hay especies en transición en el registro fósil. Por esa razón algunos evolucionistas han propuesto hipótesis alternativas al Neo-Darwinismo, hipótesis que asumen cambios radicales abruptos no graduales.

Post-Neo Darwinismo

En la revista "Discover" de mayo de 1993 salió un artículo sobre la Hipótesis de Pulsos Evolutivos (Turnover Pulse Hypothesis) de Elisabeth Vrba.

La Dra. Vrba posee un Ph. D. en Zoología y Paleontología de la Universidad de Cape Town, Sud África, y es paleontóloga en la Universidad de Yale. El artículo decía lo siguiente:

"Elisabeth Vrba – Paleontóloga, Facultad de Geología y Geofísica - Universidad Yale... trabaja en un área en donde la evidencia es escasa y las hipótesis son abrazadas fuertemente...

"Pulsos evolutivos repentinos no era lo que Charles Darwin tenía en mente... cuando argüía en su teoría de selección natural que la evolución es principalmente un proceso continuo... de una especie desplazando a otra... La noción de Darwin... no coincidió con el registro fósil.""

Muy cierto, Evolución es un área donde la evidencia es escasa. De hecho, no hay ninguna evidencia sólida. Y ¡mucha evidencia contraria! Y es muy cierto también que la noción de Darwin no coincidió con el registro fósil.

¿Se descartó la hipótesis gradualista? ¡No! ¿Por qué? Porque la cosmovisión materialista no permite considerar un Creador para explicar el origen de la vida.

¿Qué propone la Dra. Vrba a cambio? ¿En qué consiste su hipótesis? Ella dice:

"Los Hindús creen en una tríada con tres deidades - Brahma el creador, Visnú el preservador, y Shivá el destructor... las especies pueden seguir uno de esos tres caminos... algunos grupos siguiendo el sendero creativo de Brahma se convierten en una nueva especie, mejor adaptada; por ejemplo, ellas desarrollan la habilidad de vivir en la hierba.

Otras especies migran, como siguiendo a Visnú... a lugares más forestales...

Y las especies que no entran en esas sendas sólo tienen una alternativa: caer en los brazos de Shivá el destructor y así ir a la extinción."

Esa es una hipótesis religiosa sin evidencia científica. ¿Dónde está el mecanismo para ello? ¡No lo da! ¿Dónde ocurre eso en la actualidad? ¡En ningún lugar!

Es como decir: La Luna en un tiempo pasado consistía de queso, pero se trasformó en los minerales que hoy vemos. ¿Dónde está la evidencia de ello? No existe. ¿Donde vemos ese mecanismo operando hoy en día, en que el queso se convierte en los minerales que forman la Luna? No lo vemos. Ambas hipótesis son igual de inconsistentes.

Tríada Hindú: Brama, Visnú, Shivá

Crédito: Arte circa 1850 a 1900. Andhra Pradesh. Imagen de dominio público. Source: LACMA. US Public Domain.https://commons.wikimedia.org/wiki/File:Brahma_Vishnu_Mahesh.jpg

Si evolución gradualista ocurre en la naturaleza, tal como ya hemos dicho las especies estarían en transición, tanto las actuales como las encontradas en el registro fósil. Pero ¡no las hay!

Debido a la ausencia de eslabones perdidos Richard Goldschmidt propuso, allá por 1940, que las especies evolucionaron a través de cambios radicales. Es decir, un organismo evolucionó en otro a través de una reorganización drástica en sus cromosomas.

Goldschmit llamó a su hipótesis "Monstruos Esperanzadores". Ver Acts & Facts de Diciembre del 2009 "Tweaking the Genetic Code" (Ajustando el Código Genético) by Jeffrey Tomkins, Ph. D. Este concepto se conoce también como Evolución Saltatoria o Evolución Cuántica.

En otras palabras, una lechuza por ejemplo, puso un huevo, y resultó ser un huevo de gallina. Eso explicaría la ausencia de especies en transición.

Pero ese fenómeno jamás se ha observado. Tampoco conocemos tal mecanismo en la vida real.

Lechuza y Pollito

Crédito: lechuza de wwww.wpclipart.com Pollito: Author: HerbertT . Wikipedia. Foto modificada por Jaime Simán. Creative Commons Attribution-Share Alike 3.0 Unported

Stephen J. Gould y Niles Eldredge propusieron en 1972 la hipótesis de Equilibrio Puntuado. Este concepto es similar al de Monstruos Esperanzadores, pero con cambios menos radicales, de manera que hubo algunas transiciones entre una especie y otra. ¿Cómo explican ellos la ausencia de dichas transiciones en el registro fósil? Supuestamente dichos organismos intermedios fueron muy inestables, y ocurrieron en poblaciones demasiado pequeñas como para dejar rastro en el registro fósil.

Niles Eldredge, biólogo y paleontólogo, fue curador en el Museo Americano de Historia Natural. Stephen J. Gould (1941-2002) fue paleontólogo, trabajó en el Museo Americano de Historia Natural, y fue profesor en la Universidad de Harvard.

Henry Morris y Gary Parker ofrecen una buena respuesta a los evolucionistas:

"Los evolucionistas tienen que tratar de explicar las brechas (falta de formas de transición - eslabones perdidos — entre las especies), mientras que las brechas son precisamente predichas por el Modelo Creacionista."

Dr. Henry Morris

Referencia: What is Creation Science? By Henry Morris and Gary Parker

"Este concepto nuevo de Evolución está basado en la ausencia de fósiles y en mecanismos genéticos que nunca han sido observados.

El caso de Creación está basado en miles de toneladas de fósiles que se han encontrado y en mecanismos genéticos que observamos (variaciones dentro de un mismo tipo) y ponemos en práctica cada día."

Dr. Gary Parker

Referencia: What is Creation Science? By Henry Morris and Gary Parker

El Arqueópterix

El Arqueópterix ha sido considerado por algunos como un antecesor de las aves. Pero la evidencia apunta a que no lo es. Veamos.

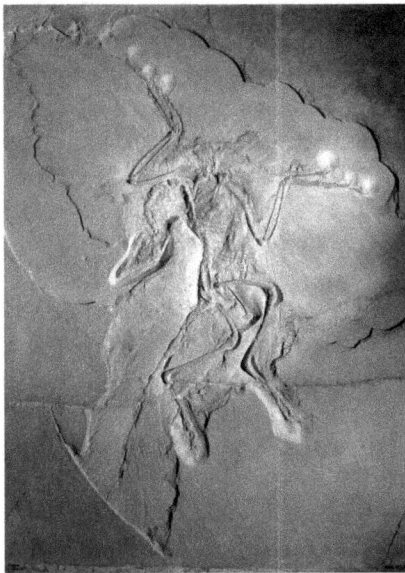

Fósil de Arqueópterix - Espécimen en Museo de Berlín

Crédito: Foto por H. Raab, retocada por Soerfm para mejorar contraste y definición. Wikipedia. http://creativecommons.org/licenses/by-sa/3.0

1. Hay aves en todos los continentes. Si el Arqueópterix es el antecesor de las aves, ¿por qué se han encontrado tan pocos especímenes de esta especie en el registro fósil?

2. Además, se han encontrado fósiles de aves en estratos geológicos supuestamente más antiguos, según la geología convencional, a estratos que contienen fósiles de Arqueópterix.

3. Finalmente, no hay ninguna característica en el Arqueópterix que esté en transición.

   El Dr. Gary Parker escribe:

   "Creacionistas creen que tipos distintos y separados fueron creados. Debido a su combinación única de rasgos completos y funcionalmente integrados, Arqueópterix calificaría como un tipo creado."

   Referencia: What is Creation Science? By Henry Morris and Gary Parker

El Ornitorrinco

El ornitorrinco es otra especie considerada por algunos como un organismo en transición. Pero una vez más, toda la evidencia muestra que el ornitorrinco es un mosaico de características bien desarrolladas, y complementarias, integradas en una especie que muestra la creatividad del Creador. No, el ornitorrinco no es una especie en transición.

> **Dios no está limitado a crear animales de acuerdo a nuestra propia clasificación de distintas especies.**

Los evolucionistas podrán tener dificultad en clasificar algunas criaturas debido a sus características, eso no quiere decir que dichos animales sean especies en transición. Si sus miembros y órganos son completos y están perfectamente integrados, entonces son creación del Dios, no accidentes de la naturaleza.

El Dr. Gary Parker escribe en la referencia anterior:

"Si bien otros animales comparten adaptaciones como las que tiene el ornitorrinco, tales como glándulas mamarias, huevos "acuerados", y habilidades eco-localizadoras, me parece a mí que éstas pudieron ser puestas en un fascinante y funcional todo (criatura) sólo por creación."

Adaptación vs. Evolución

Conversaba recientemente con un catedrático universitario autor de varias obras académicas, una reconocida personalidad en su campo, a quien me acababan de presentar. Me mencionaba que tal vez Dios había usado evolución para formar las especies.

En la conversación pudimos discutir la diferencia entre evolución y adaptación, dos cosas muy distintas. Adaptación, un rotundo ¡Sí! Evolución, un rotundo ¡No!

Con gran agrado pude ver a este hombre brillante, pausar y reconocer la diferencia, y aceptar que lo que vemos en la naturaleza es adaptación no evolución. Un hombre brillante, con la humildad suficiente para ¡seguir aprendiendo!

Al Dr. Randy Guliuzza no le agrada el término "Selección Natural". Y es que, tal como él observa, la naturaleza no es una persona con capacidad de seleccionar nada.

Lo que realmente ocurre es que Dios creó cada tipo de organismo con una diversidad genética amplia. La riqueza genética de cada tipo permite una gama muy amplia de variación. Cada descendiente recibe genes de su padre y de su madre. Dependiendo de la combinación de genes que reciba, así serán sus rasgos particulares dentro del tipo creado. Aquellas expresiones genéticas que son más compatibles con un ecosistema determinado son las que sobrevivirán en dicho medio ambiente.

Dios ha creado, pues, gran riqueza genética en cada tipo, para que distintas variaciones puedan sobrevivir en distintos medioambientes, y de esa manera preservar al tipo. Por lo tanto, no es Selección Natural lo que ha ocurrido, en el sentido estricto de la palabra.

Como dice el Dr. Guliuzza, no es lo mismo decir que la lluvia produjo el paraguas, a que la lluvia causó que sacaras el paraguas para protegerte de la lluvia.

El término "Selección Natural" le roba el crédito al Creador.

Dios ha creado una piscina genética amplia en cada tipo para asegurar su preservación al producir variaciones compatibles con distintos ecosistemas.

Polilla Moteada

Los evolucionistas han usado el fenómeno experimentado por la polilla moteada Biston Betularia en Inglaterra, en los siglos XIX y XX, como un ejemplo clásico de Evolución. Pero éste es un caso claro de adaptación, no de evolución. Veamos a continuación.

En el siglo XIX los árboles en los bosques de Inglaterra, tenían sus cortezas cubiertas de un parásito, un tipo de hongo, un liquen blanco. Para los pájaros era muy fácil ver en el trasfondo blanquecino, a las polillas oscuras. Éstas se convertían fácilmente en su comida.

Las polillas claras, en cambio, se confundían con su trasfondo claro, y eran más difícil de notar. Como resultado, la combinación genética más común fue la de polillas claras.

Con la contaminación causada por el crecimiento industrial del Siglo XX, los líquenes blancos que cubrían la corteza de los árboles desaparecieron, siendo remplazados por hollín industrial negro.

El color más favorable para las polillas, la mejor protección ante los pájaros, pasó a ser del claro al oscuro. Como resultado la combinación genética predominante fue la de las polillas oscuras.

Esta es una muestra contundente de preservación de la especie por adaptación, no de evolución. Los genes estaban ahí desde el principio. No hubo creación de nuevos genes. Las combinaciones genéticas que predominaron son las que resultaban en polillas oscuras.

Tipo vs Especie

¿Qué es una especie? Realmente ha sido difícil definir y especificar qué es una especie. Dios al crear distintos organismos, no estaba preocupado por cómo íbamos a clasificarlos.

Dios ha creado gran variedad de organismos con distintas características, independientemente de los criterios que establezcamos para clasificarlos.

Lo que vemos es una gran variedad de organismos completamente funcionales y complejos, perfectamente integrados, mostrando gran sabiduría en sus diseños, revelando el poder y creatividad de Dios.

No tiene nada de malo, sin embargo, el que tratemos de clasificar y agrupar a los distintos organismos, siempre que no impongamos un concepto prejuiciado, tal como Evolución, al hacerlo. Una definición bastante aceptada es:

> Especie es: Una variedad de organismo suficientemente diferenciada, como para no procrear con otra.

Dios creó originalmente varios tipos de organismos con piscinas genéticas muy amplias. Estos tipos, categorías mayores, resultaron en gran variedad de expresiones genéticas. Algunas variedades prosperaron en ciertos medios ambientes; otras, en otros medios ambientes.

Los grupos que se fueron diferenciando, en distintos ecosistemas, mostraban menos variedad genética que sus tipos originales. En algunos casos, la reducción y diferenciación genética fue tal, que el grupo ya no tenia capacidad de aparearse y procrear con otros del mismo tipo, convirtiéndose, por definición arbitraria, en una especie distinta, dentro del mismo tipo.

Notemos que no hubo evolución de ningún órgano o miembro nuevo. Cada característica de la especie proviene de genes heredados del tipo original. La combinación específica resultó en una nueva especie dentro del mismo tipo.

Raza Humana

¿Qué de las razas humanas? Bueno, estudios genéticos muestran que toda la humanidad proviene de una madre común, tal como lo declara la Biblia.

La variedad de tono de piel, así como otros rasgos de los seres humanos, proviene de la piscina genética amplia original presente en nuestros primeros padres, Adán y Eva.

Dr. Gary Parker explica en el libro "What is Creation Science?" (¿Qué es Ciencia de la Creación?) que todos los seres humanos, excepto los albinos, tenemos en común la proteína melanina. El tono o coloración de la piel depende de la cantidad de dicho agente.

> Se requiere por lo menos cuatro genes para determinar la cantidad de melanina.
>
> Dependiendo de los genes que uno herede del padre y la madre, así será la cantidad de melanina y tono de la piel.

El diagrama siguiente ayuda a ilustrar cómo la combinación genética heredada resulta en diversidad de tonos de piel.

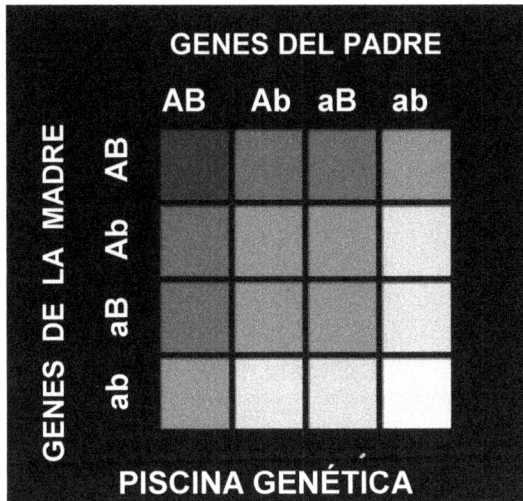

GENES DEL PADRE

AB Ab aB ab

GENES DE LA MADRE

AB
Ab
aB
ab

PISCINA GENÉTICA

Referencia: What is Creation Science?" By Henry Morris and Gary Parker.

Si uno tiene padres con genes que codifican únicamente piel oscura, sus hijos serán de piel oscura. En cambio, si ambos padres tienen amplia variedad genética, sus hijos pueden salir de piel oscura o piel clara.

Hay varios casos de padres que han tenido gemelos mixtos, uno de piel oscura y otro de piel clara.

En el Daily Mail del 2 de marzo del 2006 apareció un artículo de Lucy Laing, titulado "Gemelos Blancos y Negros". La foto muestra a los padres de piel mixta, y sus dos gemelitas de distinta tonalidad de piel: una de piel bien oscura (i.e.: negra), y la otra de piel bien clara (i.e.: blanca).

La foto se puede ver en worldwidefeatures.com Image 3273. Hay otros casos reportados en las noticias que muestran el mismo fenómeno.

El artículo arriba citado explica: *"Una mujer… de raza mixta, sus óvulos usualmente contienen una mezcla de genes que codifican tanto piel oscura como piel blanca. De igual manera, un hombre de raza mixta tendrá una variedad de genes distintos en su esperma. Cuando estos óvulos y el esperma entran en contacto, producirán un bebé de raza mixta. Pero, muy ocasionalmente, el óvulo o el esperma pudiera contener genes que codifican un solo color de piel.*

Si ambos, el óvulo y el esperma contienen sólo genes que codifican piel blanca, el bebé será de piel blanca. Y si ambos contienen sólo la versión de genes necesarias para la piel oscura, el bebé será de piel oscura."

En una conferencia escuché a un expositor del grupo Answers in Genesis decir que él no era de piel blanca. Se puso una hoja de papel a la par de su rostro, y dijo: Si estuviera blanco como este papel, es porque ya estoy muerto.

> Realmente no hay distintos colores de piel. Hay un solo agente, la melanina, cuya cantidad determina la tonalidad de la piel.
>
> Tampoco hay distintas razas, sólo una, la raza humana, y una amplia variedad genética dentro de ella.

Existen algunas regiones geográficas que se caracterizan por la predominancia de ciertos rasgos físicos, por ejemplo, el tono de la piel o la estatura de las personas. Esto no tiene que ver con Evolución. Simplemente, si algún grupo que ha emigrado hacia cierta región geográfica se mantiene aislado por un tiempo, los descendientes estarán limitados por la piscina genética existente dentro de los que emigraron.

Es posible también que algunas variaciones genéticas no sean favorecidas por cierto medio ambiente. En dichos casos sólo prosperarán las variedades genéticas acogidas por ese medio ambiente.

Hay que tener en cuenta que, prejuicios sociales pueden ser un factor que impide que personas con ciertos rasgo genéticos se mezclen, promoviendo así la diferencia entre grupos. Éste ha sido el caso, sobretodo en el pasado, de grupos afroamericanos y los de origen caucásico en EEUU.

Homología Física

Muchos interpretan las similitudes entre especies como evidencia de Evolución. Pero ésa no es la única explicación posible. Otra interpretación a la similitud entre especies, u homología, es que tienen un Creador común, el cual dotó a algunas especies de miembros u órganos similares para propósitos similares.

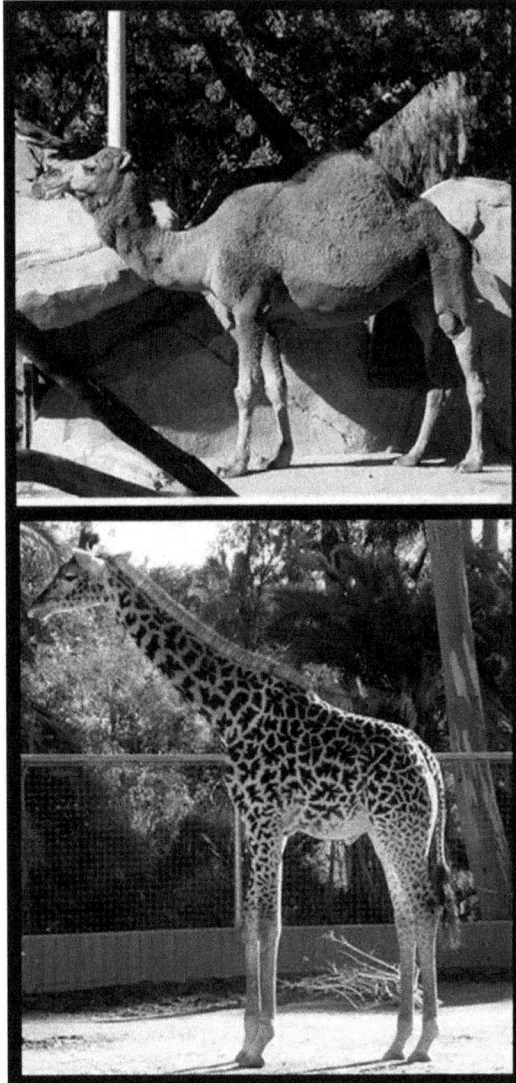

Jirafa y Dromedario

Crédito: Zoológico de San Diego, California © 2014 Jaime Simán

Consideremos por ejemplo la jirafa y el dromedario. Son dos especies distintas, pero que Dios creó usando conceptos similares para propósitos similares: Cuatro piernas y patas para su movilización; cuello; boca y dientes para ingerir alimentos necesarios para su preservación; ojos para percibir visualmente su medio ambiente; orejas para percibir sonidos, etc…

Consideremos el carro y el helicóptero: Tanto el helicóptero como el carro tienen cabinas, usan combustible, tienen equipos que convierten la energía térmica en mecánica, y tienen llantas. Hay similitudes, pero uno no evolucionó del otro. La mente humana aprovechó conceptos comunes y los aplicó en ambas máquinas.

Carro y Helicóptero

Crédito: www.wpclipart.com Imágenes ajustadas y combinadas por Jaime Simán.

Tal como lo expresó el Dr. Henry Morris, así como un ingeniero civil usa los mismos principios y elementos comunes para diseñar y construir una variedad de puentes, Dios ha incorporado elementos similares en una variedad de organismos distintos.

> Lo que vemos es que Dios ha creado una gran variedad de formas de vida, usando elementos similares, para propósitos y ambientes similares.

Si llevas a tu pequeño al zoológico, después de ver al dromedario no le dices: *"ya no necesitas ver la jirafa, pues tiene cuatro patas, cola, ojos y boca como el dromedario."* Al contrario, lo llevas a ver las distintas variedades de animales, de manera que pueda disfrutar de la gran creatividad y diversidad en el reino animal, y admirar a su Creador.

Evolución Convergente

¿Cómo puede Evolución explicar la existencia de los mismos sistemas y órganos complejos en especies que no comparten la misma rama evolutiva darwiniana?

Tanto el gato como el pulpo tienen en común el órgano de la vista. ¿Se pudo originar un órgano tan complejo como la vista, independientemente y por casualidad en especies distintas? ¡Me parece absurdo!

Gato y Pulpo

Crédito: : Foto de gato © 2004 Jaime Simán. Foto de pulpo: Octopus Vulgaris. Autor: Albert Kok. Wikipedia File: Octopus2.jpg http://creativecommons.org/licenses/by-sa/3.0/

Los murciélagos tiene un avanzado sistema eco-localizador: Emiten una señal, la cual rebota en el objeto que tienen en frente. Su cerebro computa el tiempo que tarda en regresar la señal, relacionándola con la distancia a la que se encuentra el objeto.

El sistema eco-localizador de los murciélagos es tan preciso, que puede formar una imagen del objeto basada en las minúsculas diferencias del tiempo que toma en rebotar la señal, dependiendo de la forma del objeto.

El departamento naval del Los Estados Unidos ha estado estudiando el sistema eco-localizador de los murciélagos para optimizar sus aparatos de detección de minas antisubmarinas.

Los delfines también poseen un sistema eco-localizador. Éste es otro caso de la tal llamada Evolución Convergente. Realmente éste es otro ejemplo que va en contra del Evolucionismo y favorece el Creacionismo.

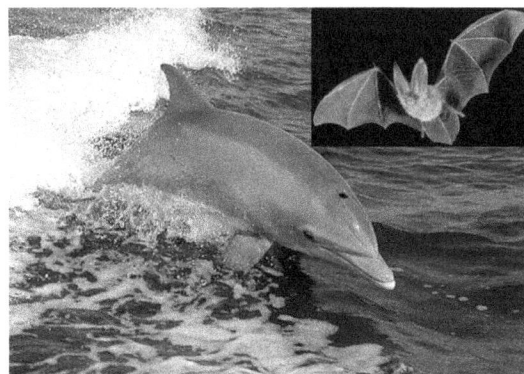

Delfín y Murciélago

Crédito: Foto del murciélago—big-eared-townsend-fledermaus.jpg PD-US Gov, Wikipedia file. Foto del Delfín: File:Tursiops truncatus 01.jpg Author: NASA Public Domain.

Homología Molecular

Los evolucionistas usan la aparente similitud en la genética molecular entre especies como confirmación de evolución. Pero al analizar los datos reales, vemos que este argumento no tiene solidez.

Por ejemplo, el 4 de diciembre del 2002 Marsha Walton reportó en www.cnn.com que la similitud genética entre los ratones y el hombre apunta a que ambos venimos de un antecesor común, de tamaño cercano al de una rata. Supuestamente los humanos compartimos el 99% de los genes con los ratones.

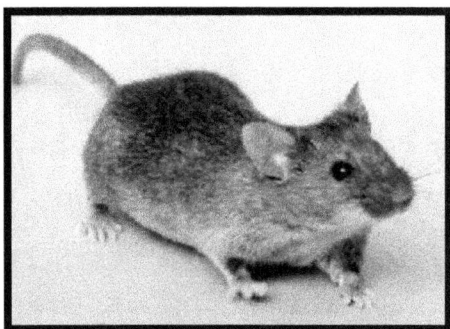

Ratón

Crédito: House mouse.jpg. Autor: Unknown. Wikipedia. A US government publication: This picture is in the public domain.

Hay varios problemas con el análisis y sus conclusiones. Veamos:

1. Según el reporte, de unos 30,000 genes que codifican proteína, sólo diferimos en 300 genes con los ratones: El 1%.

2. El primer problema es que sólo están comparando la sección del ADN que codifica proteína.

   Los evolucionistas creían que los segmentos del ADN que no codifican proteína eran basura, residuos inservibles, rezagos del proceso evolutivo. Esto representa entre el 95% y el 97% de la molécula. Lo llamaban "Junk DNA", "ADN basura". ¡Qué equivocados estaban!

   Los mismos evolucionistas se han dado cuenta que la sección del ADN que no codifica proteína es clave en la formación y funcionamiento del organismo: Regula muchas cosas, incluyendo dónde estará localizada cierta característica, su orientación espacial tridimensional, el momento en que cierto gen ha de interactuar, etc.

3. Las comparaciones pueden ser engañosas. Por ejemplo, las bananas tienen 75% de agua. Lo mismo el maíz: Tiene un contenido del 75% de agua. El cuerpo del hombre tiene un 60% de agua, el de la mujer un 55%. Pero ¿qué de un recién nacido? ¿Qué le parece un 78%?

   Así es, un bebé recién nacido tiene un 78% de agua, muy parecido al contenido de agua del banano (75%) y del maíz (75%); y más cercano al valor de ellos que al de la mujer (55%).

   ¿Conclusión? Los bebés son parientes de ¡las tortillas y las empanadas de plátano!

   ¡Por supuesto que no! Las comparaciones indiscriminadas, pueden llevarnos a conclusiones erróneas.

4. Aun si la diferencia genética entre lo ratones y el hombre fuera sólo del 1%, eso no comprobaría evolución.

   El cerebro humano pesa unos 1,500 gr. Para una persona de unas 150 lbs de peso, el cerebro representa el 2% de su masa. Ese 2% es crítico, sumamente clave. Tú no le dirías a alguien *"Si quieres bajar de peso, quítate el cerebro, al fin y al cabo sólo representa 2% de tu persona"*

Lamentablemente muchas personas leen sin juicio critico, ya sea en el periódico u otra fuente informativa, artículos escritos con una cosmovisión evolucionista, y abrazan ciegamente sus conclusiones.

ADN: Manual de Operaciones Complejas

Ya hicimos anteriormente referencia al artículo del Washington Post escrito por David Brown, publicado el 6 de septiembre del 2012 en el Orange County Register: A New Human Genome Analysis Undermines 'Junk DNA' Theory" (Un Nuevo Análisis del Genoma Humano Socava la Teoría de ADN Basura). A continuación hacemos algunas consideraciones y citamos algunas declaraciones adicionales.

"En este siglo estaremos resolviendo cómo los humanos están fabricados por este manual de instrucción."

Si el manual para fabricar un carro no puede evolucionar por accidente, mucho menos podemos esperar que por procesos casuales dicho manual se convierta en un manual para fabricar un avión.

En el artículo anterior leemos también:

"La nueva investigación ayuda a explicar cómo tan pocos genes pueden crear un organismo tan complejo como un ser humano. La respuesta es: regulación. Activando y desactivando genes en distintos tiempos, en distintos tipos de células, ajustando la respuesta del gen, y coordinando sus actividades con otros genes es donde se encuentra la mayoría de la acción...

Activando y modulando la función de los genes se hacen posible eventos inmensamente complicados, tales como el desarrollo de una célula cerebral o hepática, partiendo del mismo material...

Eric D. Green, director del Instituto Nacional de Investigación del Genoma dijo: "Hay un número modesto de genes y un número inmenso de elementos encargados de la coreografía de cómo esos genes van a ser usados.""

Vemos que se trata de eventos inmensamente complicados e interrelacionados; activaciones y modulaciones coordinadas e integradas.

> Los científicos no están descifrando basura, o promontorios de moléculas agrupadas por la casualidad,
>
> sino un manual de operaciones complejísimas, creación maravillosa, propia de un Dios de increíble sabiduría y poder.

Eslabones Perdidos

Un excelente artículo del Dr. Daniel Criswell, Ph D en Biología Molecular, publicado por ICR en julio del 2005 muestra evidencia en contra de la evolución del hombre y el chimpancé de un antecesor común.

De acuerdo a los evolucionistas, el hombre y su supuesto pariente cercano, el chimpancé, provienen de un simio común hace 5,000,000 años.

Si estimamos que cada 20 años nacía una generación nueva, han existido un total de 250,000 generaciones desde el antecesor común al hombre y chimpancé actuales.

A esa información, añadimos la siguiente: De los 3,000 millones de nucleótidos se estima que, entre el chimpancé y el hombre hay una discrepancia en 300 millones. Esto corresponde a unas 150 millones de mutaciones genéticas a partir del antecesor común, si evolución ocurrió.

Supuesta Evolución del Simio al Hombre
Crédito: www.wpclipart.com

"Porque El conoce a los hombres falsos,
y ve la iniquidad sin investigar."

Job 11:11

Chimpancé

Crédito: Foto tomada en el zoológico de Los Ángeles, California. File:Lightmatter chimp.jpg Author: Aaron Logan . http://creativecommons.org/licenses/by/2.5/

Al procesar las cifras anteriores llegamos a que hubo un promedio de 600 mutaciones por cada una de las 250,000 generaciones.

La idea de que cada generación, de 250,000 generaciones consecutivas, experimentó un promedio de 600 mutaciones benéficas, ascendentes, complementarias, integradas, todo por la casualidad, no es científicamente defendible.

Y tampoco es lógico que en esos 5,000,000 años no se produjeran mutaciones negativas, mutaciones que interfirieran y anularan cualquier progreso de evolución ascendente.

> Si existió evolución entre el simio y el ser humano, no habría un solo "Eslabón Perdido", sino una buena cantidad de intermedios evolucionando gradualmente de una especie a otra.

Recordemos finalmente, como ya lo hemos explicado: El que haya similitudes de apariencia entre dos especies, no significa que ambas estén relacionadas evolutivamente.

Neandertal

En los años 1960′s y 1970′s se escuchaba mucho acerca de los eslabones perdidos. Parecía que los antropólogos estaban a punto de encontrar el "Eslabón Perdido". Cuando cursaba mi séptimo año escolar en El Salvador, se hablaba del Neandertal como uno de los antecesores del hombre. Pero éste ya ha sido descartado.

El 16 de noviembre del 2006 www.cnn.com publicó un artículo sobre un estudio del genoma del Neandertal: "Hueso de Neandertal Provee Claves del ADN". Ya hicimos antes referencia a este artículo, y al comentario de Todd Disotell, del Centro del Estudio de los Orígenes del Hombre, de la Universidad de Nueva York, quien expresó sorpresa que de un hueso de supuestamente 38,000 años de antigüedad pudieran haber obtenido suficiente ADN para mapear todo el genoma. Siendo que el ADN se descompone con el tiempo, lo más probable es que la antigüedad del fósil es mucho menor.

A continuación cito algunos párrafos no citados antes acá, a la vez que hago algunos comentarios relevantes.

Cita: *"Dos equipos prácticamente concuerdan, dentro del margen de error, que el linaje evolucionario del Neandertal y el ser humano moderno, se separó hace cerca de 500,000 años…"*

Comentario: El Neandertal no es un antecesor del hombre, contrario a lo que enseñaban los evolucionistas en los años 1960′s.

Cita: *"Los Neandertales y los humanos anatómicamente modernos coexistieron en Europa por miles de años, hasta que los Neandertales se extinguieron hace unos 28,000 años.*

Los científicos han estado debatiendo si los dos grupos se aparearon y si los humanos modernos llevan un poco de restos genéticos de los Neandertales…"

Comentario: Si los humanos y los Neandertales se aparearon y tuvieron hijos, entonces no son especies distintas. Probablemente los Neandertales eran ¡humanos!

<u>Cita</u>: *"Rubin también dijo que los análisis hasta ahora sugieren que el ADN de los humanos y los Neandertales es del 99.5% al 99.9% idéntico."*

<u>Comentario</u>: Lo más probable es que los Neandertales eran seres humanos.

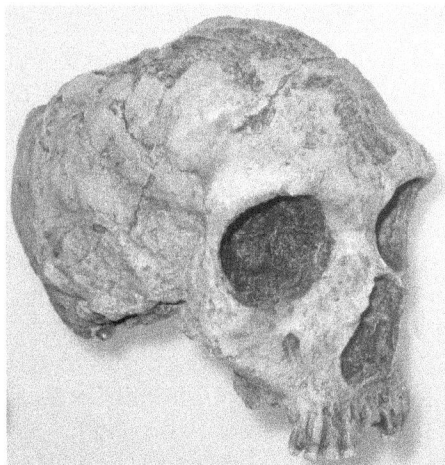

Neandertal encontrado en Gibraltar

Crédito: Skull of a Homo neanderthalensis American Museum of Natural History. File:Homo neanderthalensis anagoria.JPG Author: Anagoria, http://creativecommons.org/licenses/by/3.0/

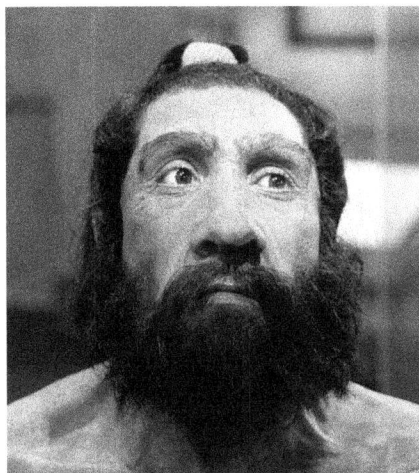

Modelo de Neandertal

Crédito: Homo neanderthalensis adult male - head model - Smithsonian Museum of Natural History

En el artículo del 7 de mayo del 2010 "Genes de Neandertal Aparecen en Europeos y Asiáticos" por Randolph E. Schmid – Prensa Asociada - leemos:

"¿Se mezclaron los humanos modernos con los Neandertales? La respuesta es 'Sí'... dijo Svante Paabo del Instituto de Antropología Evolutiva Max Planck en Leipzig, Alemania.

Investigadores dirigidos por Paabo, Richard E. Green de UC Santa Cruz, y David Reich de la Escuela de Medicina de la Universidad de Harvard compararon material genético obtenido de huesos de 3 Neandertales con el de 5 humanos modernos.

Sus estudios... sugieren que en Medio Oriente se mezclaron, donde humanos modernos y Neandertales vivieron hace miles de años...

Si bien mucha gente cree que los Neandertales eran muy primitivos, tenían herramientas para cazar y coser, controlaban el fuego, vivían en refugios y enterraban a sus muertos."

A mí me parece, una vez más, y a la luz de las declaraciones anteriores, que los Neandertales eran ¡seres humanos!

<u>Lucy</u>

Uno de los supuestos y más famosos eslabones, es el apodado "Lucy", conocido formalmente como "Australopithecus Afarensis".

Adam Goodheart, en el editorial publicado en usatoday.com "Del árbol de la vida brota el destino de la humanidad", el 15 de junio del 2001, escribió lo siguiente:

"El modelo conocido de Australopithecus encorvados, gradualmente enderezando sus hombros, emergiendo como el hombre moderno ha sido descartado - y nadie sabe qué lo ha de reemplazar."

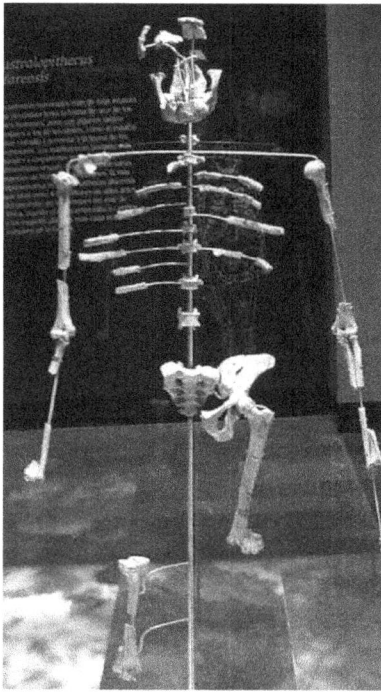

Lucy

Crédito: Lucy Mexico.jpg Museo Nacional de Antropología de la Ciudad de México. Wikipedia. Public Domain. User: danrha.

Rick Potts, del Museo de Historia Natural, Smithsonian Institution, comentó:

"Yo y muchos otros creemos que Lucy necesita ser reemplazada, pero no estoy seguro que Kenyantropo es el que la deba reemplazar."

Dentro de las muchas razones por las que Lucy no puede ser un eslabón, está el que se ha encontrado huellas humanas preservadas en ceniza volcánica en Laetoli, al este de África, en un lugar de supuesta mayor antigüedad al de Lucy.

Además, en Castenedolo, Italia se han encontrado fósiles humanos en un estrato de supuesta mayor antigüedad a la de Lucy. Lo mismo en Kanapoi, Kenya.

Si los humanos caminaban en la Tierra antes que Lucy, ésta no puede ser su antecesor.

La historia de descubrimientos de eslabones perdidos es una historia llena de fracasos, exa-

geraciones, y declaraciones no fundamentadas, o fraudulentas.

Los dibujos e ilustraciones que se presentan en los museos, periódicos y otras publicaciones, son producto de la imaginación. De unos pocos fragmentos de huesos se completa todo el espécimen, con su musculatura, rostro, y vellosidad.

Piltdown y Otros

El Piltdown, descubierto por Charles Dawson en 1912, Eoantropus Dawsoni, resultó ser un engaño: Una mandíbula de simio se había adaptado a un cráneo humano, el cual se trató químicamente para darle apariencia de antigüedad. Se consideró un eslabón por 40 años.

El Hombre Nebraska, Hesperopithecus, se presentó por cinco años como un eslabón. ¿Con cuánto material se contaba para esa aseveración? Con un colmillo, ¡no más! Luego se confirmó que era de un cerdo extinto.

Como escuché en una ocasión al apologista Roger Oakland, los nombres "científicos" que los antropólogos le ponen a los eslabones son impresionantes, y la persona común queda persuadida que sus proponentes han de tener bases sólidas para sus aseveraciones. Pero, ¡no es el caso!

El Dr. Gary Parker menciona al Hombre Pekín, Sinantropus, como un ejemplo donde el prejuicio de los evolucionistas afecta la interpretación de la evidencia.

Cráneos encontrados en una cueva en las afueras de Pekín, China junto con huesos de otros animales, y herramientas, fueron interpretados como cráneos pertenecientes a un eslabón entre el simio y el hombre.

Resulta que los cráneos estaban rotos en la parte anterior. El Dr. Parker explica:

"Parece ahora que "El Hombre Pekín" fue comida del hombre, no el antecesor del hombre.

Parece que las herramientas fueron usa-

das en ellos, en lugar de haber sido usadas por los dueños de esas cráneos rotos."

Referencia: What is Creation Science. By Henry Morris and Gary Parker

Con respecto a otro eslabón, el Hombre Java (Pithecanthropus), el Dr. Parker comenta en la referencia anterior:

"La parte superior del cráneo y el fémur fueron encontrados bastante separados uno del otro en un depósito de grava (que sugiere que los distintos restos sufrieron erosión y se mezclaron).

Eugene DuBois descartó posteriormente su propio hallazgo, considerando que esas partes pertenecían a un humano y a un gibón gigante,

y como él había mantenido en secreto por treinta años un cráneo humano descubierto en el mismo nivel, bien sabía que sus otros descubrimientos (i.e.: la parte superior de un cráneo y un fémur) no debieron haber sido considerados antecesores de los seres humanos."

Ningún adulto cuerdo creería el cuento de la rana que se convirtió en príncipe.

Muchos creen sin embargo, que después de mucho tiempo, una ameba se convirtió en hombre.

Integridad En La Ciencia

Los siguientes comentarios respecto a integridad y veracidad en el mundo científico, son dignos de consideración:

"El esfuerzo científico está basado en vigilancia, no confianza."

Jonathan King, Profesor de Biología Molecular, M.I.T. Science and Engineering Ethics, 5:215-217.

"El fraude en el campo científico se asemeja al fraude financiero en cuanto a que puede dar poder y remuneración inmerecida."

Herbert N. Arst, Jr., Imperial College School of Medicine, London. Nature 403:478, 2000.

Es apropiado recordar, pues, que los prejuicios y motivaciones de las personas afectan sus trabajos y perspectivas en el campo de la ciencia. Sus intereses, preferencias y valores afectan su disposición y objetividad.

Al poco tiempo de que Charles Darwin publicaba su libro "El Origen de las Especies" en 1859 un monje austriaco publicó sus descubrimientos sobre las leyes de la herencia.

Gregor Mendel hizo experimentos con chícharos de jardín, publicando sus resultados en 1865. Mendel demostró evidencia sólida que, dependiendo de los genes que los hijos heredan de los padres, así serán sus características.

¿Por qué no tuvo mayor impacto el trabajo de Mendel en sus días? Sencillamente porque el mundo secular estaba fascinado con el Darwinismo, dada las implicaciones personales de dicha hipótesis.

En mi visita al Museo de Historia Natural de Los Angeles, el 22 de junio del 2015, leía una placa "informativa" que decía:

"La Evolución Continúa: Los linajes antiguos continúan evolucionando. En los 65 millones de años recientes, los mamíferos han evolucionado y florecido. No todos los grupos sobrevivieron hasta el presente, y algunos han cambiado significativamente de su forma ancestral...

Evolución continúa hoy en día al adaptarse los mamíferos a condiciones cambiantes alrededor de ellos, y nosotros continuamos alterando especies domesticadas seleccionando los padres de las nuevas crías, y a través de modificación genética."

La declaración anterior, de que Evolución continúa hoy en día, no tienen respaldo. La placa menciona "Adaptación": Ya explicamos anteriormente que adaptación no es lo mismo que evolución. ¿Adaptación? ¡Sí! ¿Evolución? ¡No!

La placa menciona la manipulación por el hombre, de especies domesticadas. Pero eso no es Evolución. Los genes ya existen en los padres. Lo que ocurre es que se manipula el apareamiento para obtener descendientes con ciertas características específicas deseadas.

La placa asevera Evolución, pero no es capaz de proveer casos concretos. La información provista es inconsistente con la aseveración. El público en general, sin una mente crítica, abraza la mentira.

"El simple todo lo cree, pero el prudente mira bien sus pasos."

Proverbios 14:15

"...tu palabra es verdad"
Jesús
(Juan 17:17)

"El temor del SEÑOR es el principio de la sabiduría;

los necios desprecian la sabiduría y la instrucción."

Proverbios 1:7

"El que anda en integridad será salvo, mas el que es de camino torcido caerá de repente."

Proverbios 28:18

V– Quinta Parte

El Creador Habla

Revelación Natural Y Sobrenatural

Revelación Natural

La evidencia natural, tal como hemos visto, declara que ¡hay un Creador!

Del caos no se genera orden ni diseño por casualidad, excepto en la imaginación de quienes abrazan, a priori, una cosmovisión evolucionista.

Órganos y sistemas complejos con propósito no pueden surgir de la materia energía sin la intervención de un ser inteligente.

Si pudiéramos tener un chimpancé tecleando una laptop por millones de años, jamás produciría por casualidad el himno nacional de nuestro país. La información contenida en el ADN de la célula es mucho más compleja, no pudo ocurrir por ¡una serie de accidentes!

Tal como hemos visto, hay un buen número de científicos creacionistas que han rechazado Evolución, no sin antes considerar seriamente sus méritos y problemas desde el punto de vista académico. Y eso es lo importante, no el número de los creacionistas, sino las consideraciones académicas sólidas y sin prejuicio de los que abrazan tal posición.

Claro, la posición que uno abrace sobre nuestro origen tiene repercusiones éticas, morales y espirituales. Pero, independiente de las repercusiones, te guste o no, ¡la realidad es la realidad!

De hecho, la realidad es la realidad independientemente de la opinión popular o más celebrada. Si una pared es de color azul, y la mayoría piensa que es de color verde, no por eso la convierte en verde. ¡Cuántas veces a lo largo de la historia la opinión popular ha estado errada! Incluso en asuntos de ciencia.

Debido al respaldo abrumador de la lógica y la evidencia natural, debemos concluir que el universo ha sido creado por un Dios de gran poder y creatividad; rechazando a la vez la hipótesis evolucionista, por ser científicamente insostenible.

Así como un arqueólogo reconocería que una pirámide hecha de ladrillos es obra de inteligencia humana, pues las moléculas del barro que forman los ladrillos no se pueden organizar por sí solas en ladrillos, y los ladrillos tampoco pueden organizarse por sí solos en pirámides; así podemos reconocer que una célula es resultado del diseño y obra de un Ser Superior.

Dios creó los primeros tipos de animales y plantas, con capacidad de reproducción. Los átomos que los integran no tienen la capacidad de organizarse casualmente de esa manera. Claro, las plantas toman materia del suelo y la organizan en células complejas para su crecimiento, pero eso se lleva acabo gracias a que la planta misma tiene la maquinaria celular para hacerlo. Esa maquinaria, como la de todo organismo vivo, no es accidental, se remonta a la de los primeros tipos creados de cada especie, y éstas al Creador.

Ciencia no es equivalente a filosofía materialista. No todo se puede explicar desde el punto de vista que la materia energía, el tiempo y la casualidad son la causa de todo.

Es cierto que el cuerpo humano está integrado por materia, toda una gran variedad de átomos y moléculas complejas. Pero el ser humano es más que materia. Somos más que un promontorio de átomos de potasio, sodio, cloro, carbono, hidrógeno, oxígeno, calcio, y muchos otros, organizados en moléculas y sistemas complejos. El ser humano tiene libre albedrío, la materia ¡no!

Si dejamos caer un bloque de plomo sobre el agua, éste se hundirá. Si repetimos la acción cien veces, el resultado es el mismo. La materia no tiene libre albedrío, obedece inmisericordemente a las leyes físicas que la gobiernan.

El ser humano en cambio, tiene libre albedrío: Tiene libertad para quitarle la vida a alguien o perdonársela; libertad para huir buscando proteger su vida en una situación de peligro; o hacerle frente heroicamente, a costa de su propia vida, para salvar la de otros. Tiene libertad de agarrar una billetera llena de dinero que se le acaba de caer accidentalmente a su dueño, o de entregársela inmediatamente.

El ser humano tiene libre albedrío porque además de materia, tiene un espíritu que habita su cuerpo, el cual ha sido creado a la imagen de su Creador.

Cada ser humano posee un espíritu con capacidad moral, un espíritu inmaterial que puede juzgar y discernir el bien y el mal moral, un espíritu que un día tendrá que dar cuentas al Creador y Juez Universal por sus acciones.

La capacidad de discernimiento moral ha sido afectada lamentablemente por el pecado originado en Edén. Lo mismo nuestras acciones, no siempre son consecuentes con nuestro entendimiento de lo que es correcto hacer. Por eso necesitamos una transformación espiritual radical, la luz de la Palabra de Dios y el poder del Espíritu Santo. Más adelante hablamos de ello, y damos la oportunidad de experimentarlos.

El que no veamos con los ojos físicos a Dios no es criterio válido para negar su existencia. Al viento no lo vemos, pero reconocemos su presencia con el mover de las ramas de los árboles.

Tampoco vemos la fuerza de gravedad, pero la experimentamos todos los días al subir las escaleras o levantar un objeto. Nadie en su sano juicio saltaría a un precipicio simplemente porque no ve la fuerza de gravedad. De hacerlo, se quebraría. Igualmente, si desafías a Dios por no verlo... ¡serás destruido!

Si bien la naturaleza muestra la mano del Creador, y confirma su existencia; necesitamos más que la evidencia natural para conocer al Creador y la razón de nuestra existencia.

> Una cosa es saber que existe Dios, otra cosa es conocerle.
>
> Una cosa es reconocer que hay aparente propósito para nuestra vida, otra es conocer el propósito para el cual hemos sido creados.

El ser humano en su interior busca respuestas: Busca una explicación de por qué un mundo lleno de belleza natural, vida vibrante, hermosos colores, pacíficos amaneceres, está acompañado de tanta violencia, enfermedad, dolor, sufrimiento y muerte.

El hombre tiene necesidad de saber. Necesidad de saber por qué existimos; de saber que hay una vida después de ésta. El hombre necesita conocer a su Creador. El espíritu humano estará inquieto y en turbulencia mientras no tenga comunión con su Dios.

Pero Dios no nos ha dejado en tinieblas. Todas estas respuestas, y el camino a una comunión hermosa con Dios, se hallan en la Biblia, su revelación sobrenatural escrita.

El salmista escribió:

"El que hizo el oído, ¿no oye? El que dio forma al ojo, ¿no ve?"

Salmo 94:9

> "El Creador, que hizo el oído, nos oye. El Creador, que hizo la vista, nos ve. Y también nos habla."

Revelación Sobrenatural

Pero, ¿cómo poder saber que la Biblia es la palabra, la comunicación escrita, del Creador? ¿Acaso podemos saberlo? ¡Por supuesto!

Job declaró:

> "¿No distingue el oído las palabras como el paladar prueba la comida?"
>
> Job 12:11

Así como tienes la habilidad de poder distinguir que una taza de té ha sido endulzada con miel; así como puedes reconocer el sabor peculiar de un alimento preferido; así también puedes saber que la Biblia es la palabra de Dios, si realmente quieres conocer la verdad y la buscas de corazón.

Jesucristo declaró:

"Si alguien quiere hacer su voluntad, sabrá si mi enseñanza es de Dios o si hablo de mí mismo.

El que habla de sí mismo busca su propia gloria; pero el que busca la gloria del que le envió, éste es verdadero y no hay injusticia en Él."

Juan 7:17-18

Si estamos abiertos a Dios, si queremos hacer lo que le agrada a Él, su voluntad; si nuestra motivación es correcta; Dios nos confirmará que lo que estamos leyendo, la Biblia, es realmente su Palabra.

Jesús, la Palabra Viva, es el verdadero, pues es el que el Padre envió, el que vino a hacer la voluntad del Padre; el que siempre habló las palabras del Padre y buscó su gloria.

En Lucas 11:9-13 leemos:

"Y yo os digo: Pedid, y se os dará; buscad, y hallaréis; llamad, y se os abrirá. Porque todo el que pide, recibe; y el que busca, halla; y al que llama, se le abrirá.

O suponed que a uno de vosotros que es padre, su hijo le pide pan; ¿acaso le da-

rá una piedra? O si le pide un pescado; ¿acaso le dará una serpiente en lugar del pescado? O si le pide un huevo; ¿acaso le dará un escorpión?

Pues si vosotros siendo malos, sabéis dar buenas dádivas a vuestros hijos, ¿cuánto más vuestro Padre celestial dará el Espíritu Santo a los que se lo pidan?"

Si tú pides, buscas, tocas... se te dará, encontrarás, se te abrirá. Si se lo pides a Dios, su Espíritu Santo te iluminará para que puedas conocer su Palabra y conocerle a Él, conocer el propósito de tu existencia, y caminar sabiamente por el camino de vida abundante y eterna.

Lo puedes hacer hoy. Dios te escucha, ahí mismo donde te encuentras. Hazlo con tus propias palabras, con corazón sincero. Pídele a Dios que te abra los ojos espirituales y te confirme estas verdades y su Palabra antes de continuar leyendo. Te invito a que lo hagas en este preciso momento.

La Palabra de Dios

La Biblia narra hechos históricos, empezando por los eventos relacionados con la creación del universo y la vida. Pero la Biblia es más que información histórica. La Palabra de Dios muestra una sabiduría asombrosa, testimonio poderoso de su fuente sobrenatural y divina. Para el corazón hambriento, la Biblia ofrece el dulce alimento, el maná celestial que no se halla en ningún otro lugar.

El salmista bien escribió:

"¡Cuán dulces son a mi paladar tus palabras!, más que la miel a mi boca.

De tus preceptos recibo entendimiento, por tanto aborrezco todo camino de mentira.

Lámpara es a mis pies tu palabra, y luz para mi camino."

Salmo 119:103-105

Dios Habla en la Biblia Sobre el Amor

Tomemos por ejemplo el pasaje donde Pablo escribe sobre el amor, en su primera carta a los corintios. La persona abierta a la verdad puede oír la voz de Dios a través de este pasaje bíblico, y reconocer que su origen es divino. Veamos a continuación.

En I Corintios 13:1-8 leemos:

"Si yo hablara lenguas humanas y angélicas, pero no tengo amor, he llegado a ser como metal que resuena o címbalo que retiñe.

Y si tuviera el don de profecía, y entendiera todos los misterios y todo conocimiento, y si tuviera toda la fe como para trasladar montañas, pero no tengo amor, nada soy.

Y si diera todos mis bienes para dar de comer a los pobres, y si entregara mi cuerpo para ser quemado, pero no tengo amor, de nada me aprovecha.

El amor es paciente, es bondadoso; el amor no tiene envidia; el amor no es jactancioso, no es arrogante; no se porta indecorosamente;

no busca lo suyo, no se irrita, no toma en cuenta el mal recibido; no se regocija de la injusticia, sino que se alegra con la verdad;

todo lo sufre, todo lo cree, todo lo espera, todo lo soporta."

¡Qué descripción tan maravillosa del amor! ¡Qué descripción tan sublime y profunda! ¡Qué estándar tan elevado y divino!

Qué distinto a lo que el mundo llama amor. Hoy en día, tal vez alguien podrá llevarle serenata a su novia, decirle que la ama, y prometerle el mundo entero; pero tan pronto empieza a caer una llovizna... sale huyendo ¡buscando protección contra el agua!

Amnón, hijo del Rey David, decía estar profundamente enamorado de su media hermana, Ta-

mar. Buscando la manera de poseerla sexualmente, usó engaño, haciéndole creer que estaba enfermo. Cuando su hermana lo asistía, la agarró por la fuerza, y la violó. Después de abusarla sexualmente, la descartó echándola de su presencia, humillándola aún más: Eso ¡no es amor! El mundo frecuentemente llama amor a la lujuria egoísta, pero son dos cosas muy distintas.

Qué profundas las palabras de Pablo, inspiradas por el Espíritu Santo. En el pasaje anterior el apóstol habla del amor "ágape"; un amor superior a la pasión erótica sexual, "eros"; superior al afecto familiar o de amigos, "fileo". Está hablando de algo más elevado, ese amor modelado perfectamente por Jesucristo, el amor con que Dios nos ama.

Claro, dentro del matrimonio el amor ágape incluye la pasión sexual entre la pareja; expresada no en forma egoísta, sino en la plenitud con que Dios diseñó la expresión sexual.

El amor ágape también muestra ese sentimiento afectuoso de "fileo", ese cariño entre un padre y sus hijos, o entre amigos. Pero el amor ágape es más que un sentimiento afectuoso; es un amor sacrificado que busca el bien de otros a costa de su propia vida.

"Si yo hablara lenguas humanas y angélicas, pero no tengo amor, he llegado a ser como metal que resuena o címbalo que retiñe." ¡Bien cierto! La compañía de alguien que hable en una lengua maravillosa e impresionante, pero que no tenga amor en su corazón, es como la compañía de metal frío: Emitirá sonidos pero... ¡qué fría y vacía compañía!

"Y si tuviera el don de profecía, y entendiera todos los misterios y todo conocimiento, y si tuviera toda la fe como para trasladar montañas, pero no tengo amor, nada soy." Tal vez alguien podrá conocer misterios profundos, eventos futuros que el mundo ignora; o verdades maravillosas ocultas; pero si carece de amor, tal persona a los ojos de Dios... ¡no es nada!

El amor es muy importante. Dios es amor, y nosotros que hemos sido creados a su imagen y semejanza, hemos sido creados por amor, para amar, para amar a Dios y amar a nuestro prójimo, y para ser amados. Por tal razón, la persona que no ama no es nada ante Dios. Toda la Sagrada Escritura muestra tal verdad, empezando en el Antiguo Testamento. De hecho, todo el Antiguo Testamento se resume en amor, tal como leemos en Mateo 22:34-40:

"Pero al oír los fariseos que Jesús había dejado callados a los saduceos, se agruparon; y uno de ellos, intérprete de la ley, para ponerle a prueba le preguntó:

"Maestro, ¿cuál es el gran mandamiento de la ley?"

Y Él le dijo: "Amarás al Señor tu Dios con todo tu corazón, y con toda tu alma, y con toda tu mente. Éste es el grande y el primer mandamiento.

Y el segundo es semejante a éste: Amarás a tu prójimo como a ti mismo. De estos dos mandamientos dependen toda la ley y los profetas.""

Tal como escribió Pablo, de nada me aprovecha ante Dios mis obras generosas o grandes sacrificios si son motivados por otras razones, y no por amor: *"Y si diera todos mis bienes para dar de comer a los pobres, y si entregara mi cuerpo para ser quemado, pero no tengo amor, de nada me aprovecha."*

Tal vez lo que buscas es salir en el periódico local, o ser admirado por tu generosidad, o promover una buena imagen para beneficio de tu negocio. Si ésa es la motivación tras tus obras de caridad, Dios no te recompensará. ¡Ya habrás recibido tu recompensa en la tierra!

Pablo describe aspectos del amor ágape:

El amor es paciente: ¡Qué tanta verdad! Cómo deseamos que tengan paciencia con nosotros, pero... ¡que impacientes somos con otros! El hombre en su naturaleza caída necesita del Espíritu Santo para producir tal amor.

es bondadoso: Un amor genuino es amable, gentil.

el amor no tiene envidia: Cuando amamos a alguien de verdad, lejos de envidiarlos cuando son honrados, nos regocijamos grandemente por ellos.

el amor no es jactancioso: Cuando amamos a alguien, no nos pasamos jactando de nosotros y nuestros logros. Nuestra mirada está en bendecirlos, favorecerlos, no impresionarlos con nuestra supuesta grandeza.

no es arrogante: El verdadero amor no mira a otros con desprecio, considerándolos poca cosa. Dios mismo no es arrogante con nosotros, mas nos ha valorado inmensamente: En su gran amor, nos valoró tanto que envió a su Hijo Unigénito, Jesús, a morir en la cruz para pagar por nuestros pecados y rescatarnos de la condenación eterna.

Jesús, el Hijo de Dios, puro y perfecto, de origen divino, comió y se asoció con los pecadores y con los pobres. A pesar de su excelencia y grandeza, caminó con humildad en verdadero amor, sin arrogancia, apreciándonos y asociándose con nosotros, la humanidad perdida.

no se porta indecorosamente: El amor verdadero es sensible a los demás, no actúa en forma grosera, ofensiva.

no busca lo suyo: El mundo de la persona que ama verdaderamente no gira alrededor del "yo", mas se enfoca en otros. Los ojos del que ama con amor ágape no están en qué ventaja puede sacar de los demás, sino en cómo puede bendecir a los demás.

no se irrita: El verdadero amor no salta ante cualquier cosa, irritación, ofensa o imperfección.

no toma en cuenta el mal recibido: El amor no lleva una lista del mal que le han hecho a uno: Pasa por alto las ofensas.

no se regocija de la injusticia: El amor verdadero no se goza con la inmoralidad, ni con la maldad, *sino que se alegra con la verdad:* El amor genuino se alegra con lo que es recto, bueno, justo, correcto y verdadero.

todo lo sufre, todo lo cree, todo lo espera, todo lo soporta. El amor persevera en medio de las dificultades, cree siempre lo mejor de otros, y soporta toda carga "por amor".

Es claro que estas palabras no son invento de un enajenado mental; pero tampoco son obra de un gran hombre intelectual. Es cierto que Pablo fue un gran intelectual, pero estas palabras son superiores al intelecto humano.

Pablo, dentro de su celo por la religión judía, persiguió frenéticamente a los primeros cristianos. Pero un día tuvo un encuentro con el Jesús resucitado, y su vida fue transformada radicalmente, convirtiéndose por el poder del Espíritu Santo en vocero y mensajero de Dios mismo.

No, Hollywood ha sido incapaz de darnos una buena definición de amor. Estudios Universales tampoco ha podido. Pero Dios nos la ha dado. Y quien tiene los ojos del corazón abiertos, puede ver la mano de Dios escribiendo las profundas palabras anteriores a través de su siervo Pablo.

Dios Revela su Estándar en la Biblia

Algunos piensan que el Antiguo Testamento es demasiado antiguo y sin valor práctico para nuestros días. ¡Qué equivocados están!

El Antiguo Testamento contiene verdades profundas, palabras que muestran la sabiduría asombrosa de Dios porque son la Palabra de Dios. Tomemos por ejemplo los Diez Mandamientos dados por Dios en el Monte Sinaí. En Éxodo 20:1-17 leemos:

"Y habló Dios todas estas palabras, diciendo: Yo soy el SEÑOR tu Dios, que te saqué de la tierra de Egipto, de la casa de servidumbre.

No tendrás otros dioses delante de mí.

No te harás ídolo, ni semejanza alguna de lo que está arriba en el cielo, ni abajo en la tierra, ni en las aguas debajo de la tierra. No los adorarás ni los servirás; porque yo, el SEÑOR tu Dios, soy Dios celoso, que castigo la iniquidad de los padres sobre los hijos hasta la tercera y cuarta generación de los que me aborrecen, y muestro misericordia a millares, a los que me aman y guardan mis mandamientos.

No tomarás el nombre del SEÑOR tu Dios en vano, porque el SEÑOR no tendrá por inocente al que tome su nombre en vano.

Acuérdate del día de reposo para santificarlo. Seis días trabajarás y harás toda tu obra, mas el séptimo día es día de reposo para el SEÑOR tu Dios; no harás en él obra alguna, tú, ni tu hijo, ni tu hija, ni tu siervo, ni tu sierva, ni tu ganado, ni el extranjero que está contigo. Porque en seis días hizo el SEÑOR los cielos y la tierra, el mar y todo lo que en ellos hay, y reposó en el séptimo día; por tanto, el SEÑOR bendijo el día de reposo y lo santificó.

Honra a tu padre y a tu madre, para que tus días sean prolongados en la tierra que el SEÑOR tu Dios te da.

No matarás.

No cometerás adulterio.

No hurtarás.

No darás falso testimonio contra tu prójimo.

No codiciarás la casa de tu prójimo; no codiciarás la mujer de tu prójimo, ni su siervo, ni su sierva, ni su buey, ni su asno, ni nada que sea de tu prójimo."

Al meditar un poco en las leyes anteriores, podremos ver la sabiduría y amor de Dios para con su pueblo. Veremos que su propósito no fue hacerles la vida miserable con prohibiciones caprichosas o absurdas. Al contrario, su propósito fue mostrarles el camino limpio, sano, de bendición, libertad y prosperidad.

Lamentablemente la naturaleza humana corrupta es incapaz de caminar por ese camino, el estándar dado por Dios para una vida sana. La ley de Dios es maravillosa, pero debido a nuestra condición no podemos caminar en ella. No, los Diez Mandamientos no nos salvan, mas bien... ¡nos condenan!

Por esa causa Dios inauguró posteriormente un nuevo pacto, basado en el sacrificio de Cristo en la cruz, de manera que lo que la ley no puede hacer en nosotros, Dios lo logró pagando nuestras transgresiones, y enviándonos al Espíritu Santo, quien nos da el deseo de caminar rectamente, y el poder de hacerlo, por amor.

Admiremos, sin embargo, la grandeza de la ley de Dios dada a Israel en el monte Sinaí hace unos 3,500 años:

No tendrás otros dioses delante de mí: Dios no quiere que tengamos otros dioses aparte de Él, el Dios verdadero. ¿Por qué? Porque los dioses falsos no salvan.

Algunas personas hacen del poder su dios, pero todo el poder del mundo no los salvará del juicio de Dios cuando tengan que rendirle cuentas.

Otros hacen del dinero su dios. Pero el dinero no es un dios confiable: Podrá comprarte una cama muy cómoda, pero no te garantiza descanso. Podrá comprarte medicinas, pero no te garantiza la salud. Podrá comprarte compañía, pero no amor. Podrá comprarte amistad con los líderes religiosos de tu iglesia, pero no la salvación.

Sólo hay un Dios verdadero. Poner nuestra confianza en otro dios es necedad.

No te harás ídolo, ni semejanza alguna de lo que está arriba en el cielo, ni abajo en la tierra, ni en las aguas debajo de la tierra. No los adorarás ni los servirás: Qué ceguera espiritual es el poner la fe en una estatua o imagen de madera, oro o plata. Tienen ojos, pero no ven. Tienen boca, pero no te pueden dar un consejo. Tienen

orejas, pero no pueden oír tu súplica. Y hasta tienes que guardarlas bajo llave, para que no se las roben. ¿Cómo te van a proteger, si tú mismo tienes que protegerlas contra los ladrones?

Dios prohíbe que nos hagamos imágenes o semejanza alguna de lo que está en el cielo, para postrarnos ante ellas. Claro, puedes hacer algún cuadro representando un evento o personaje bíblico, pero arrodillarte ante él no sólo es un gran error, es prohibido por Dios

La prohibición incluye hacernos imágenes de Jesús o de Dios, o de cualquier persona piadosa que admiremos, para postrarnos ante ellas.

No necesitamos una imagen de madera o estatua de oro que nos ayude a adorar a Dios si tenemos su Espíritu Santo.

No tomarás el nombre del Señor tu Dios en vano: Lamentablemente el nombre de Dios, o el de Jesús, se usa todo el tiempo sin la reverencia debida. La gente exclama: "¡Ay Jesús!", o "¡Dios mío!", por cualquier cosa, sin realmente invocarle de corazón.

En mi país natal, cuando crecía, si alguien estornudaba, la gente decía "¡Jesús!". No había un temor santo al mencionar el nombre, era una palabra más que se decía por costumbre.

El tomar el nombre de Dios en vano, ofende a Dios. Además, si usamos su nombre como algo común, no nos extrañemos que en una crisis no encontremos poder al clamarlo: ¡Lo hemos rebajado a algo común y corriente!

Acuérdate del día de reposo para santificarlo. Seis días trabajarás y harás toda tu obra, mas el séptimo día es día de reposo para el Señor tu Dios; no harás en él obra alguna, tú, ni tu hijo, ni tu hija, ni tu siervo, ni tu sierva, ni tu ganado, ni el extranjero que está contigo: Dios desea que su pueblo tome tiempo para descansar y meditar en las cosas eternas porque nos ama. Vemos que en este mandamiento Dios muestra preocupación hasta por los animalitos.

Porque en seis días hizo el SEÑOR los cielos y la tierra, el mar y todo lo que en ellos hay, y reposó en el séptimo día; por tanto, el SEÑOR bendijo el día de reposo y lo santificó: Dios hace referencia acá a la semana de la creación, reiterando que el universo entero, y la vida en la Tierra, fueron creados en seis días. En seis días Dios terminó la obra creadora. Eso no da lugar a Evolución.

Honra a tu padre y a tu madre, para que tus días sean prolongados en la tierra que el SEÑOR tu Dios te da: Los padres son la autoridad que Dios ha establecido sobre los hijos. Honrarlos es honrar a Dios, y algo muy hermoso de ver en una familia.

No matarás: Este mandamiento se refiere a no cometer asesinato. El asesino destruye una vida cuyo autor es Dios, el único que puede quitarla. La víctima no es solamente el asesinado, sino también su familia, sus amistades, su trabajo y la sociedad.

El asesinato desgarra emocionalmente, y muchas veces hunde en la pobreza, a los dependientes de la víctima.

Por otro lado, en algunas ocasiones es necesario que un gobierno aplique disciplina dura para impedir que un cáncer social se propague. La cirugía nunca es agradable, pero cuando hay cáncer, se vuelve necesaria para salvar el resto del cuerpo.

Dios, pues, ha dado autoridad a los gobiernos para dar disciplina, y aplicar la pena de muerte en casos necesarios, administrando justicia y manteniendo el orden y la seguridad social. Pablo menciona esto en su epístola a los romanos. Ver Romanos 13:1-7.

No cometerás adulterio: El adulterio es un acto egoísta que destruye la relación matrimonial, lastima a los hijos y daña profundamente el hogar. Jesús explicó que el adulterio comienza en el corazón, antes que el acto se lleve a cabo físicamente.

No hurtarás: Tomar lo ajeno, lo que no le pertenece a uno, muestra irrespeto total al prójimo, y puede tener un impacto económico grande en la víctima y sus dependientes.

No darás falso testimonio contra tu prójimo: Las declaraciones falsas son odiosas para Dios, y para todo el que ama la verdad. Su efecto destructivo es horrendo.

No codiciarás la casa de tu prójimo; no codiciarás la mujer de tu prójimo, ni su siervo, ni su sierva, ni su buey, ni su asno, ni nada que sea de tu prójimo: Cuando codiciamos lo que le pertenece específicamente al prójimo, estamos exhibiendo una actitud de inconformidad, abrigando a la vez deseos dañosos.

El espíritu codicioso desarrolla envidia, y muchas veces procede a obrar en forma injusta o inapropiada para poseer lo que le pertenece a la otra persona.

Dios ha prometido suplir las necesidades de quienes buscan primero el reino de Dios sobre todas las cosas. Observe que Él ha prometido suplir nuestras necesidades, no nuestros caprichos.

Si pedimos y Dios no nos concede algo, es porque tal vez nuestra motivación es incorrecta, o tal vez no nos conviene, o no es el tiempo apropiado, o Dios quiere usar esa carencia para producir un mayor beneficio en aquellos que le aman.

Como vemos, la ley de Dios dada en el Sinaí es una expresión de amor y luz, llena de sabiduría para el bienestar personal, familiar, social y nacional.

La persona que lee la Biblia con corazón abierto, encuentra que está llena de sabiduría sobrenatural, y que es fuente valiosísima e indispensable de dirección y luz para nuestras vidas.

Toda la Escritura

Hemos dado dos ejemplos, dos pasajes de las Escrituras, uno del Nuevo Testamento y otro del Antiguo Testamento, de la sabiduría sobrenatural encontrada en la Biblia. Pero no sólo unos pasajes, sino toda la Biblia es la Palabra de Dios.

Toda la Escritura, desde Génesis hasta Apocalipsis, los 66 libros de la Biblia, forman la revelación sobrenatural escrita de Dios. El salmista escribió:

"La suma de tu palabra es verdad, y cada una de tus justas ordenanzas es eterna."

Salmo 119:160

La suma de la Palabra de Dios no puede ser verdad, si sus componentes tienen error. Toda la Biblia es verdad, incluyendo el libro de Génesis y sus historias.

Pablo escribió en II Timoteo 3:16:

"Toda Escritura es inspirada por Dios

y útil para enseñar, para reprender, para corregir, para instruir en justicia,

a fin de que el hombre de Dios sea perfecto, equipado para toda buena obra. "

La narración de la Creación, la caída del hombre, el Diluvio Universal, la Torre de Babel, y el juicio de Sodoma y Gomorra son hechos históricos, no leyendas inventadas por el hombre.

Al abandonar la Biblia nos privamos de la luz de Dios sobre nuestro origen, nuestra condición, nuestro mundo, nuestro destino, y sobre Dios mismo; cayendo en oscuridad profunda.

Lamentablemente eso es precisamente lo que está ocurriendo. Las sociedades en nuestros días están abrazando la cosmovisión evolucionista, dándole las espaldas a las verdades y valores bíblicos, reemplazándolos con principios populares relativos, ajenos a la justicia de Dios,

mientras nuestra juventud experimenta confusión, y la sociedad en general ¡tremendo caos!

Las Profecías

La abundancia de profecías cumplidas son otro testimonio poderoso del origen divino de la Biblia. Ellas muestran la exactitud y confiabilidad de las Sagradas Escrituras. A continuación damos algunos ejemplos.

El profeta Ezequiel, en el Antiguo Testamento, profetizó que el rey de Judá iba caer cautivo y ser exiliado a Babilonia, pero que no iba verla.

En Ezequiel 12:10-13 leemos:

"Así dice el Señor Dios: Este oráculo se refiere al príncipe en Jerusalén... lo llevaré a Babilonia, a la tierra de los caldeos; pero no la verá, y morirá allí."

En el año 586 AC, después de un largo sitio militar contra Jerusalén, la ciudad cayó en manos del ejército de los caldeos. Sedequías, el rey judío, trató de escapar de noche, pero fue capturado.

Después de que degollaran a sus hijos frente a él, le sacaron los ojos y lo llevaron cautivo a Babilonia, cumpliéndose con exactitud la palabra de Dios a través del profeta Ezequiel: Fue llevado a la tierra de los caldeos, pero ¡no la vio!

El profeta Miqueas declaró con exactitud, cientos de años antes de su venida, la pequeña aldea donde nacería Jesús. En Miqueas 5:2 leemos:

"Pero tú, Belén Efrata, aunque eres pequeña entre las familias de Judá, de ti me saldrá el que ha de ser gobernante en Israel. Y sus orígenes son desde tiempos antiguos, desde los días de la eternidad."

La palabra "orígenes" en el hebreo tiene amplio significado, y en este contexto significa: "salidas", como cuando un rey sale en una misión o viaje.

Isaías profetizó que el área de Zabulón y Neftalí sería honrada con la presencia del Mesías. En Isaías 9:1-2 leemos:

"Pero no habrá más lobreguez para la que estaba en angustia. Como en tiempos pasados El trató con desprecio a la tierra de Zabulón y a la tierra de Neftalí, pero después la hará gloriosa por el camino del mar al otro lado del Jordán, Galilea de los gentiles.

El pueblo que andaba en tinieblas ha visto gran luz;

a los que habitaban en tierra de sombra de muerte, la luz ha resplandecido sobre ellos."

La profecía se cumplió literalmente cuando Jesús, la Luz del Mundo, creció en Nazaret, en la región de Zabulón; y cuando ministró en la zona de Galilea, haciendo su centro de operaciones Capernaúm, a la orilla del Mar de Galilea, en la región de Neftalí.

El Rey David profetizó, con aproximadamente 1,000 años de anticipación, la crucifixión de Jesús. En el salmo 22:16, 18 leemos:

"...me horadaron las manos y los pies... reparten mis vestidos entre sí, y sobre mis ropas echan suertes."

La crucifixión no se practicaba en los tiempos de David, sin embargo, bajo la guía del Espíritu Santo, el rey David declaró cómo moriría el Mesías que nacería de su descendencia.

David declaró no sólo la forma en que moriría el Mesías, mas dio grandes detalles del suceso que se llevaría acabo 1,000 años después.

Al comparar el Salmo 22 con las narraciones dadas en los cuatro evangelios, de la crucifixión de Jesús, la evidencia sobrenatural de las profecías es abrumadora.

Le invito a que haga la comparación del Salmo 22 con Mateo 27:33-56 y con Juan 19:17-37.

Ezequiel profetizó hace unos 2,500 años eventos que están por ocurrir en el mundo. Escribió que en los últimos días de este sistema mundial, antes de la segunda venida de Jesús, Israel estaría de regreso en su tierra, y que varias naciones vendrán contra su pueblo. El profeta menciona por nombre las naciones que se alinearán contra Israel.

En Ezequiel 38:1-7 menciona a Rusia (bajo el nombre bíblico de Magog) como líder de la campaña militar contra Israel. Y menciona a Irán (bajo el nombre bíblico de Persia) entre las naciones que se unirán a Rusia.

En Ezequiel 38:8-9 leemos:

"Al cabo de muchos días recibirás órdenes; al fin de los años vendrás a la tierra recuperada de la espada, cuyos habitantes han sido recogidos de muchas naciones en los montes de Israel, que habían sido una desolación continua. Este pueblo fue sacado de entre las naciones...

Tú subirás y vendrás como una tempestad; serás como una nube que cubre la tierra, tú y todas tus tropas, y muchos pueblos contigo."

¡Qué increíble! En nuestros días estamos viendo las profecías de Ezequiel cumplirse con increíble precisión.

Los israelitas estuvieron fuera de su tierra por casi 2,000 años, desde el año 70 DC cuando Roma destruyó Jerusalén, hasta 1948 cuando fue reestablecida la nación de Israel. ¿Qué pueblo ha existido disperso por dos mil años sin desintegrarse y ser absorbido por otras naciones? Ninguno, mas los israelitas han sido preservados milagrosamente, para regresar y ser replantados en su tierra en 1948, cumpliéndose la profecía de su regreso.

Y luego, podemos ver cómo Rusia ha hecho pacto con Irán, enemigo acérrimo de Israel: Irán ha declarado sus intenciones de borrar a Israel del mapa.

Bueno, este tema de las profecías por cumplirse en un futuro cercano respecto a Israel, es de sumo interés, pero lo dejaremos para otra oportunidad. En todo caso, lo mencionamos para ilustrar que la Biblia profetiza con exactitud eventos futuros antes que ocurran, porque Dios es su autor.

El Dios que conoce el futuro también conoce el pasado, aún antes que caminara el ser humano sobre la Tierra.

Dios estaba ahí cuando creaba el universo, ¡nosotros no! Y Dios nos ha revelado los eventos de la creación. Podemos, pues, estar 100% seguros que la narración bíblica es fidedigna y exacta, sin error.

Génesis en el Nuevo Testamento

Algunos líderes y grupos religiosos enseñan que Génesis es un libro de leyendas ilustrativas, con valor espiritual pero no histórico. En ese caso Jesús y los apóstoles estuvieron equivocados, pues ellos lo tomaron literalmente.

Yo prefiero créele a Jesús que estuvo ahí en la creación del cosmos. De hecho... ¡Él lo creó! ¡Él sabe! ¡Prefiero oírle y creerle a Él!

En el Nuevo Testamento confirmamos que Jesús mismo, y los apóstoles, trataron el libro de Génesis como un libro histórico.

En Mateo 24:37-39 leemos las palabras de Jesús sobre la condición de la humanidad antes de su segunda venida:

"Porque como en los días de Noé, así será la venida del Hijo del Hombre.

Pues así como en aquellos días antes del diluvio estaban comiendo y bebiendo, casándose y dándose en matrimonio, hasta el día en que entró Noé en el arca,

y no comprendieron hasta que vino el di-luvio y se los llevó a todos; así será la venida del Hijo del Hombre."

Vemos que Jesús tomó literalmente la historia del Diluvio Universal.

En Mateo 19:3-6 Jesús hace referencia a la creación de Adán y Eva. Leamos:

"Y se acercaron a El algunos fariseos para probarle, diciendo: ¿Es lícito a un hombre divorciarse de su mujer por cualquier motivo?

Y respondiendo Jesús, dijo: ¿No habéis leído que aquel que los creó, desde el principio los hizo varón y hembra,

y añadió: Por esta razón el hombre dejará a su padre y a su madre y se unirá a su mujer, y los dos serán una sola carne?

Por consiguiente, ya no son dos, sino una sola carne. Por tanto, lo que Dios ha unido, ningún hombre lo separe."

Jesús cita textualmente partes del pasaje de la creación en Génesis, y en particular Gen 1:27 y Gen 2:24.

En Lucas 11:49-51 leemos que Jesús hizo referencia a Abel como un personaje real, y su asesinato en manos de Caín como un hecho histórico. Leamos:

"Por eso la sabiduría de Dios también dijo: "Les enviaré profetas y apóstoles, y de ellos, matarán a algunos y perseguirán a otros,

para que la sangre de todos los profetas, derramada desde la fundación del mundo, se le cargue a esta generación, desde la sangre de Abel hasta la sangre de Zacarías, que pereció entre el altar y la casa de Dios; sí, os digo que le será cargada a esta generación.""

Pablo hace referencia en I Corintios 11:8-9 a que Adán fue creado primero; y luego Eva de Adán, como ayuda idónea para el hombre. Todo totalmente de acuerdo con Génesis.

> *"Porque el hombre no procede de la mujer, sino la mujer del hombre; pues en verdad el hombre no fue creado a causa de la mujer, sino la mujer a causa del hombre."*

En II Corintios 11:3 Pablo hace referencia a Eva siendo engañada por Satanás en el Edén, tratando la narración de Génesis como hecho histórico.

> *"Pero temo que, así como la serpiente con su astucia engañó a Eva, vuestras mentes sean desviadas de la sencillez y pureza de la devoción a Cristo."*

El apóstol Pedro en II Pedro 3:3-7 hizo referencia al tercer día de la creación, cuando Dios levantó la tierra sobre el mar para formar la tierra seca continental. También hizo referencia al Diluvio Universal.

> *"Ante todo, sabed esto: que en los últimos días vendrán burladores, con su sarcasmo, siguiendo sus propias pasiones, y diciendo: ¿Dónde está la promesa de su venida? Porque desde que los padres durmieron, todo continúa tal como estaba desde el principio de la creación.*
>
> *Pues cuando dicen esto, no se dan cuenta de que los cielos existían desde hace mucho tiempo, y también la tierra, surgida del agua y establecida entre las aguas por la palabra de Dios,*
>
> *por lo cual el mundo de entonces fue destruido, siendo inundado con agua;*
>
> *pero los cielos y la tierra actuales están reservados por su palabra para el fuego, guardados para el día del juicio y de la destrucción de los impíos."*

En Lucas 3:23-38 la Biblia detalla la genealogía de Jesús desde Adán, constando de menos de 100 generaciones. Por lo tanto, el hombre no puede tener 180,000 años sobre la Tierra como enseña Evolución. Cien generaciones se dan en menos de 10,000 años. O la Biblia es correcta, o Evolución es correcta: Las dos no pueden estar correctas.

Creación en el Nuevo Testamento

Nadie ha visto Evolución, sin embargo hace dos mil años miles de personas fueron testigos presenciales del poder creador de Jesús.

En las bodas de Caná Jesús convirtió agua en vino. En dos ocasiones alimentó multitudes con tan solo unos cuantos panes, y unos pocos pececillos. Y en Betania resucitó a Lázaro, quien llevaba cuatro días muerto, y hasta hedía.

Los apóstoles, fueron testigos del poder creador de Jesús, dando sus vidas como testimonio poderoso de su Señor, y del mensaje que proclamaron.

Nadie da su vida por una mentira, si sabe que es una mentira. Los apóstoles habían oído a Jesús decir que tenía que morir en Jerusalén, pero que luego iba a resucitar. El Hijo de Dios les había profetizado que iba ser entregado a los sacerdotes y ancianos del pueblo para ser condenado a muerte, maltratado y muerto por crucifixión; pero que resucitaría el tercer día.

Si Jesús no hubiera resucitado, ahí se hubiera acabado todo. Pero Jesús resucitó, y los apóstoles dieron sus vidas testificando de Jesús, y de los milagros que había hecho, incluso sus actos creativos.

La Biblia, incluso la historia de la creación narrada en Génesis, es 100% ¡confiable!

Nuestro Origen Y Destino

Origen

Dios nos revela la historia de los seis días de la creación en el primer capítulo de Génesis, hasta Génesis 2:3.

El capítulo dos de Génesis cubre con más detalle la historia de la creación del hombre y la mujer.

Del capítulo tres al once encontramos detalles del pecado y la expulsión de Adán y Eva del paraíso; el fratricidio de Abel por parte de su hermano mayor, Caín; los descendientes de Caín; el nacimiento de Set y su descendencia; la corrupción de la humanidad y el juicio del Diluvio Universal; la rebelión en Babel y las primeras naciones.

En esta sección citamos cada uno de los versículos del primer capítulo, dando breves explicaciones. Luego damos un muy breve resumen de los capítulos dos al once.

Más adelante, en la sección "Notas en Génesis 1 al 12" presentamos observaciones y notas adicionales que serán útiles para quienes desean profundizar más en el tema.

Empecemos, pues, con el primer capítulo.

- Gen 1:1 *"En el principio creó Dios los cielos y la tierra"*

  Dios creó primero el espacio cósmico, y nuestro planeta.

- Gen 1:2 *"Y la tierra estaba sin orden y vacía, y las tinieblas cubrían la superficie del abismo, y el Espíritu de Dios se movía sobre la superficie de las aguas."*

  La Tierra, nuestro hogar, era una masa planetaria cubierta toda de agua. El "abismo" se refiere a las aguas profundas que cubrían el planeta.

El que la Tierra estuviera sin orden significa que Dios no la había dotado con la organización y características finales necesarias para abrigar la vida. Estaba vacía en el sentido que no la creó con plantas y animales desde el primer día.

No había luz visible. El Espíritu de Dios estaba obrando sobre la superficie de las aguas.

- Gen 1:3-5 *"Entonces dijo Dios: Sea la luz. Y hubo luz.*

  Y vio Dios que la luz era buena; y separó Dios la luz de las tinieblas.

  Y llamó Dios a la luz día, y a las tinieblas llamó noche. Y fue la tarde y fue la mañana: un día."

  Dios "habló" y la luz "ocurrió". Es decir, Dios no necesitó ayuda de nadie, ni herramienta alguna, para crear la luz visible.

  La Tierra estaba rotando sobre su eje. La luz creada iluminaba un lado del planeta, mientras la oscuridad cubría el lado opuesto. Dios llamó al período iluminado, día; y al período oscuro, noche.

  Todo esto ocurrió el primer día de la creación.

  Dios todavía no creaba los astros: el Sol, la Luna, o las estrellas.

- Gen 1:6-8 *"Entonces dijo Dios: Haya expansión en medio de las aguas, y separe las aguas de las aguas.*

  E hizo Dios la expansión, y separó las aguas que estaban debajo de la expansión de las aguas que estaban sobre la expansión. Y fue así.

Y llamó Dios a la expansión cielos. Y fue la tarde y fue la mañana: el segundo día."

Dios creó la atmósfera y suspendió sobre su parte superior, en alguna forma, una envoltura de agua.

Esto lo hizo Dios el segundo día de la creación.

- Gen 1:9-13 *"Entonces dijo Dios: Júntense en un lugar las aguas que están debajo de los cielos, y que aparezca lo seco. Y fue así.*

Y llamó Dios a lo seco tierra, y al conjunto de las aguas llamó mares. Y vio Dios que era bueno.

Y dijo Dios: Produzca la tierra vegetación: hierbas que den semilla, y árboles frutales que den fruto sobre la tierra según su género, con su semilla en él. Y fue así.

Y produjo la tierra vegetación: hierbas que dan semilla según su género, y árboles que dan fruto con su semilla en él, según su género. Y vio Dios que era bueno.

Y fue la tarde y fue la mañana: el tercer día."

En el tercer día Dios levantó parte de la tierra sumergida bajo las aguas, formando así una masa continental que después poblaría con vida animal.

Dios también creó la vegetación ese día, las hierbas, plantas y árboles frutales.

Notemos que los tipos creados fueron creados para reproducirse según su género. No tiene ¡nada que ver con Evolución!

- Gen 1:14-19 *"Entonces dijo Dios: Haya lumbreras en la expansión de los cielos para separar el día de la noche, y sean para señales y para estaciones y para días y para años;*

y sean por luminarias en la expansión de

los cielos para alumbrar sobre la tierra. Y fue así.

E hizo Dios las dos grandes lumbreras, la lumbrera mayor para dominio del día y la lumbrera menor para dominio de la noche; hizo también las estrellas.

Y Dios las puso en la expansión de los cielos para alumbrar sobre la tierra, y para dominar en el día y en la noche, y para separar la luz de las tinieblas. Y vio Dios que era bueno.

Y fue la tarde y fue la mañana: el cuarto día."

Dios creó la Tierra el primer día. Y creó el Sol, la Luna y las estrellas hasta el cuarto día, siendo creados con propósitos específicos, en función de la Tierra.

Nuestro planeta es clave en el propósito de la creación del universo, pues es la habitación del ser humano, culminación y propósito de su obra creadora.

Dios había creado la luz el primer día, pero ahora era necesario que dicha fuente de luz fuera reemplazada por una fuente de luz astronómica que iluminara el planeta.

Dios creó también la Luna, para reflejar la luz del Sol sobre la Tierra en la noche.

Los astros sirven para iluminar y señalar el tiempo en nuestro planeta: Una rotación completa de la Tierra sobre su eje constituye el día de 24 horas. Una órbita completa de la Tierra alrededor del Sol establece el año, 365 días.

La Luna Nueva ha servido desde tiempos antiguos para marcar eventos y celebraciones en el calendario judío.

Dios ha usado en el pasado, y usará en el futuro, el Sol, la Luna y las estrellas; así como cambios en ellos, como señales. La Biblia profetiza señales cósmicas asociadas con eventos apocalípticos de juicio divino, dentro del plan de Dios para la humanidad.

- Gen 1:20-23 *"Entonces dijo Dios: Llénense las aguas de multitudes de seres vivientes, y vuelen las aves sobre la tie-*

rra en la abierta expansión de los cielos.

Y creó Dios los grandes monstruos marinos y todo ser viviente que se mueve, de los cuales están llenas las aguas según su género, y toda ave según su género. Y vio Dios que era bueno.

Y Dios los bendijo, diciendo: Sed fecundos y multiplicaos, y llenad las aguas en los mares, y multiplíquense las aves en la tierra.

Y fue la tarde y fue la mañana: el quinto día."

Vemos que cada día de la creación eran días literales, pues había tarde y había mañana cada día.

Y en el quinto día Dios creó las aves, y las criaturas que habitan el mar.

Vemos que las aves, contrario a Evolución, no provienen de los reptiles. Éstos fueron creados después de las aves, el sexto día.

Notemos también que Dios creó cada género de animal completo y separado de los otros. La Biblia no menciona nada de que un género hiciera transición a otro.

La descripción Bíblica no da lugar a procesos evolutivos en la creación de los distintos géneros.

- ◆ Gen 1:24-25 *"Entonces dijo Dios: Produzca la tierra seres vivientes según su género: ganados, reptiles y bestias de la tierra según su género. Y fue así.*

E hizo Dios las bestias de la tierra según su género, y el ganado según su género, y todo lo que se arrastra sobre la tierra según su género. Y vio Dios que era bueno."

Antes de crear al hombre, Dios creó el resto de animales: Los ganados (vacas, ovejas, etc…), los reptiles (dinosaurios, lagartijas, etc…) y las bestias (leones, elefantes, etc...) del campo.

Una vez más vemos que cada género de animal fue creado completo y funcional.

Finalmente ese mismo día, el sexto día, Dios creó al hombre. Lo formó del polvo de la tierra. Y luego formó a la mujer partiendo del hombre. Eso lo leemos en los versículos siguientes hasta el final del capítulo dos.

- ◆ Gen 1:26-31 *"Y dijo Dios: Hagamos al hombre a nuestra imagen, conforme a nuestra semejanza; y ejerza dominio sobre los peces del mar, sobre las aves del cielo, sobre los ganados, sobre toda la tierra, y sobre todo reptil que se arrastra sobre la tierra.*

Creó, pues, Dios al hombre a imagen suya, a imagen de Dios lo creó; varón y hembra los creó.

Y los bendijo Dios y les dijo: Sed fecundos y multiplicaos, y llenad la tierra y sojuzgadla; ejerced dominio sobre los peces del mar, sobre las aves del cielo y sobre todo ser viviente que se mueve sobre la tierra.

Y dijo Dios: He aquí, yo os he dado toda planta que da semilla que hay en la superficie de toda la tierra, y todo árbol que tiene fruto que da semilla; esto os servirá de alimento.

Y a toda bestia de la tierra, a toda ave de los cielos y a todo lo que se mueve sobre la tierra, y que tiene vida, les he dado toda planta verde para alimento. Y fue así.

Y vio Dios todo lo que había hecho, y he aquí que era bueno en gran manera. Y fue la tarde y fue la mañana: el sexto día."

Dios creó al ser humano y lo puso sobre su creación. Vemos que los creó varón y hembra desde el principio. Y los creó a su imagen y semejanza.

Dios creó al ser humano con capacidades y atributos a la semejanza de Dios, con el objeto de establecer una comunión rica y hermosa con él.

Observemos que ni el hombre ni los animales eran carnívoros. Dios les dio las plantas y árboles frutales como alimento.

Cuando Dios declara que *"todo era bueno en gran manera"* nos hace ver que al principio no había enfermedades, ni luchas agonizantes entre los animales por sobrevivir; no existía la muerte.

♦ Gen 2:1-3 *"Así fueron acabados los cielos y la tierra y todas sus huestes.*

Y en el séptimo día completó Dios la obra que había hecho, y reposó en el día séptimo de toda la obra que había hecho.

Y bendijo Dios el séptimo día y lo santificó, porque en él reposó de toda la obra que El había creado y hecho."

El séptimo día Dios cesó su obra creadora. No había más que hacer. La terminó en seis días. No fue necesario un proceso evolutivo para perfeccionarla.

Dios pudo haber creado el cosmos en un tan solo día si así lo hubiera deseado. Pero su propósito en haberlo creado en seis días incluye darle al hombre un patrón de trabajo y descanso. También sirve como ilustración del descanso espiritual que encontramos en Cristo. De este reposo habla en el capítulo cuatro el autor de la epístola a los Hebreos.

El capítulo dos de Génesis (Gen 2:4-24) relata la creación del hombre a partir del polvo de la tierra; y la creación de la mujer a partir del hombre.

Vemos que Dios los establece en un huerto paradisíaco, el Edén.

Leemos de la prohibición que Dios le dio a Adán, de no comer del árbol del conocimiento del bien y del mal, anunciándole que la desobediencia acarrearía la sentencia de muerte: Muerte espiritual, que es el rompimiento de la comunión con Dios. Y muerte física.

La narración nos muestra que Dios se comunicó con Adán, y que Adán nombró a los principales tipos de animales desde el día de su creación.

Es claro que Dios creó a Adán no como un bebé, sino como un hombre joven, totalmente desarrollado. Y Dios lo creó con la habilidad de hablar.

Notemos que Dios estableció el matrimonio entre un hombre y la mujer, para formar un hogar nuevo, aparte del de sus padres.

El capítulo tres de Génesis relata la desobediencia, y caída del hombre de su posición ideal, y su expulsión del Edén. Con la entrada del pecado entró la corrupción y muerte al universo. Dios profetiza en dicho capítulo la venida del Mesías, la simiente de la mujer que heriría la cabeza de la serpiente.

El capítulo cuatro relata el fratricidio de Abel en manos de su hermano mayor, el primogénito de Adán y Eva, Caín. Leemos también de la descendencia de Caín.

Caín tomó por esposa a una hermana suya. En ese tiempo la piscina genética no estaba tan corrupta como hoy en día, y se podían casar entre hermanos.

En el capítulo cuatro podemos ver que las primeras generaciones de la humanidad muy pronto se destacaron en la metalurgia, la ganadería y el arte. No, no eran criaturas primitivas, mentalmente torpes. Eran muy capaces y dotados de inteligencia.

El capítulo cinco detalla el linaje de Set, hijo de Adán y Eva, hasta Noé.

Debido a la corrupción de la humanidad, Dios decidió acabar con todos los habitantes de la Tierra, excepto Noé, su esposa, sus tres hijos y las esposas de ellos. Ocho personas en total. Dios también decidió destruir todo animal terrestre y ave del cielo.

Con el objetivo de preservar a Noé y su familia durante el Diluvio Universal, y repoblar posteriormente la Tierra con animales; Dios ordenó a Noé construir un arca, cuyas dimensiones fueron dadas por Dios mismo. Dios trajo las parejas de distintas especies al arca, antes del Diluvio.

La historia del Diluvio Universal se encuentra narrada en los capítulos 6 al 9 de Génesis.

Después del Diluvio Universal, hace unos 4,300 años, la descendencia de Noé se multiplicó rápidamente. Lamentablemente los hombres pronto se rebelaron contra su Creador en el evento de la Torre de Babel, donde Dios confundió el lenguaje común, y causó que se separaran en distintos grupos de acuerdo a sus nuevas lenguas. El evento de la Torre de Babel lo leemos en el capítulo once de Génesis.

La dispersión de los pobladores para formar los distintos grupos que dieron lugar a las naciones, aparece registrado en el capítulo diez de Génesis.

En resumen, los primeros once capítulos de la Biblia cubren eventos que forman el fundamento de la fe cristiana. Entenderlos correctamente y sin distorsión es de suma importancia.

Ofrecemos más observaciones, y notas con mayores detalles, sobre los primeros once capítulos de Génesis más adelante.

Destino

Con la desobediencia de Adán en Edén entró el pecado al mundo, y la corrupción física y moral. Como resultado del pecado en Edén todos nacemos con una naturaleza pecadora. Fuimos creados a la imagen de Dios, pero ahora llevamos una imagen corrompida, distorsionada.

En su condición natural el hombre no puede agradar a Dios: Nuestras motivaciones no son siempre correctas. Nuestros pensamientos no son siempre buenos, y muchas de nuestras acciones y omisiones son egoístas.

El espíritu que habita en nosotros ha sido creado para la eternidad. Cuando morimos nuestro cuerpo se queda y desintegra, pero el espíritu que habita en nosotros parte hacia uno de dos lugares: Hacia el Hades, a esperar el juicio de Dios; o a la presencia de Dios.

Dios es puro y no tolera la inmoralidad, ni la injusticia, ni nada torcido. En el primer momento que quisimos actuar en forma egoísta y caprichosa, sin buscar lo correcto, en ese momento estuvimos revelando nuestra naturaleza corrupta, indigna de comunión con Dios.

Nuestra desobediencia demanda juicio, castigo. Nuestras ofensas son principalmente contra Dios, pues Él es el Creador del universo y de toda persona que ofendemos.

- - - - - - - - - -

Dios sin embargo, nos ama enormemente. Siendo que es un Dios de amor, envió a su Hijo Jesucristo a vivir una vida recta y perfecta, y luego a morir en una cruz, como pago por nuestras ofensas.

Pero Jesucristo no quedó en la tumba. Debido a su vida recta, perfecta, sin pecado; resucitó al tercer día para subir al cielo, por encima de todo poder y autoridad. Y un día vendrá de regreso por los que han decidido seguirlo y sujetarse a Él.

- - - - - - - - - -

Cuando uno recibe a Jesús como Señor y Salvador, Dios Padre lo adopta como su hijo, y lo acepta en la familia de Dios.

Mientras tanto, Dios ha enviado el Espíritu Santo para guiarnos, confortarnos, y darnos el deseo y el poder para vivir una vida recta, no egoísta.

El Espíritu Santo también nos va transformando a la imagen de Jesús. Ese trabajo se lleva acabo en la medida que leemos la Palabra de Dios y la obedecemos.

Dios completará la obra al llamarnos a casa, al cielo. Un día vendrá por nosotros, y resucitará nuestro cuerpo físico, dándonos un cuerpo glorioso diseñado para la eternidad.

- - - - - - - - - -

Las siguientes Escrituras nos muestran el camino para tener perdón por nuestros pecados, y ser aceptados por Dios; así como también algunas promesas de Dios para quienes creen en Él.

"Después que Juan había sido encarcelado, Jesús vino a Galilea proclamando el evangelio de Dios,

y diciendo: El tiempo se ha cumplido y el reino de Dios se ha acercado; arrepentíos y creed en el evangelio."

Marcos 1:14-15

Debemos arrepentirnos de nuestras obras malas, del camino de desobediencia a Dios. Arrepentirse quiere decir reconocer que hemos obrado mal, y decidir cambiar de dirección con la ayuda de Dios.

El evangelio es la buena noticia de que Dios ha enviado a su Hijo a pagar por nuestros pecados, y que al poner la fe en Él, con el propósito de obedecerle, recibimos vida eterna.

Jesús dijo en Mateo 7:13-14:

"Entrad por la puerta estrecha, porque ancha es la puerta y amplia es la senda que lleva a la perdición, y muchos son los que entran por ella.

Porque estrecha es la puerta y angosta la senda que lleva a la vida, y pocos son los que la hallan."

Jesús nos advierte que el camino más popular, por el que va la mayoría, es el de destrucción. Ésa es ¡una seria advertencia!

"Y si tu mano te es ocasión de pecar, córtala; te es mejor entrar en la vida manco, que teniendo las dos manos ir al infierno, al fuego inextinguible, donde el gusano de ellos no muere, y el fuego no se apaga.

Y si tu pie te es ocasión de pecar, córtalo; te es mejor entrar cojo a la vida, que teniendo los dos pies ser echado al infierno, donde el gusano de ellos no muere, y el fuego no se apaga.

Y si tu ojo te es ocasión de pecar, sácatelo; te es mejor entrar al reino de Dios con un solo ojo, que teniendo dos ojos ser echado al infierno, donde el gusano de ellos no muere, y el fuego no se apaga."

Marcos 9:43-48

Jesús advirtió que el castigo es horrible y sin fin para quienes no son aceptables a Dios. El destino de ellos es el fuego eterno.

Pero Dios no desea que tengamos un destino miserable, por esa razón envió a su Hijo Jesús a morir en la cruz por nosotros. En Juan 3:16 leemos:

"Porque de tal manera amó Dios al mundo, que dio a su Hijo unigénito, para que todo aquel que cree en Él, no se pierda, mas tenga vida eterna."

Creer en Jesús no quiere decir simplemente creer que Él existe. Es más que eso: Es creer en sus palabras, recibirlas de corazón, y poner la confianza en Él, en su obra en la cruz como pago por nuestra salvación.

La Biblia dice en Juan 1:11-14 que Jesús:

"A lo suyo vino, y los suyos no le recibieron. Pero a todos los que le recibieron, les dio el derecho de llegar a ser hijos de Dios, es decir, a los que creen en su nombre,

que no nacieron de sangre, ni de la voluntad de la carne, ni de la voluntad del hombre, sino de Dios."

La promesa de ser hechos hijos de Dios es para los que creen en el nombre de Jesús. El nombre "Jesús" viene del hebreo, y significa "Jehová es Salvación". Exactamente, nosotros no podemos salvarnos, por eso necesitamos un Salvador. Jehová es el nombre con que Dios se reveló a su pueblo en el Antiguo Testamento.

Creer en el nombre de Jesús es creer que Jesucristo es el Salvador. Debemos, pues, poner la fe en Él y recibirlo como salvador de nuestras almas, recibiendo sus palabras en nuestro corazón. Al hacerlo Dios nos recibe como sus hijos, y de hecho nos da un nuevo nacimiento espiritual. Y nos da el Espíritu Santo para iluminarnos, guiarnos y fortalecernos en el camino de Dios.

- - - - - - - - -

Aquellos que insisten en poner su confianza en sus propias obras para ser aceptados por Dios no prosperarán. Nuestras obras son incompletas, nuestra moralidad no es suficiente, nuestra justicia no es recta ante el estándar recto de Dios.

La Biblia dice en Gálatas 3:10-14 que:

"todos los que son de las obras de la ley están bajo maldición, pues escrito está: Maldito todo el que no permanece en todas las cosas escritas en el libro de la ley, para hacerlas.

Y que nadie es justificado ante Dios por la ley es evidente, porque el justo vivirá por la fe.

Sin embargo, la ley no es de fe; al contrario, el que las hace vivirá por ellas

Cristo nos redimió de la maldición de la ley, habiéndose hecho maldición por nosotros (porque escrito está: Maldito el que cuelga de un madero)

a fin de que en Cristo Jesús la bendición de Abraham viniera a los gentiles, para que recibiéramos la promesa del Espíritu mediante la fe."

El que quiere ser salvo por sus obras está bajo maldición, pues la ley demanda perfección. Y si no hay perfección, el resultado es maldición.

Mas Cristo murió en un madero, recibiendo la maldición que nos corresponde a nosotros por quebrantar la ley. Y Cristo resucitó, para que nosotros ahora estemos unidos a Él, y vivamos por Él.

- - - - - - - - -

Cristo vivió bajo la ley, y la cumplió a perfección; luego murió y resucitó; y ya no está bajo la ley, pues la ley no se aplica a quien ha muerto.

Los que nos hemos unidos a Jesús, en cierta forma hemos muerto al mundo con Él, y hemos resucitado con Él para vivir en novedad de vida, por el poder del Espíritu Santo.

Al unirnos a Jesús en su muerte y su resurrección, morimos a la ley y nos unimos al Cristo resucitado. Por lo tanto, ya no seremos juzgados por la ley. Leer Romanos capítulos 6 y 7.

Pero si no nos unimos a Jesús, entonces permanecemos bajo la ley, y la ley nos condenará en el juicio final.

- - - - - - - - -

En I Juan 3:1-3 leemos del gran regalo que recibimos quienes ponemos la fe en Jesús:

"Mirad cuán gran amor nos ha otorgado el Padre, para que seamos llamados hijos de Dios; y eso somos. Por esto el mundo no nos conoce, porque no le conoció a El.

Amados, ahora somos hijos de Dios y aún no se ha manifestado lo que habremos de ser. Pero sabemos que cuando El se manifieste, seremos semejantes a El porque le veremos como El es.

Y todo el que tiene esta esperanza puesta en El, se purifica, así como El es puro."

¡Qué hermoso ser llamados hijos de Dios!

El apóstol Juan escribió en Apocalipsis 21:1-8:

"Y vi un cielo nuevo y una tierra nueva, porque el primer cielo y la primera tierra pasaron, y el mar ya no existe.

Y vi la ciudad santa, la nueva Jerusalén, que descendía del cielo, de Dios, preparada como una novia ataviada para su esposo.

Entonces oí una gran voz que decía desde el trono: He aquí, el tabernáculo de Dios está entre los hombres, y El habitará entre ellos y ellos serán su pueblo, y Dios mismo estará entre ellos.

El enjugará toda lágrima de sus ojos, y ya no habrá muerte, ni habrá más duelo, ni clamor, ni dolor, porque las primeras cosas han pasado.

Y el que está sentado en el trono dijo: He aquí, yo hago nuevas todas las cosas. Y añadió: Escribe, porque estas palabras son fieles y verdaderas.

También me dijo: Hecho está. Yo soy el Alfa y la Omega, el principio y el fin. Al que tiene sed, yo le daré gratuitamente de la fuente del agua de la vida.

El vencedor heredará estas cosas, y yo seré su Dios y él será mi hijo.

Pero los cobardes, incrédulos, abominables, asesinos, inmorales, hechiceros, idólatras y todos los mentirosos tendrán su herencia en el lago que arde con fuego y azufre, que es la muerte segunda."

¡Qué futuro más maravilloso nos espera a los hijos de Dios! Un nuevo cielo y una nueva Tierra.

- - - - - - - - - -

Es necesario, pues, hacer un cambio de dirección y volverse a Cristo. La Biblia dice en II Corintios 3:16-18 que:

"cuando alguno se vuelve al Señor, el velo es quitado.

Ahora bien, el Señor es el Espíritu; y donde está el Espíritu del Señor, hay libertad.

Pero nosotros todos, con el rostro descu-

bierto, contemplando como en un espejo la gloria del Señor, estamos siendo transformados en la misma imagen de gloria en gloria, como por el Señor, el Espíritu."

Cuando venimos a Jesús, el Espíritu empieza una obra transformadora, moldeándonos a la imagen de Jesús; dándonos un carácter generoso, no egoísta; cambiando nuestros intereses y metas mundanas por intereses y metas celestiales.

- - - - - - - - - -

Mientras Dios nos tiene en este mundo hay un trabajo para hacer: Dios nos llama a ser testigos de su amor y luz.

"Pero vosotros sois linaje escogido, real sacerdocio, nación santa, pueblo adquirido para posesión de Dios,

a fin de que anunciéis las virtudes de aquel que os llamó de las tinieblas a su luz admirable;

pues vosotros en otro tiempo no erais pueblo, pero ahora sois el pueblo de Dios; no habíais recibido misericordia, pero ahora habéis recibido misericordia."

I Pedro 2:9-10

Dios nos hace un llamado, y nos promete poder sobrenatural para cumplirlo. En Hechos 1:8 leemos de esa promesa:

"Recibiréis poder cuando el Espíritu Santo venga sobre vosotros;

y me seréis testigos en Jerusalén, en toda Judea y Samaria, y hasta los confines de la tierra"

Dios nos llama a ser testigos ¡de Jesús! Pues, como dice la Escritura:

"Este Jesús es la Piedra desechada por vosotros los constructores, pero que ha

venido a ser la Piedra Angular.

Y en ningún otro hay salvación, porque no hay otro nombre bajo el cielo dado a los hombres, en el cual podamos ser salvos."

Hechos 4:11-12

- - - - - - - - - -

La muerte física no es el fin. Hay un futuro glorioso para los seguidores de Cristo:

"He aquí, os digo un misterio: no todos dormiremos, pero todos seremos transformados en un momento, en un abrir y cerrar de ojos, a la trompeta final;

pues la trompeta sonará y los muertos resucitarán incorruptibles, y nosotros seremos transformados.

Porque es necesario que esto corruptible se vista de incorrupción, y esto mortal se vista de inmortalidad.

Pero cuando esto corruptible se haya vestido de incorrupción, y esto mortal se haya vestido de inmortalidad, entonces se cumplirá la palabra que está escrita: Devorada ha sido a muerte en victoria.

¿Dónde está, oh muerte, tu victoria? ¿Dónde, oh sepulcro, tu aguijón? El aguijón de la muerte es el pecado, y el poder del pecado es la ley; pero a Dios gracias, que nos da la victoria por medio de nuestro Señor Jesucristo."

I Corintios 15:51-17

Pablo habla acá del arrebatamiento de la iglesia, cuando venga Jesús por los suyos.

Los que estemos vivos cuando su venida, seremos transformados inmediatamente con cuerpos gloriosos. Los que hayan muerto creyendo en Jesús, serán resucitados en ese momento; y así todos los creyentes en Jesús seremos reunidos con Él para siempre.

- - - - - - - - - -

Los injustos, los que rechazan a Jesús, resucitarán después del reino milenario de Jesús, para ser juzgados según su obras.

Como nadie se salva por sus obras, los que han rechazado el señorío y salvación de Jesús serán condenados al lago de fuego y azufre para toda la eternidad.

En apocalipsis 20:11-15 leemos:

"Y vi un gran trono blanco y al que estaba sentado en él, de cuya presencia huyeron la tierra y el cielo, y no se halló lugar para ellos.

Y vi a los muertos, grandes y pequeños, de pie delante del trono, y los libros fueron abiertos; y otro libro fue abierto, que es el libro de la vida,

y los muertos fueron juzgados por lo que estaba escrito en los libros, según sus obras...

y fueron juzgados, cada uno según sus obras...

Y el que no se encontraba inscrito en el libro de la vida fue arrojado al lago de fuego."

- - - - - - - - - -

Los que hemos puesto la fe en el Hijo de Dios tenemos nuestros nombres escritos en el libro de la vida, y un futuro muy distinto al lago de fuego. Déjame compartirte las siguientes hermosas palabras de Jesús encontradas en Juan 14:1-3:

"No se turbe vuestro corazón; creed en Dios, creed también en mí.

En la casa de mi Padre hay muchas moradas; si no fuera así, os lo hubiera dicho; porque voy a preparar un lugar para vosotros.

Y si me voy y preparo un lugar para vosotros, vendré otra vez y os tomaré conmigo;

para que donde yo estoy, allí estéis tam-
bién vosotros"

Que esa esperanza, por el poder del Espíritu Santo, aliente tu corazón en tu caminar por este mundo.

───────────── ☆ ─────────────

"Y el Dios de la esperanza os llene de todo gozo y paz en el creer, para que abundéis en esperanza por el poder del Espíritu Santo. "

Rom 15:13

Crédito: Foto tomada en ATAMI, Departamento de la Libertad, El Salvador © 2013 Jaime Simán

INVITACIÓN

Dios nos ha creado para una relación preciosa, maravillosa, de amor y vida abundante. Te invito a entrar en ella: Jesús es el camino y la puerta a esa relación.

Después de haber leído los criterios y evidencias que confirman la existencia del Creador, y considerado las Escrituras presentadas en las secciones anteriores, muy probablemente sientes el deseo, y entiendes que hoy es el momento de dar el paso de fe en Jesús. No esperes más. El Espíritu de Dios está tocando tu corazón. Jesús está a la puerta y quiere entrar.

Las Escrituras dicen:

"Cerca de ti está la palabra, en tu boca y en tu corazón, es decir, la palabra de fe que predicamos:

que si confiesas con tu boca a Jesús por Señor, y crees en tu corazón que Dios le resucitó de entre los muertos, serás salvo;

porque con el corazón se cree para justicia, y con la boca se confiesa para salvación.

Pues la Escritura dice: Todo el que cree en Él no será avergonzado.

Porque no hay distinción entre judío y griego, pues el mismo Señor es Señor de todos, abundando en riquezas para todos los que le invocan;

porque: Todo aquel que invoque el nombre del Señor será salvo."

Romanos 10:8-13

Te invito a orar entregándole tu vida a Jesús hoy mismo. Al hacerlo entrarás en comunión con el Creador del universo, y Dios mismo será tu Padre eterno.

Repite conmigo esta oración. No es una fórmula mágica, sino una guía de lo que Dios busca y honra para recibirte y adoptarte como su hijo.

Eleva, pues, de corazón estas palabras a Dios:

Dios mío, te ruego perdón por mis pecados.

Te doy gracias por enviar a tu Hijo Jesucristo a morir en la cruz por mí, y pagar por mis pecados.

Creo que Jesús resucitó de la muerte, y hoy pongo mi confianza en Jesús, y lo recibo como Señor y Salvador de mi vida.

Dame tu Espíritu Santo para poder entender tu Palabra, y desear obedecerte, y rechazar el pecado. Ayúdame a vivir para la gloria de Dios.

Te doy gracias por recibir mi oración, la cual hago en nombre de Jesús. Amén.

Bueno, felicidades. Si has hecho esta oración, Dios te ha recibido y aceptado como hijo, para guiarte y bendecirte.

Es importante que leas la Biblia diariamente para oír a través de ella la voz de Dios. Reúnete en alguna iglesia cristiana donde enseñan la Biblia y glorifican a Jesús.

Habla con Dios, usa tus propias palabras, y comparte con Dios tus preocupaciones, tus necesidades, tus alegrías y acciones de gracias. Si pecas, pues todos fallamos, pídele perdón a Dios, que te escucha, y te perdonará.

Y no te avergüences de Jesús. El no se avergonzó de morir públicamente en una cruz, como un criminal de lo peor, por ti. Comparte con otros la decisión que has hecho.

Recuerda, el Creador del universo, quien con su poder creó todo lo que existe en seis días, es hoy tu Padre. Y con ese mismo poder grandioso obrará a tu favor, pues te ama tanto que hasta sacrificó a su Hijo Jesús en la cruz por nosotros.

Te invitamos a consultar nuestra página web www.elvela.com donde hay más información, y material de guía y edificación espiritual.

☆

"El Señor DIOS es mi fortaleza;
El ha hecho mis pies como los de las ciervas,
y por las alturas me hace caminar."

Habacuc 3:19

Crédito: Foto tomada en las cercanías de Miramundo, Departamento de Chalatenango, El Salvador © 2013 Jaime Simán

APÉNDICES

Apéndice I

Notas en Génesis Capítulos 1 al 11

Apéndice I

Notas en Génesis Capítulos 1 al 11

Consideraciones al Usar las Notas

Las notas se han dividido en seis secciones pues fueron así agrupadas para los cursos sobre el tema dados por el autor.

Los versículos bíblicos se presentan a veces con palabras escritas con letras gruesas o subrayadas para dar énfasis.

Muchas de las referencias usadas por el autor están en el idioma inglés.

Los números usados junto a las palabras hebreas o griegas son las numeraciones correspondientes en la Concordancia Strong. La concordancia usada es la del idioma inglés. Las palabras en este caso están escritas de acuerdo a la fonética del idioma inglés. Los significados de las palabras se han traducido, en varias ocasiones, del inglés al español por Jaime Simán.

Un número seguido de la letra "x", en nuestras notas, por ejemplo, "23 x", quiere decir: "23 veces". Cuando en las notas usamos esto para dar información del uso de una palabra determinada en la Biblia, su uso se refiere a la frecuencia de dicha palabra en la versión en inglés KJV de la Biblia.

KJV: Versión King James de la Biblia, en inglés.

NKJV: Versión New King James de la Biblia, en inglés.

ESV: Versión English Standard de la Biblia, en inglés.

NASB: Versión New American Standard de la Biblia, en inglés.

NIV: Versión New International de la Biblia, en inglés.

NLT: Versión New Living Translation de la Biblia, en inglés.

LBLA: La Biblia de Las Américas.

AT: Antiguo Testamento

NT: Nuevo Testamento

A veces una palabra del texto bíblico aparece atravesada con una línea, cuando se presenta a la par una traducción o explicación preferida por el autor.

Notas en Génesis: Gen 1:1 a Gen 2:3

Gen 1:1 a 2:3 Narración de los seis días de la creación.

Gen 1:1 *"En el principio creó Dios los cielos y la tierra"* [espacio, tiempo, y la tierra; y prob. ángeles]

Principio 7225 rā·shēth' = primero, principio, cabeza (chief). Se deriva de que persona mayor, nacida primero, es la autoridad del clan. Traducido también 'primeros frutos' pues vienen antes que resto de la cosecha.

Tiene que ver con cosas, o eventos, primeros en escala del tiempo.

i.e.: Al inicio de historia cósmica, universal. Al principio, cuando Dios creó el universo (tiempo, espacio, materia / energía).

Creó 1254 bará = formar, hacer, crear (Dios como autor). Acá - en este contexto – crear algo de la nada.

Heb 11:3 *"**Por la fe** entendemos que el universo fue preparado por la palabra de Dios, de modo que lo que se ve no fue hecho de cosas visibles"*

Jn 1:1-3 *"En el principio existía el Verbo, y el Verbo estaba con Dios, y el Verbo era Dios. El estaba en el principio con Dios. **Todas** las cosas fueron hechas por medio de El, y sin El nada de lo que ha sido hecho fue hecho."*

Col 1:15-17 *"El (Jesús) es la imagen del Dios invisible, el primogénito de **toda** la creación. Porque en El fueron creadas **todas** las cosas, tanto en los cielos como en la tierra, visibles e invisibles; ya sean tronos o dominios o poderes o autoridades; todo ha sido creado por medio de El y para El.*
*Y El **es** (no fue creado) antes de **todas** las cosas, y en El **todas** las cosas permanecen"*

Sal 148:1-6 / **Sal 104** /**Sal 150**

Sal 51:10 *"Crea (1254 bará) en mí, oh Dios, un corazón limpio, y renueva..."*

Sal 139:23-24

Dios 430 El·o·hēm' = Dios (forma plural) [otros usos: jueces, gobernantes, ángeles, dioses]

> Plural de 433 el·o'·ah = Dios, o dios.

> Forma prolongada de 410 'el = Fuerte, poderoso, Dios, ángel, dios, cosas majestuosas en la naturaleza (abreviatura de ah'-yil)

> De 352 ah'·yil = Carnero, pilar, hombre fuerte, líder, jefe, árbol majestuoso, cedro.

> Dios, es el creador, nadie más. No necesitó ayuda:
> **Heb 1:1-2**
> **Hech 17:24-26**

> Tres Personas en la Creación: Padre, Hijo y Espíritu Santo:
> **Isa 42:5-8** (Padre)
> **Col 1:16** / **Jn 1:1-3** (Hijo)
> **Gen 1:2** / **Sal 104:30** (Espíritu Santo)

Gen 1:2 *"Y la tierra estaba sin orden y vacía, y las tinieblas cubrían la superficie del abismo, y el Espíritu de Dios se movía sobre la superficie de las aguas"*

En el primer día, Dios creó la Tierra (sin contenido ni orden geológico o biológico) **Ex 20:8-11**

La Biblia no dice cuántas horas pasaron, cuánto tiempo pasó, al crear Dios el espacio (y posiblemente los ángeles) y la Tierra, antes de crear la luz el 1er día; es decir, el periodo de tinieblas antes de crear la luz. Con seguridad no había vida, ni evolución, ni muerte pues la Biblia es clara en esto.

El tiempo antes que Dios hiciera la luz no fue mucho, posiblemente alrededor de 12 horas, por contexto. Así, pues, Gen 1:5 dice: *"Y fue la tarde y fue la mañana un día."*

Es posible que la creación de ángeles ocurrió el 1er día pero la rebelión ocurrió hasta después de creados Adán y Eva, antes de la tentación en el Edén.

Contrario a Evolución: Dios crea la tierra antes de los astros: Sol, luna, estrellas, planetas.

Teoría de la Brecha o del Paréntesis (Gap Theory): Supuesta catástrofe entre Gen 1:1 y Gen 1:2 donde Dios destruyó supuesto mundo anterior al nuestro, relacionado con caída de Lucifer. Busca armonizar Biblia con interpretación del Registro fósil (supuestos millones de años de antigüedad).

Imposición de significado externo al texto bíblico. Implica hubo muerte antes del pecado de Adán. Contradice **Rom 5:12-14, 17** y **Rom 8:20-21** Contradice **Gen 1:31** (todo era bueno en gran manera)

Forzar Escrituras para que armonicen con interpretación de estratos geológicos y fósiles es un error. Evolución es pseudo-ciencia, interpretada bajo prejuicio, cosmovisión atea, contradice evidencia, mala ciencia. Buena ciencia: Una hipótesis basada en observación, leyes naturales confirmadas, verificación experimental. Existencia de fósiles en sí no dice nada de cuándo murieron.

Contradice **Ex 20:8-11**

Si acepta hipótesis de la brecha, ¿qué hará con la narración de los 6 días a la luz de Evolución? ¡Tendrá que comprometer la correcta interpretación de nuevo!

Gen 1:3-5 Luz, día y noche.

II Cor 4:6-7 Pablo toma literalmente esto.

"y dijo Dios": Dios es espíritu, no tiene literalmente una boca. Esta frase expresa una realidad en términos que podemos entender. Un ingeniero contratista, un maestro de obra, da orden, dice, sus palabras causan que se construya pared, y los obreros la hacen. El hablar, sus palabras, provocan que obra se realice, es el gatillo que dispara acción que resulta en la obra. Dios Padre concibe la creación, Jesús – El Verbo / la Palabra Activa – causa que la obra se realice; de hecho, Él realiza la obra.

Gen 1:6-8 Expansión (atmósfera)

Día judío empieza en la tarde.

Dios creó un envoltorio de agua (en alguna forma física) sobre la atmósfera terrestre.

Día precedido por número ordinal en la literatura hebrea bíblica es siempre literal, día de 24 horas.

"el segundo día":

Día 3117 yōm = día (en contraste con 'noche'), día de 24 horas, período de tiempo.

KJV: Usado 2287 veces. (2008 x traducido 'día', 64 x traducido 'tiempo')

Con artículo numeral ordinal (expresa orden, ej: primero, segundo…): Siempre es día normal, de 24 horas.

Gen 1:9-10   Tierra (un continente) se levanta sobre las aguas.

II Ped 3:3-7 Pedro creía literalmente, e hizo referencia a esto.

Es posible que movimiento masivo causó grandes presiones y altas temperaturas en la geología de la Tierra, y haya dejado rastros geológicos (pero no fósiles).

Agua que cubría planeta al principio de la creación probablemente no era salina, sino plantas no hubieran prosperado al ser creadas el 3er día sobre superficie de la tierra (pues hubiera sido salada en ese caso por el agua que la cubrió).

A medida que pasan los años las lluvias acarrean, a través de los ríos que desembocan al mar, enormes cantidades de minerales; además del impacto del Diluvio Universal.

Gen 1:11-13 Vegetación: Hierbas y árboles frutales con semilla.

Vegetación: 1877 deh'·sheh   [grass (pasto) (8x), herb (hierba) (6x), green (verdor… usado en Sal 23 referente a pastos verdes) (1x)]

Su significado es: lo verde que cubre los prados (prados: campos cubiertos con hierbas y/ o flores, y pasto donde bestias se alimentan.)

Hierbas: 6212 eh'sev Se traduce herb (17x), grass (pasto) (16x).
Su significado: hierba. Su uso en varios contextos incluye hierbas y plantas verdes.

Árboles: 6086 āts Se traduce tree (162x), wood (107x), timber (23x), stick (14x), gallows (8x), staff (4x), stock (4x), carpenter (with H2796) (2x), branches (1x), helve (1x), planks (1x), stalks (1x).

En este contexto "vegetación" (deh'sheh) se usa como categoría general que cubre "hierbas" (eh'sev) y "árboles" (āts) frutales.

NIV *The land produced vegetation: plants bearing seed according to their kinds and trees bearing fruit with seed in it according to their kinds.*

NASB *The earth brought forth vegetation, plants yielding seed after their kind, and trees bearing fruit with seed in them, after their kind.*

NLT *The land produced vegetation—all sorts of seed-bearing plants, and trees with seed -bearing fruit. Their seeds produced plants and trees of the same kind*

Vegetación pudiera, pues, incluir todo tipo de vegetación: hierbas, árboles frutales, árboles de sombra, plantas de todo tipo, arbustos, etc...

Según su género: Géneros (tipos) definidos desde el principio.

Antes del Sol.

Gen 1:14-19 Sol, luna y estrellas.

"haya lumbreras en la expansión de los cielos para separar el día de la noche, y sean para señales y para estaciones y para días y para años"

Para señales:

Num 24:17 *"... una estrella saldrá de Jacob, y un cetro se levantará de Israel que aplastará la frente de Moab y derrumbará a todos los hijos de Set."*

Mat 2:2

Gen 15:5-6 *"mira al cielo y cuenta las estrellas, si te es posible contarlas. Y le dijo: así será tu descendencia. Y Abram creyó en el SEÑOR, y El se lo reconoció por justicia"*

Dan 12:2-3 *"Y muchos de los que duermen en el polvo de la tierra despertarán, unos para la vida eterna, y otros para la ignominia, para el desprecio eterno. Los entendidos brillarán como el resplandor del firmamento, y los que guiaron a muchos a la justicia, como las estrellas, por siempre jamás"*

Joel 2:30-31

Mat 24:29-31

Apoc 6:12-17

Centralidad de la Tierra: Sol, Luna, estrellas creadas en función de la Tierra. No necesariamente en el sentido cósmico, pero en propósito.

No hay otras civilizaciones en otros lugares, pues Dios creó los astros para señales en la Tierra. Y va a causar estragos cósmicos en la Gran Tribulación, y al final del Milenio destruirá los cielos para crear nuevos cielos **II Ped 3:7** Todo el cosmos está al servicio y propósito de la humanidad en la Tierra.

Para estaciones:

4150 mō·ād' 223X [congregation / congregación = 150X; feast / fiesta religiosa = 23X, season / estación = 13X, appointed / asignado = 12X, time / tiempo = 12X ...]

Significa: tiempo asignado o establecido, hora asignada para algo; festival religioso establecido; reunión planeada (cierto día y hora); señal establecida;

Dios usó la Luna en el Antiguo Testamento para prescribir festivales religiosos cada mes lunar; también se usó para marcar los meses del año; y para actividades agrícolas.

Esta aclaración es importante, pues estaciones en la Tierra (verano, otoño, invierno y primavera) son resultado no de la Luna sino de la inclinación del eje de rotación de la Tierra sobre plano de traslación alrededor del Sol.

Gen 1:20-23 Peces y aves.
Dios creó probablemente varias parejas de cada género (gran variedad genética).

Gen 1:24-25 Ganado, reptiles y bestias.

Gen 1:26-31 El hombre (i.e.: el ser humano, hombre y mujer; ambos a su imagen)

El hombre / Animales = vegetarianos.

Todo bueno en gran manera distinto al concepto de "Supervivencia del más fuerte" (no competían unos vs. otros, no existían las enfermedades ni la muerte).

*"Hagamos al **hombre**"*

120 ä·däm' = hombre, ser humano, humanidad (uso más frecuente en el AT), el primer hombre-Adán.

De 119 ä·dam' (verbo) = teñido rojo, enrojecido, emitir color rojizo.

*"a nuestra **imagen**, conforme a nuestra **semejanza**"*

6754 tseh'·lem = imagen, apariencia, imágenes o ídolos como imagen (i.e.: de tumores, ratones, de dioses falsos)

1823 dem·üth' = semejanza, similitud, apariencia.

"...varón y hembra los creó"

Ambos a su imagen y semejanza. Juntos, en forma más completa, llevamos mejor su imagen y semejanza. Dios es a veces comparado como madre amorosa que cuida su bebé de pecho.

Seis días = períodos normales

Tarde / Mañana

Plantas antes del Sol (se morirían si día se refiere a período de millones de años).

Menos de 100 generaciones de Adán a Jesús (menos de 10,000 años) Luc 3:23-38

Conceptos de Evolución: Teísta, Deísta, Creacionismo Progresivo

Evolución Deísta: Un Ser es causa de principio, de materia/energía inicial. Pero todo se desarrolló a partir de ese inicio sin su asistencia o intervención.

Evolución Teísta: Ese Ser intervino ocasionalmente guiando el proceso evolutivo.

Creacionismo Progresivo: Dios fue creando progresivamente en varias etapas, separadas por millones de años. Acepta fósiles como evidencia de animales muertos antes de creación del hombre.

No a la "Evolución Deísta y Teísta" - No al "Creacionismo Progresivo"

Crear por evolución es absurdo. Pensar que Dios sólo inició proceso con un Big Bang, y dejó todo a la casualidad (evidencia natural no lo apoya), o interviniendo ocasionalmente, no tiene sentido.

Dios sería lejano, no poderoso, su Palabra no sería confiable.

La "Creación Progresiva" asume que días en narración bíblica eran periodos largos, millones de años. Creen en evolución de las estrellas, muerte de animales y extinción de especies antes de creación de hombre.

Todo era bueno: Seis veces dice Dios que lo hecho era bueno, y la 7ma vez dice que era bueno en gran manera. Eso no da lugar a enfermedades, catástrofes naturales que causan muerte de animalitos y seres humanos; peleas violentas entre animales matándose y comiéndose unos a otros, etc...

Gen 2:1-3 Séptimo día. Reposó = Cesó la obra creadora. No se refiere a necesidad de descansar por cansancio físico: Dios no se cansa.

Génesis: Un Libro Histórico

Es importante saber diferenciar entre lenguaje figurativo y una narración histórica. Contrario a lo que leía hace varios años, ni las historias ni los personajes de Génesis son leyendas: ¡Son personajes y hechos históricos!

Antes de proseguir, aprovecho a dar información que espero ayude a distinguir un tipo de literatura de otra.

Algunos comentarios que hago a continuación son sacados del (o basados en el) libro: "An Introduction to Hermeneutics: Understanding and Applying the Bible." Dr. J. Robertson McQuilkin.

1- Lenguaje Figurativo vs. Narración Histórica

* *"Lenguaje literal debe ser interpretado literalmente, lenguaje figurativo, figurativamente; y lenguaje poético, poéticamente"*

* *"Lenguaje figurativo es cualquier palabra usada con un significado distinto al significado literal, común"*

Ejemplos

Fil 3:2 *"Cuidaos de **los perros**, cuidaos de los malos obreros, cuidaos de la falsa circuncisión;"* Pablo no se refiere a los Doberman, o Pitbulls, o a otro perro en sentido literal.

Luc 13:31-32 *"llegaron unos fariseos diciéndole: Sal y vete de aquí, porque Herodes te quiere matar. Y El les dijo: Id y decidle a ese zorro: "Yo expulso demonios, y hago curaciones hoy y mañana, y al tercer día cumplo mi propósito.""*

Razones de su uso

Para enfatizar un punto. Hay mucho mayor impacto en la expresión "decidle a ese zorro" que en "decidle al rey".

Luc 14:26 *"Si alguno viene a mí, y no aborrece a su padre y madre, a su mujer e hijos, a sus hermanos y hermanas, y aun hasta su propia vida, no puede ser mi discípulo."*

La expresión es mucho más impactante que si dice "Si alguno… no me ama a mí más que a su padre y madre…"

El lenguaje figurativo se usa a veces para oscurecer el significado, como en las parábolas.

Luc 8:10 *"A vosotros se os ha concedido conocer los misterios del reino de Dios, pero a los demás les hablo en parábolas, para que viendo, no vean; y oyendo, no entiendan."*

Guías de interpretación

Se debe estar siempre alerta a la posibilidad que el lenguaje usado sea figurativo o poético. Pero como en cualquier comunicación humana, uno debe comenzar con la asunción que el autor está diciendo algo que debe ser tomado literalmente.

El lenguaje Bíblico debe ser tomado en sentido literal a menos que haya una de tres razones claves para considerarlo en sentido figurativo:

i) Si significado sería obviamente ilógico y absurdo al ser tomado literalmente.
Jesús dijo *"Yo soy la puerta"*, *"Yo soy el camino"*, *"Yo soy el pan de vida'*.

ii) El contexto puede indicar que el lenguaje es figurativo.

iii) Si contradice un significado más claro y permanente de las Escrituras.

Luc 14:26 *"Si alguno viene a mí, y no aborrece a su padre y madre, a su mujer e hijos, a sus hermanos y hermanas, y aun hasta su propia vida, no puede ser mi discípulo."*

Interpretación literal en Luc 14:26 contradice el mandato claro de amar y honrar a nuestros padres (Ex 20:12).

Si bien es legítimo considerar la posibilidad de una interpretación no literal en ocasiones, el estudiante de las Escrituras no debe forzar una interpretación figurativa (motivado por sus propios prejuicios): La Creación, espíritus inmundos, la resurrección de los muertos, la Segunda Venida de Cristo, y otras realidades son inaceptables para quienes abrazan presuposiciones naturalistas.

Mat 22:29 *"Jesús respondió y les dijo: Estáis equivocados por no comprender las Escrituras ni el poder de Dios"*

2- Génesis Es Una Narración Histórica

La narrativa de la Creación está escrita como un hecho histórico.

Los que rechazan la interpretación literal lo hacen porque dudan del poder de Dios, o ponen su fe en la hipótesis de la Evolución. Supuestamente los descubrimientos científicos contradicen los eventos encontrados en la narrativa de Génesis.

Jesús mismo, y muchos autores bíblicos en el AT y NT trataron el libro de Génesis como una descripción histórica. Cinco veces dice Jesús: ¿No habéis leído...? (Refiriéndose al AT)

Mat 19:4 *"Y respondiendo El, dijo: ¿No habéis leído que aquel que los creó, desde el principio los hizo varón y hembra,"* (referencia clara a la creación).

Jn 5:46 *"Porque si creyerais a Moisés, me creeríais a mí, porque de mí escribió él."*

Si Evolución es cierta, entonces la muerte es un proceso natural que permitió la depuración y desarrollo de las mejores especies hasta culminar con el hombre. Entonces la muerte es buena, y no resultado del pecado.

Si partes de las Escrituras tienen credibilidad y otras no, ¿cómo sabremos que partes escoger? O toda la Escritura es confiable, o nada. Es como una cadena, o todas las argollas están bien, o la cadena falla y no sirve.

Sal 119:160 *"La suma de tu palabra es verdad, y cada una de tus justas ordenanzas es eterna."*

Mat 5:18 *"Porque en verdad os digo que hasta que pasen el cielo y la tierra, no se perderá ni la letra más pequeña ni una tilde de la ley, hasta que toda se cumpla."*

Isa 40:8 *"Sécase la hierba, marchítase la flor, mas la palabra del Dios nuestro permanece para siempre."*

Notas en Génesis: Gen 2:4-25

Gen 2:4-25   La Creación del hombre en más detalle. El Edén (Delicia/ Placer)

Gen 2:4-7

"Estos son los orígenes (Lit.: generaciones) *de los cielos y de la tierra cuando fueron creados, el día en que el SEÑOR Dios hizo la tierra y los cielos...."*

el día   3117 *yōm*   día (contraste con 'noche'), día de 24 horas, período de tiempo.

 KJV usado 2287 x = 2008 x traducido 'día', 64 x traducido 'tiempo'

 Con artículo numeral ordinal (expresa orden, ej: 1er día, 2do día...) siempre es día normal, de 24 horas.

 Acá significa, por contexto, "cuando", "en el tiempo en que..." ej: "el día q construya mi casa en el mar, invitaré amigos a pasar vacaciones" (no construyes casa en un día, ni invitarás amigos ese mismo día que la termines... estás refiriéndote a cuando lo hayas hecho.)

 Acá, pues, significa, "*cuando el Señor Dios hizo la tierra y los cielos.*"

Al principio no lluvia sobre la tierra **(distinto a Evolución que dice hubo millones de años de lluvia continua para formar océanos)**

*"...aún no había ningún **arbusto**... ni había brotado ninguna **planta** (6212 e'sev) ...porque..."*

Arbusto: 7880 sē'·akh = bush (arbusto) (2x), plant (planta) (1x), shrub (mata) (1x) [uso en KJV] Sólo usado en Gen 2:5, 21:15, Job 30:4 y Job 30:7.

Planta: 6212 e'sev = herb (17x), grass (pasto) (16 x) [uso en KJV] Usado ya en Gen 1:11 y 12 (traducido en ambas referencias 'hierbas' en LBLA).

Gen 1:11 y 12 también habla de 'vegetación', La palabra vegetación en hebreo es: 1877 de'-she. KJV lo traduce así: 'grass' (8x), 'herb' (6x), 'green' (1x). En Gen 1:11 y 12 se refiere a 'verde' i.e.: vegetación, o vida vegetal, pues la Escritura aclara que se refiere a 'hierbas que den semilla...' y 'árboles frutales...'.

Porque: 3588 kē puede significar variedad de cosas incluyendo: that, <u>when, while,</u> then, nevertheless, because, until. Es probable que su significado en esta frase sea 'mientras' o 'cuando' .

Se puede interpretar como que:

i) Dios creó cierta vegetación que depende del hombre hasta después de crear al hombre. Y aprovecha a informarnos que no había lluvia sobre la tierra en esos días. Siendo que Dios creó al hombre el 6$^{\underline{to}}$ día, apenas 3 días después de la vegetación, no creo que significado sea que haya creado esta vegetación especial hasta el 6$^{\underline{to}}$ día por no haber creado al hombre todavía. Tres días no hubieran tenido mayor impacto en dichas plantas.

ii) O, que Dios hace referencia que al principio de la creación (hasta el 3er día, no lo especifica en Gen 2:5 pero sí en Gen 1:11-13) no había creado vegetación; ni enviado lluvia, ni creado al hombre. Y acá detalla la creación del hombre, y menciona el huerto de Edén. La creación de la vegetación indicada en Gen 11 al 13 ocurrió al 3er día; y alguno pudiera interpretar que el huerto especial q Dios hizo p Adán y Eva lo hizo el 6to día.

iii) Pero la interpretación más probable (que fluye y es consistente con resto de la Escrituras, sin forzar ninguna interpretación para incluir un concepto a priori o prejuicio externo a la Escritura) es que Dios en Gen 2:4-25 hace referencia a que:

• Antes del 3er día no había arbusto ni planta (hierba 6212 e'sev, misma palabra usada en Gen 1:11-12 y traducida 'hierbas'); y no había lluvia ni había creado todavía al hombre.

• Cuando Dios creó hierbas y árboles el 3er día, hizo en ese día un lugar especial, el Edén (Gen 2:8-14), para el hombre que crearía el 6to día.

• Cuando en Gen 2:8 dice que 'puso ahí al hombre' no necesariamente quiere decir que lo puso el día que hizo el Edén (3er día) sino cuando hizo al hombre (6to día). El 5to y 6to día Dios creó las aves y ganados y bestias del campo (Gen 1:20, 24); y trajo los principales tipos de ellos a Adán el 6to día, al Edén donde lo había puesto, para que les pusiera nombre.

Vapor salía de suelo y regaba la tierra.

Dios creó al hombre del polvo de la tierra

Gen 2:8-17 Dios planta el huerto del Edén [5731 Edén = delicia, placer]

Lo pudo haber hecho 3er día. Puso al hombre ahí cuando lo formó el 6to día.

Mandato sobre árbol del conocimiento del bien y del mal = Adán entiende lenguaje.

Narrativa da detalles geográficos… es ¡totalmente histórica!

Adán sin tendencias corruptas; hacer lo que sentía naturalmente... era bueno; no había pecado en él. Sólo había una ley que Dios le dio, una prohibición. Al comer de ese fruto experimentaría no sólo el bien, sino el mal, en forma personal y catastrófica para él y su descendencia.

Gen 2:18-25 Adán (120 ä-däm') da nombre a los animales [inteligente, con lenguaje]

Según Gen 2:20 puso nombre a ganados, aves y bestias (no reptiles, ni peces en esa ocasión)

Así como Dios detuvo Sol durante conquistas de Josué; pudo haber alargado día para que Adán pusiera nombre a distintos grupos, tipos mayores, de animales.

Dios crea a la mujer (ishshäh' = mujer, esposa).

Ishshäh' por que fue tomada del hombre (iysh = hombre, esposo. Uso bíblico: hombre, esposo, varón, ser humano, siervo)

No *se avergonzaban*: todo ¡bueno! Vergüenza de partes íntimas no tiene explicación excepto por causa del pecado.

Notas en Génesis: Gen 3:1-24

Gen 3:1-24 La Caída del hombre.

Gen 3:1 Pudieron haber pasado algunos años entre creación de Adán y Eva y la caída (Entre Gen 2:25 y Gen 3:1). Durante este tiempo pudo haber ocurrido la rebelión de Satanás y sus ángeles.

Gen 3:1-24 Serpiente

> 5175 nä·khäsh' (Uso: 31x, siempre = serpiente) Nombre onomatopéyico (así llamado por sonido que hace se asocia a objeto que representa).

> Satanás: **II Cor 11:3** *"...temo que, así como la serpiente con su astucia engañó a Eva..."*

> Posiblemente diablo mencionado con dicho nombre por similitud de comportamiento. (Así Jesús llamó zorro a Herodes, aunque Herodes no tomó forma de zorro **Luc 13:31-33**). Satanás es 'como león...' **I Ped 5:8** aunque no tiene cuerpo de león. Satanás: Dragón / serpiente **Apoc 20:1-2**. Satanás: **Isa 27:1** (**Isa 26:19-21**) Leviatán, serpiente: Posible que Leviatán era gran animal marino (tipo de dinosaurio); mar representa humanidad. Entonces, el diablo, es referido con dicho nombre pues como príncipe de este mundo se mueve entre humanidad.

> Satanás era astuto no inocente como los demás animales..

> Probablemente Diablo tomó cuerpo de serpiente (forma de la serpiente antes de la maldición) - Eva pudo pensar que era criatura especial que hablaba. Es comparado con otros animales en Gen 3:1 y Gen 3:14.

> Otra posibilidad: No tomó literalmente cuerpo de serpiente. Así como Herodes no tomó cuerpo de zorra. Se comunicó invisible o mentalmente.

> En todo caso: Dios maldijo al diablo más que cualquier animal cuando la caída de Adán y Eva.

> A la serpiente natural (haya o no tomado Satanás esa forma) la maldijo a estado actual para simbolizar Satanás. Lo más probable es que Satanás haya tomado forma de serpiente, por eso dicho animal fue maldito así.

> Satanás: **Apo 12:9**, **Isa 14**, **Ezeq 28**, **Jn 8:44**, **Jn 10:10**

Astuta: subtil (KJV), cunning (NKJV), shrewdest (NLT), crafty (NIV /ESV/NASB)

> 6175 ä·rüm' sutil; usa truco, artimaña; trata en forma astuta "debajo de agua", "debajo de la mesa", para engañar; estrategia muy inteligente, sutil y sucia para tomar ventaja de alguien.

Cosieron **Inteligencia** para coser delantales. **Consciencia** para sentir vergüenza y culpa.

> Los animales no tienen consciencia, el hombre sí: Evolución no puede explicarlo.

Hojas de higuera.

Maldita   779 ä·rar' (Uso: 63x, 62x = maldecir, 1x = amargamente)
            Maldecir, aborrecer, detestar, causar que sea aborrecido / detestado / detestable.
            2$^{\underline{da}}$ Ley de Termodinámica.

        Dios maldice la serpiente (Gen 3:14):
            • En forma simbólica expresa su destino: Andar en el polvo, 'bien bajo', 'en el suelo', 'sin gloria', maldecida, aborrecible y amargada; su alimento siendo polvo i.e.: su espíritu alimentándose no de los deleites espirituales que tienen los ángeles obedientes e hijos de Dios que alabamos a nuestro Creador agradecidos por las bendiciones.

            • Dios afectó a serpiente animal causando se arrastre por tierra: Símbolo de condición despreciable dada a 'serpiente espiritual'.

            • Dios maldice / causa corrupción en animales, fertilidad de la tierra, cuerpo humano.

Enemistad entre tu simiente: Enemistad entre bando de Satanás y la Simiente de Eva, Jesús.

Vestiduras de piel: Dios sacrificó animal para cubrirlos (vestidura de ellos, de hojas de la higuera, no cubría su vergüenza). Apunta al sacrificio futuro de Cristo para cubrir y borrar nuestro pecado.

Espinos y abrojos: Corona que Jesús llevó **Jn 19:1-6**, **I Ped 2:24**   (La maldición que nos correspondía a nosotros llevar).

Querubines 3742 ker-üv' [KJV uso: Cherubim (queribines) 64x, Cherub (querubín) 27x]
            Seres celestiales guardando entrada al Edén.
            Figura de seres celestiales sobre el arca del pacto.
            Seres sobre los cuales está el trono de Dios (Eze 10, descritos en Eze 1).
            Eze 28:16 referencia a Lucifer en su posición antes de rebelarse contra Dios.

Pecado   En ambiente perfecto hombre pecó.

Estrategia de Satanás: Desacreditar Palabra de Dios = Evolución

Muerte Física: **I Cor 15:19-26**, **51-57**   **Rom 6:23**

¿Cómo no existía muerte física antes de la Caída? ¿Cómo es posible que no hubiera muerte?

Alguien cuestionaría cómo es posible un mundo sin muerte… aún en un mundo "perfecto", según lo entiende el hombre natural, un bebé accidentalmente pudiera caerse en una alberca y morir ahogado; o un adulto caerse accidentalmente en un precipicio y morir desquebrajado. ¿Acaso no pudieran ocurrir muertes por accidentes?

Lo que pasa es que: Nosotros no entendemos cómo era el mundo perfecto, antes de la caída en el Edén. Era un mundo que no conocemos ni hemos visto. Un mundo donde también Dios ejercía su cuidado íntimo en todo de manera completa. Recordemos que en Jesús *"todas las cosas permanecen"* Col 1:17, y Él *"sostiene todas las cosas por la palabra de su poder"* Hebreos 1:3 , y que *"ninguno de ellos (pajarillos) caerá a tierra sin permitirlo vuestro Padre"* Mat 10:29 y *"hasta los cabellos de vuestra cabeza están todos contados"* Mat 10:30. Y *"estáis equivocados por no comprender las Escrituras ni el poder de Dios."* Mat 22:29

Cuando uno va a matar un mosco, el movimiento de la mano genera una onda de presión que alerta al animalito y escapa antes que uno lo mate. Dios puede haber incluido en la creación original de los mismos animales sensibilidades y capacidades que les protegerían. El mundo actual ha sido radicalmente afectado por la maldición del pecado y el Diluvio Universal. Antes de la caída, los animales no se mataban entre ellos, no eran carnívoros, no eran depredadores, no había enfermedades.

Alguno quisiera argumentar que la Biblia cuando habló de muerte (Gen 2:17) se refería a Adán, y en general a los seres humanos, al decir que no comiera del árbol del conocimiento del bien y del mal, y que por lo tanto no se refiere a los animales, y que los animales morían antes del pecado.

Analicemos esto: Es cierto que las plantas fueron dadas de alimento para los animales y el hombre antes del pecado. Nosotros hoy en día usamos la expresión de que "mi plantita se murió", es cierto, pero las plantas no son seres vivos en el mismo sentido o nivel que los animales: Las plantas no sienten dolor ni deseos, no sufren, no experimentan tristeza ni alegría, no tienen cerebro ni emociones. Los animales tienen vida en un sentido muy superior.

La Biblia usa la palabra "nefesh" para expresar la vida de los animales y seres humanos. Su primer uso es en Gen 1:20 = 3515 neh'·fesh [753 x KJV: 475x soul, 117x life, 29x person, 15x mind, 15x heart, 9x creature, 8x body, 8x himself, 5x dead, 4x will, 4x desire, 3x man, 3x themselves, 3x any, 2x apetite, 47x miscellaneous uses], se aplica a animales o a personas, se refiere a su vitalidad o vida que se pierde al morir, también se usa para expresar la persona, sus emociones y pasiones, su interior, su corazón.

Un animal o ser humano muere por enfermedad o porque su cuerpo se deteriora por vejez. La Biblia es clara que no existían las enfermedades antes del pecado. Además, la vejez en el sentido de reducción de vitalidad y habilidades naturales, son un deterioro, una degradación del cuerpo, resultado del pecado.

Lo más lógico es pensar que antes del pecado el mundo era tal como para que los seres humanos al nacer crecieran y llegaran a su madurez, pero nunca envejecerían, se mantendrían jóvenes en la plenitud de sus capacidades, y pienso que lo mismo era con los animales: La creación original era tal que se reprodujeran, y las nuevas criaturas crecieran y maduraran, pero no envejecerían ni morirían. La muerte de los animales causa tristeza, uno se apega a ellos. Los mismos animales sufren al perder sus crías.

Uno diría, pero si los animales no morían y se reproducían sin parar, tarde o temprano llenarían la tierra y no habría espacio para ellos. Acá entramos a tratar de especular escenarios que están fuera de nuestro alcance.

No conocemos todos los detalles, y no necesitamos dedicar tiempo en especulaciones sobre detalles que no nos son revelados; basta aceptar lo que nos declara la Biblia, y abrazar sus verdades fundamentales claras, que incluyen el que Dios creó el mundo en seis días; el que las estrellas y planetas y la vida no evolucionaron; que no había muerte antes de la caída. Y enfocarnos en las prioridades y aplicación de las verdades eternas, y el evangelio de salvación, pues muchos mueren en ignorancia y van al infierno.

Eva: **Gen 3:20** *"...madre de todos los vivientes."*

Notas en Génesis: Gen 4:1 al 5:32

Gen 4:1-15 Caín y Abel

Con habilidades: Abel era pastor de ovejas. Caín era agricultor.

Si no comían carne ¿para qué ser pastor de ovejas? Piel para ropa. Tiendas. Leche y queso. Y para ofrendas diarias a Dios.

Con lenguaje: Dios razona con Caín. Caín habla con Abel.

Contacto con el Creador: Conocían al Creador. Conocían origen de sus vidas y universo. Entendían condición caída de la Tierra. Conocían realidad espiritual / divina.

Figuras históricas no leyendas:
- **Luc 11:46-51** Jesús mismo así consideró.
- **Heb 11:4** El autor de Hebreos también.
- **I Jn 3:11-12** Juan así lo creyó también.
- **Luc 3:23-38** Lucas también. Menos de100 generaciones (Menos de 10,000 años de Adán a Jesús).

Dios Personal. Dios no es una fuerza abstracta. Es una persona (Sobrenatural. Es espíritu, pero persona).

Soberano. Controla e interviene en la naturaleza: **Gen 4:11-12**

Actúa juicio contra personas: **Gen 4:15**

Gen 4:16-24 Descendencia de Caín.

Mujer para Caín: Hija de Adán y Eva (Genealogías mencionan sólo varones).
Piscina genética no degradada (no riesgo de irregularidad genética por parentesco).

Edificó ciudad: Estableció una ciudad donde habitar: Rebelde. Desafía orden de Dios: **Gen 4:12**

Habilidades: 8^{ava} (8 = nuevos principios) generación de la humanidad.
Jabal: Padre de habitantes en tiendas y tienen ganado. Posiblemente linaje de Caín comió carne.
Jubal: Padre (Fundador de familia) de los que tocan lira y flauta.
Tubal-caín: Forjador de bronce y hierro.

Gen 4:25-26 Nacimiento de Set.

Gen 5:1-5 *"Este es el libro de las generaciones de Adán..."* [Strongs = 121 ä-dän']

121 ä-dän' [rojizo] se usa 9 veces en total: Gen 2:21, 3:17, 5:1, 5:3, 5:4, Jos 3:16, 1 Cro 1:1, Job 31:33. Siempre se refiere a Adán.

Distinto a 120 ä-dän' [hombre, ser humano, humanidad, Adán, ciudad en el valle Jordán]. [120 se usa para los distintos significados aquí presentados.]

De ahí que 121 lo traducen Adán, como nombre propio, en KJV, NKJV y NLT.

El día que Dios creó al hombre [i.e.: al ser humano] [120]*, a semejanza de Dios lo hizo. Varón y hembra los creó; y los bendijo, y los* [note que es plural, se refiere a ambos] *llamó ~~Adán~~* [ser humano, humanidad] [120] *el día que fueron creados.*

Gen 5:2 *"... y los llamó* 120 [LBLA = Adán] *'ser humano'* [NKJV = Mankind (humanidad), NLT = humano]*"*

Adán vive 930 años: Atmósfera protectora, pocas mutaciones (carga genética apenas empezaba).

La larga vida de las personas que vivieron en las primeras generaciones les permitió acumular vastedad de conocimiento a lo largo de los cientos de años que vivieron, por lo que la civilización prosperó grandemente al principio, con toda clase de conocimiento y tecnología.

Gen 5:6-20 Vivieron largos años y murieron.

Gen 5:21-24 Enoc arrebatado al cielo: Tipo de la iglesia a ser arrebatada en los últimos días.

Heb 11:5 *"Por la fe Enoc fue trasladado al cielo para que no viera muerte; y no fue hallado porque Dios lo trasladó; porque antes de ser trasladado recibió testimonio de haber agradado a Dios."*

Dios bendijo al primogénito de Enoc con larga vida, más que cualquier otro ser humano antes o después de él, 969 años. Sin duda la rectitud de Enoc trajo bendición a su hijo. El padre de Enoc fue el segundo en longevidad, 962 años.

Jud 1:1-3, 10-18 Medio hno. de Jesús **Mat 1:16**, **13:55**, **Jud 1:1**, **Gal 1:19**, **I Cor 15:7**

Toma Génesis literalmente / Enoc = 7ma generación = Génesis 5.

I Tes 4:13-18

Gen 5:25-32 Matusalén (muere en el año del diluvio).

Gen 5:28-29 *"Y Lamec vivió ciento ochenta y dos años, y engendró un hijo. Y le puso por nombre Noé, diciendo: Este nos dará descanso de nuestra labor y del trabajo de nuestras manos, por causa de la tierra que el SEÑOR ha maldecido."*

Lamec tal vez pensó que su hijo Noé redimiría al mundo de la maldición que entró por el pecado en el Edén. Tal vez creyó que su hijo sería el Mesías prometido. Noé es un tipo de Jesús, quien nos libró de la maldición del pecado. Un día la redención será completa cuando levante nuestros cuerpos del polvo de la tierra.

Mat 24:37-39

Noé

Muchos nietos de Enoc, hermanos y hermanas, y sobrinos de Noé murieron en el Diluvio Universal. Ignoraron el ejemplo piadoso de Enoc y de Noé, y fueron destruidos.

Diez Generaciones desde Adán hasta Noé, desde la Creación hasta la Destrucción del Diluvio					

Nombre	Nació en el año de Adán	Edad cuando engendró hijo	Edad cuando Murió	Murió en el año de Adán	Comentario
Adán	0	130 años cuando engendró a Set	930 años	930	
Set	130	105 años cuando engendró a Enós	912 años	1,042	
Enós	235	90 años engendró a Cainán	905 años	1,140	
Cainán	325	70 años engendró a Mahalaleel	910 años	1,235	
Mahalaleel	395	65 años engendró a Jared	895 años	1,290	
Jared	460	162 años engendró a Enoc	962 años	1,422	
Enoc	622	65 años engendró a Matusalén	De 365 años fue arrebatado al cielo	Arrebatado al cielo en el año 987	Adán conoció a Enoc x aprox. 300 años pero fue Enoc el arrebatado al cielo no Adán, después de la muerte de Adán
Matusalén	687	187 años engendró a Lamec	969 años	1,656	Murió año del Diluvio. Conoció a Adán x casi 250 años. Y a Noé x 600 años. Pudo conocer bien historia de humanidad desde creación, y pasarla a Noé.
Lamec	874	182 años engendró a Noé	777 años	1,651	Tenía como 56 años cuando murió Adán. Lamec murió 5 años antes del Diluvio
Noé	1,056	500 años empezó a engendrar hijos: Sem, Cam y Jafet			Noé nació 126 años después de muerte d Adán. Noé conoció a todos los antepasados excepto Adán y Set. Varios patriarcas convivieron con Adán x cientos de años y también con Noé cientos de años. La historia d Edén y genealogía desde Adán fue transmitida a Noé sin problema. Sem tenía 100 años al inicio del Diluvio (Gen 11:10; empezando a engendrar hijos 2 años después del Diluvio). Y Noé tenía 600 años cuando el Diluvio (Gen 7:6). De ahí que Gen 5:32 significa que cuando Noé tenía 500 años comenzó a engendrar hijos, comenzando con Sem.
		600 años de edad cuando el Diluvio.		1,656 año del Diluvio	Dios avisó a Noé del Diluvio 120 años antes, por el año 1,536 desde la creación. Antes que engendrara hijos.

Significado de Nombres

ADÁN   120 ä·däm'

Primer hombre, hombre, ser humano, persona, humanidad, traducido a veces Adán, o ciudad en el valle del Jordán,

De 119 ä·dam' enrojecer (blush), ser teñido rojizo.

121 ä·däm' = rojizo, también de 119. Siempre se refiere a Adán, el primer hombre de ahí que es mejor traducirlo siempre como Adán, nombre propio.

SET   8352 shäth

De 7896 shëth = poner (en lugar de, i.e.: en lugar de Abel).

ENÓS   583 en·ohsh'

Un mortal (= hombre, persona, humanidad… pero menos honra que palabra 'adán').

De 605 ä·nash' = (v) ser frágil, débil, incurable.

CAINÁN   7018 kä·nän' = fijado, posesión.

MAHALALEL   4111 mah·hal·al·äl' alabanza de Dios ('Praise of God').

De 4110 (alabanza) and 410 (dios).

JARED   3382 yeh'·red = descendencia, descendiente.

De 3381 yä·rad' = bajar, hundirse, postrarse, descender.

ENOC   2585 khan·oke' = dedicado / iniciado.

De 2596 khä·nak' (hacer angosto): iniciar / inaugurar, disciplinar, dedicar, entrenar.

MATUSALÉN   4968 meth·ü·sheh'·lakh = hombre del dardo.

De 4962 (hombre) and 7973 (arma, misil, espada, dardo).

LAMEC 3929 leh'·mek = poderoso.

NOÉ   5146 no'·akh = descanso.

De 5118 = lugar de descanso / De 5117 nü'·akh = descansar, reposar, calmarse.

CAÍN   7014 kah'-yin (= 7013 fijación, lanza)

Afín a 7069 kaw-naw' = obtener, poseer, comprar.

ABEL 1893 Heh'-bel = aliento (breath)

De 1892 heh'-bel = algo transitorio, vano.

Notas en Génesis: Gen 6:1 al 7:24

Gen 6:1-8 Condición de la humanidad: Madura para el juicio de Dios.

Contraste: Hijos de Dios / hijas de los hombres.

Término 'hijos de Dios'

AT: Job aplica a ángeles (no ángeles caídos) **Job 2:1 38:7**

Pudiera considerarse como ángeles (hijos de Dios) que no se revelaron cuando Lucifer se reveló; mas en esta ocasión se corrompieron.

NT: Se aplica a los hombres y mujeres de fe, hijos de la luz, nacidos de nuevo.

Rom 9:8 *"No son los hijos de la carne los que son hijos de Dios, sino que los hijos de la promesa son considerados como descendientes (simiente)"*

Nota: Esta referencia es, sin embargo, en el NT. En el AT no vemos el uso del término "hijos de Dios" aplicado a los hombres.

Jud 1:5-7

• Judas hace referencia a ángeles caídos que no conservaron su morada. Y compara Sodoma y Gomorra con ellos que se corrompieron, y fueron tras carne extraña; así como los ángeles (probablemente) fueron tras carne extraña (seres humanos).

• Dios los ha guardado en "cadenas eternas", esperando el día del juicio. i.e.: estos ángeles caídos no están sueltos, sino encadenados esperando su juicio. La traducción literal es "cadenas eternas".

Jud 1:6

• KJV *"And the angels which kept not <u>their first estate</u> [**condición**](746), but left their own <u>habitation</u>, (3613) he hath reserved in <u>everlasting chains</u> under darkness unto the judgment of the great day."*

• NKJV *"And the angels who did not keep <u>their proper domain</u> [**ámbito, territorio, jurisdicción**], but left their own <u>abode</u>, He has reserved in <u>everlasting chains</u> under darkness for the judgment of the great day;"*

• NASB *"And angels who did not keep their <u>own domain</u>, but abandoned their proper <u>abode</u>, He has kept in <u>eternal bonds</u> under darkness for the judgment of the great day,"*

• LBLA *"Y a los ángeles que no conservaron su <u>señorío original</u>, sino que abandonaron su <u>morada</u> legítima, los ha guardado en prisiones [Lit. cadenas] eternas, bajo tinieblas para el juicio del gran día"*

746 ἀρχή (n) principio, origen, lugar o posición inicial (al principio), dominio (área, ámbito o esfera bajo una cabeza o líder, un principado, jurisdicción… se deduce porque ἀρχή representa el primero, la cabeza de una serie .. refleja la idea de 'dominio' o 'principado').

3613 (n) οἰκητήριον morada, lugar de habitación.

II Ped 2:4 *"Porque si Dios no perdonó a los ángeles cuando pecaron, sino que los arrojó al* ~~infierno~~ [5020 tartaróo] *y los entregó a fosos de tinieblas, reservados para juicio;"*

• 5020 ταρταρόω nombre de la región subterránea, en tinieblas, donde, de acuerdo a los griegos de la antigüedad, iban los malvados al morir, donde sufren castigo x sus obras malvadas.

• Vemos que estos demonios están en un lugar confinados, no libres como otros, se refiere probablemente a los que pecaron en Gen 6.

Gigantes = 5303 nef-eel' = gigantes, los Nephilim, (o caídos) [De 5307 naw-faal' = caer (verbo: fall – fall away, fall down, to be cast down, fail, fall short)].

Usado un total de 3x en AT: Gen 6:4 (1x) y Num 13:33 (2x).

Los Nefilín en Gen 6:4 eran probablemente ángeles caídos.

Pero el mismo término aparece en Num 13:33, y se aplica a unos descendientes de Noé, no de ángeles caídos, pues ocurrió después del Diluvio. Es posible que habían gigantes, después del Diluvio que no eran descendientes de ángeles caídos, y se les aplicó el mismo término x su tamaño.

Entre varios textos bíblicos la NLT da tal vez el sentido correcto de este versículo.

• **Nota:** La puntuación en cada traducción no es parte del texto original; y fue basada en cómo fue interpretado el texto en cada traducción.

•**KJV:** *"There were giants in the earth in those days; and also after that, when the sons of God came in unto the daughters of men, and they bare [children] to them, the same [became] mighty men which [were] of old, men of renown."*

• **NLT** *"In those days, and even afterward, giants lived on the earth, for whenever the sons of God had intercourse with human women, they gave birth to children who became the heroes mentioned in legends of old."* Footnote: Hebrew Nephilim.

• **NIV** *"The Nephilim were on the earth in those days—and also afterward—when the sons of God went to the daughters of humans and had children by them. They were the heroes of old, men of renown."*

• **NASB** *"The Nephilim were on the earth in those days, and also afterward, when the sons of God came in to the daughters of men, and they bore {children} to them. Those were the mighty men who {were} of old, men of renown."*

• Pienso que el mismo contexto nos hace pensar que el sentido correcto es que había gigantes en la tierra en esos días, en los días de Noé, y aún después de que Dios diera su anuncio a Noé que destruiría la tierra; estos gigantes son lo que les nacieron a los hijos de Dios cuando se unieron con las hijas de los hombres, los cuales fueron hombres poderosos y de renombre"

• Algunos piensan que "hijos de Dios" se refiere al linaje piadoso de Set (eran los justos que habían, "hijos de Dios") que se mezclaron con linaje corrupto de Caín (hijas de los hombres). Pienso que esa interpretación abraza un significado que el contexto no da; ni las Escrituras dan en ninguna parte para justificarlo.

•Podemos tener una preferencia de interpretación pero a la falta de más luz, no podemos aferrarnos dogmáticamente a una posición. Lo importante es no perder de vista la condición de los hombres y la consecuencia.

II Ped 3:15-18 Cuidado de distorsionar Escritura, y de sacar y enseñar ¡doctrinas desviadas!

Gen 6:3

"No contenderá mi Espíritu..." 1777 din: gobernar, juzgar, esforzarse en una relación (strive). En este contexto: tratar con la humanidad, dispensar juicio angustiosamente por actitud de gente; aguantarles a los hombres su comportamiento.

120 años al diluvio (Noé tenía 600 años cuando el Diluvio Gen 7:6). Anuncio 20 años antes de tener hijos (Gen 5:32).

Gen 6:9-22 Instrucciones para el arca.

Noé: *"hombre justo (6662), perfecto (8549) entre sus contemporáneos."*

> 6662 tsad·dēk' = justo, recto, honesto en su trato con los demás.

> 8549 tä·mēm' = completo (i.e.: sin deficiencias mayores), íntegro, sin hipocresía, sincero.

Madera de cyprés (Gen 6:14): 1613 gó-fer: único lugar usado en la Biblia. (n.: se cree palabra significa un árbol resinoso tal como el pino, ciprés.)

Calafatearás (Gen 6:14)... 3722 kaa-far': cubrir, recubrir (e.j.: recubrir con brea.); cubrir / perdonar pecado; también se usa para significar 'propiciación por el pecado', también se traduce – dependiendo de contexto - 'aplacar', 'pacificar', 'perdonar', 'reconciliar')

Brea (Gen 6:14)... 3724 kō'·fer Tiene varios significados, incluyendo 'pago de rescate / expiación / redención de alguien'; también brea, sustancia resinosa de árboles; un arbusto. En Cant 1:14 y Cant 4:13 se refiere a flor o planta (Posible planta resinosa, o término para referirse a material resinoso impermeabilizante).

Cant 1:14

NKJV & NASB *"My beloved is to me a cluster of henna blossoms (3724) in the vineyards of Engedi."*

Cant 4:13

NASB *"Your shoots are an orchard of pomegranates with choice fruits, henna (3724) with nard plants,"*

NKJV *"Your plants are an orchard of pomegranates with pleasant fruits, fragrant henna with spikenard,"*

Henna: Encarta dictionary = a bush with leaves that yield the red dye henna. Native to: Asia, North Africa. Latin name: Lawsonia inermis.

Aparentemente ese pigmento era mezclado con agua y las mujeres lo usaban como cosmético al untarlo en las uñas de la mano.

300 codos (Largo) x 50 codos (Ancho) x 30 codos (Alto) = (aproximado) 450' (135m) Largo x 75' (23m) Ancho x 45' (14m) Alto: 3 pisos. Área total: 100,000 pies cuadrados / 10,000 m^2 (1 codo = 45 cm. 1 pie = 0.3048 m)

Gen 6:19-20 *"... dos de cada..."* i.e.: en parejas.

Gen 7:1-24 Diluvio Universal

Animales limpios / inmundos: División ya dada por Dios / Entran al Arca (Dios los guía).

Gen 7:2 *" ... siete siete, el macho y la hembra..."* i.e.: siete machos y siete hembras, o sea 7 parejas.

Noé entra en arca antes que cayera la lluvia: 7 días antes Dios cierra puerta / 7 días después cae diluvio.

Se rompe base continental. Se forma la Cordillera Interoceánica. Se derrama capa de agua superior que envuelve atmósfera.

Cuarenta días / noches. Cuarenta (40) = Juicio, prueba, disciplina.

- Israelitas: 40 años en el desierto.
- Moisés: 40 años en Madián como pastor (oficio odiado en el palacio y x nobleza de Egipto)
- Jesús 40 días en el desierto llevado por el ES para ser probado.

Universalidad del diluvio.

Dios juzgó el pecado en el pasado y lo juzgará en el futuro cercano.

II Ped 3:3-13

Heb 10:26-31

Heb 12:28-29   *"Puesto que recibimos un reino que es inconmovible, demostremos gratitud, mediante la cual ofrezcamos a Dios un servicio aceptable con temor y reverencia; porque nuestro Dios es fuego consumidor."*

Mat 24:38-44

Jn 3:16

Arca: Tipo de Jesús.

Notas en Génesis: Gen 8:1 al 9:29

Gen 8:1-22   Detalles del cataclismo.

Diluvio se desató 17^{avo} día del 2do mes (mes en AT= 30días).

- A los 150 días (del inicio del Diluvio) Arca descansó en Ararat. (el día 17 del 7mo mes.)

- A los 224 días se vieron cimas de montes (el día 1ro del 10mo mes).

- A los 264 días (del inicio del Diluvio) Noé abrió la ventana del arca y sacó a un cuervo para que fuera y viniera, hasta que ya no regresó. El cuervo, ave de rapiña, vuela más lejos y alto. El texto no dice cuánto tiempo estuvo el cuervo yendo y viniendo.

- Después sacó una paloma que regresó en la tarde (tal vez a los 300 días, si calculamos regresivamente de los 314 días calculados en Gen 8:13).

- Una semana después sacó de nuevo la paloma que regresó con una hoja de olivo.

- Una semana después volvió a sacar a la paloma, que ya no regresó. Noé entendió esto como confirmación que las aguas sobre la superficie de la tierra ya habían disminuido bastante.

- A los 314 días Noé quitó la cubierta del arca y vio seca la superficie de la tierra. Pero no sale del arca hasta que Dios se lo indica.

- A los 370 días la tierra estaba seca y Noé recibe la orden de Dios de salir del arca. Noé y su familia salen del arca. 377 días en arca: Entraron 2do mes, 10 día; salieron 2do mes, 2do año, 27^{avo} día.

- Entraron cuando Dios le indicó; y salieron hasta cuando Dios les indicó.

- Detalles tan específicos de los días y sus actividades dan muestra rotunda que la narración es histórica. Vemos que Noé usó varios métodos sucesivos para saber cuándo el agua había disminuido y la tierra estaba seca: Primero envió un cuervo que estuvo yendo y viniendo. Cuando no regresó fue buena señal, pero no bastó. Envió una paloma para cerciorarse. Cuando regresó con hoja de olivo, vio cosas iban por buen camino. Cuando ya no regresó, entendió que tierra estaba bastante seca. Cuando levantó cubierta del arca vio superficie estaba seca. Salieron cuando Dios lo ordenó. Verificaron que el suelo estaba seco.

- Lo primero que hizo Noé: Adorar a Dios (Holocaustos).

- Universalidad del diluvio: Gen 7:19-23

Gen 9:1-29 Pacto de Dios con Noé y su descendencia.

Gen 9:19   Toda la humanidad actual es descendencia de Noé.

Embriaguez de Noé. Ocurrió varios años después del Diluvio pues ya había nacido Canaán, quien no había nacido cuando salieron del arca.

Proceder de sus hijos

Cam no mostró respeto ni amor hacia su padre.

Prov 10:12 *"... el amor cubre todas las transgresiones."*

I Ped 4:8 *"Sobretodo sed fervientes en vuestro amor los unos por los otros, pues el amor cubre multitud de pecados."*

Maldición y profecía

Noé hace referencia al SEÑOR como Dios de Sem. Es posible que Sem tenía temor y honraba a Dios; mientras que Cam no.

Es muy probable que la actitud irreverente de Cam era compartida, en forma aumentada, por su hijo Canaán.

Ante el fallo de Noé

I Cor 10:12 *"el que cree que está firme, tenga cuidado, no sea que caiga."*

II Ped 1:5-10 *"... obrando con toda diligencia... sed...diligentes para hacer firme vuestro llamado y elección de parte de Dios; porque mientras hagáis estas cosas nunca tropezaréis."*

Heb 10:23-25

Notas en Génesis: Gen 10:1 al 11:26

Gen 10:1-32 Origen de la naciones después del Diluvio Universal y la Torre de Babel.

Todos los pueblos de mismo padre / madre (Noé y su mujer) después del Diluvio.

Una sola sangre.

Jafet: Europeos al N / NO. Hindús al SE

> Gomer: De sus hijos salieron los Galos: Poblaron España, Francia, Inglaterra, Alemania (Luego América).
>
> > • Askenaz: Escandinavos (Al extremo Norte) y Alemania.
> >
> > • Rifat
> >
> > • Togarmá: Armenia (Sur de Georgia y Rusia, entre Mar Negro y Caspio.)
>
> Magog: Georgia (Sur de Rusia, entre Mar Negro y Mar Caspio.)
>
> Madai: Medes (Imperio Medo-Persa), India.
>
> Javán: relacionados con los griegos.
>
> > • Elisa (Helas, i.e.: Grecia)
> >
> > • Tarsis: España
> >
> > • Quintim: Chipre
> >
> > • Dodanim
>
> Tubal (Región en Rusia)
>
> Mesec: Moscú
>
> Tiras (Trace, región NO de Turquía, NE de Grecia y S de Bulgaria.)

Cam: Egipcios, Babilónicos (Iraq), Mayas, Aztecas

> Cus: Etiopía antigua (Sudán) al S de Egipto.
>
> > • Seba
> >
> > • Havila (Arabia)
> >
> > • Sabta
> >
> > • Raama (Arabia)
> > Seba: SO de Arabia
> > Dedán: N de Arabia
> >
> > • Sabteca
> >
> > • Nimrod [Edificó en Sinar: Babel (i.e.: Babilonia), Erec, Acab y Calne. Y en Asiria: Nínive, Rehobot, Ir, Cala y Resen.]
>
> Mizraim: Nombre antiguo de Egipto (NE de África).
>
> > • Ludim, Anamim, Lehabim, Naftuhim, Patrusim.
> >
> > • Cashluhim: Filisteos (Costa Mediterránea de Palestina.)
> >
> > • Caftorim: Isla de Creta.
>
> Fut: Libia (O de Egipto) en N de África.

Canaán: La tierra de Palestina (antes de israelitas).

- Sidón: Costa de los fenicios (Líbano).

- Het: Heteos (hebreo: Queteos, algunos poblaron China. de Queteos sale Catay = nombre antiguo de China).

- Jebuseos: habitaron en Jerusalén antes de israelitas.

- Amorreos, Gereseos, Heveos, Araceos (Fenicios, i.e.: Líbano), Harvadeos, Zemareos y Hamateos.

- Sineo: Estos establecieron Sinim al Este (Nombre Bíblico de China).
  De ahí emigraron algunos a América (Esquimos, indios americanos).

Sem: De ahí descendientes de Abraham (de Isaac e Ismael)

Elam (Región occidental de Irán actual, bordeando la parte NE del Golfo Pérsico.)

Asur (Asiria)

Arfaxad

- Sala

   Heber: Tuvo dos varones Peleg y Joctán (Joctán tuvo varios varones: Almodad, Selef, Hazar-Mavet, Jera, Adoram,Uzal, Dicla, Obal, Abimael, Seba, Ofir, Havila, Jobab.)

   Peleg: *"porque en sus días fue repartida (Lit.: dividida) la tierra..."* [Torre de Babel].
   Peleg: 6389 Peh-leg' Division, part.
   Repartida: 6385 Pä-lag' Divide, split (**Sal 55:9**)

Lud

Aram (Región de Siria actual.)

- Uz, Hul, Geter y Mas.

Vida media: Reducida a ~200 años

" ...de ellos se propagaron las naciones sobre la tierra después del Diluvio."
Propagaron: 6504 Pä-rad' Separar, dividir.

Gen 11:1-32 La Torre de Babel.

   "... y asfalto en lugar de mezcla."
   Slime (KJV, ASV) (slime = algo de consistencia pegajosa) / Asphalt (NKJV, NLT) (asfalto) / Tar (NIV, NASB) (brea) / Bitumen (ESV, RSV)
   2564 Khay-mar' bitumen que brota de fuentes subterráneas en las vecindades de Babilonia y el Mar Muerto y que se endurece con el calor del Sol. Palabra usada sólo tres veces: Gen 11:3, Gen 14:10 (pozos de "asfalto" NASB) y Exo 2:3 ("asfalto" NASB)

Con condiciones apropiadas de Temperatura y Presión se produjo bitumen 100 años después del Diluvio, o es posible que era un material oleaginoso de origen vegetal de algunas plantas o arbustos.

Peleg (tataranieto de Sem) nació 101 años después del Diluvio: Probablemente cuando ocurrió la dispersión de Babel.

Noé murió de 950 años de edad, 349 después que salió del arca al fin del Diluvio.

Abram nació 292 años después del fin del Diluvio. Abram fue contemporáneo de Noé por casi 60 años.

La tierra de Abram estaba llena de ¡idolatría! Su padre era idólatra en Ur de Caldea.

Notas sobre Peleg y Babel:

Arfaxad nació dos años después del Diluvio (prob. se refiere a dos años después que concluyó el Diluvio, y salieron del arca).

Arfaxad - en Gen 10:22 - es mencionado como 3ro de los hijos de Sem.

Es posible que: Sem haya tenido a su 1er hijo saliendo del arca, ese año. A su 2do hijo, un año después del Diluvio, y a Arfaxad 2 años después del Diluvio.

En Gen 11:16 vemos que Peleg nació 101 años después del Diluvio, y en Gen 10:25 leemos que la tierra fue dividida entonces (Torre de Babel).

¿Cómo es posible que 101 años después del Diluvio haya suficiente gente para el evento en Babel? Realmente es posible que la población haya alcanzado algunos miles de personas 100 años después del Diluvio: La matemáticas lo permite. [$Nt = No*2.71828^{(r*t)}$ Nt = Población después de tiempo t, No = Población inicial, e = 2.71828 r = % crecimiento (en decimales, ej.: 7% es 0.07), t = tiempo transcurrido]. Tomar en cuenta que las primeras generaciones engendraron hijos por muchos años.

Nota sobre Transmisión de Registros desde Adán a Moisés:

Matusalén fue contemporáneo con Adán y con Noé. Noé fue contemporáneo con Abraham. Historia de Génesis bien se transmitió desde Noé hasta Moisés.

———————— ☆ ————————

Apéndice II

¿Cómo Cupieron los Animales en el Arca?

¿Cómo Cupieron los Animales en el Arca?

Algunos cristianos hallan problemático aceptar la historicidad de la narración bíblica del Diluvio Universal. Entre ellos hay quienes creen, y enseñan, que los capítulos 6 al 9 del libro de Génesis no deben tomarse literalmente.

Quienes tienen problema en aceptar la confiabilidad de las Escrituras en los primeros capítulos de la Biblia, y aquellos que llegan a distorsionar la interpretación del recuento bíblico para armonizarla con Evolución, tienen en el mejor de los casos una fe débil: *"Si los fundamentos son destruidos ¿qué puede hacer el justo?"* Sal 11:3

A continuación proveemos ayuda en este asunto en particular, en cuanto a todas las especies que poblaron la Tierra, y si pudieron todas ellas venir del Arca de Noé.

¿Qué Dice Dios?

Abraham había puesto su tienda en el encinar de Mamre, Hebrón, la tierra de Canaán, adonde había emigrado siguiendo el llamado de Dios a la Tierra Prometida.

Ahí Dios se le apareció a Abraham, y le prometió un hijo varón, al cual el año siguiente dio a luz su esposa Sara en su avanzada edad.

Abraham tenía noventa y nueve años de edad, y Sara era estéril y de ochenta y nueve años cuando Dios les dio la promesa. Cuando Sara oyó la noticia se rió en incredulidad, ante lo cual Dios dijo: *"¿Hay algo demasiado difícil para el Señor?"* Gen 18:14

Cuando Dios envió al ángel Gabriel a María, para anunciarle que ella, una virgen, llevaría en su vientre al Mesías judío por obra del Espíritu Santo, Gabriel dijo: *"Ninguna cosa será imposible para Dios."* Lucas 1:37

A los saduceos incrédulos de Israel, un grupo religioso que no creía de que Dios un día levantará a los muertos del polvo de la tierra, Jesús los reprendió diciendo: *"Estáis equivocados por no comprender las Escrituras ni el poder de Dios."* Mat 22:29

En Génesis 7:21-23 leemos del destino de todas las criaturas que habitaban en tierra seca, y de las aves del cielo en los días del Diluvio:

> *"Y pereció toda carne que se mueve sobre la tierra: aves, ganados, bestias, y todo lo que pulula sobre la tierra, y todo ser humano;*
>
> *todo aquello en cuya nariz había aliento de espíritu de vida, todo lo que había sobre la tierra firme, murió.*
>
> *Exterminó, pues, el Señor todo ser viviente que había sobre la faz de la tierra; desde el hombre hasta los ganados, los reptiles y las aves del cielo, fueron exterminados de la tierra; sólo quedó Noé y los que estaban con él en el arca."*

Notemos todas las veces que la palabra *"toda (o)"* es usada, declarando sin lugar a dudas que hubo una destrucción global de todas las criaturas terrestres, y de todas las aves que habitaban el planeta en ese tiempo.

Las Escrituras son claras, o usted las cree o no las cree. O están en error, o no tienen error. El problema no es Dios, el problema es el corazón del hombre, siempre dudando la palabra de Dios desde el principio de la creación, desde el Jardín de Edén.

La inundación durante los días de Noé, contrario a lo que algunos dicen, ocurrió, y no fue localizada en una región, sino que cubrió todo el planeta tal como leemos en Gen 7:19 *"Y las aguas aumentaron más y más sobre la tierra, y fueron cubiertos todos los altos montes que hay debajo de todos los cielos. Quince codos."*

El apóstol Pablo exclamó en su carta a los romanos: *"Antes bien, sea hallado Dios veraz, aunque todo hombre sea hallado mentiroso."* Rom 3:4

Dado que incluso las montañas más altas estaban cubiertas por el agua, y que todo animal terrestre y ave murió, todas las especies de animales terrestres y aves que habitan la Tierra hoy en día provienen de los que entraron al Arca de Noé a la orden de Dios. Observe que los animales marinos no fueron incluidos en el Arca, ya que no fue necesario, pues no fueron exterminados totalmente en el Diluvio Universal.

Cómo Pueden Todos los Animales Provenir del Arca de Noé?

El Arca de Noé era muy grande. Ministerios cristianos y varios autores de reputación, proveen recursos que explican los detalles que la Biblia da respecto al tamaño del Arca, y de cómo los tipos principales de criaturas vivientes pudieron caber y habitar en el Arca todo el año que estuvieron encerrados en ella: Las organizaciones Answers in Genesis (AiG) y The Institute for Creation Research (ICR), entre ellas.

No es mi intensión presentar un estudio de factibilidad matemática, o de física y de hidráulica, respecto al Arca, su diseño, estabilidad y capacidad. Si bien tal información sería de interés, y algunos han hecho esos estudios, es mi deseo considerar acá un par de pasajes bíblicos relevantes al tema, los cuales ayudarán al creyente sincero resolver este asunto de una vez por todas en su mente y corazón.

Consideremos: En las dos ocasiones que Jesús milagrosamente alimentó multitudes, durante su ministerio en la Tierra, ocurrieron actos creativos.

En Mateo 14:15-21 leemos que en la alimentación de los 5,000 lo único con que contaban sus discípulos era cinco panes y dos peces. Jesús levantó sus ojos al cielo bendiciendo el pan y los peces, y... ¡se dio el milagro! Cinco mil hombres, más las mujeres y los niños, fueron todos alimentados.

En el segundo milagro de la multiplicación de panes y peces, Jesús alimentó cuatro mil hombres, más las mujeres y los niños. El Hijo de Dios sólo contaba con siete panes y unos cuantos peces en esta ocasión. Pero los multiplicó milagrosamente... ¡alimentando miles! El evento está registrado en Mateo 15:32-38.

Para mí no es difícil aceptar que todos los animales de hoy en día provienen de los que entraron al Arca de Noé. No me es difícil gracias al Espíritu Santo y la gracia de Dios. Primero, tenemos que entender que Dios mismo trajo los animales al Arca. En Gen 6:20 leemos:

"De las aves según su especie, de los animales según su especie y de todo reptil de la tierra según su especie, dos de cada especie vendrán a ti para que les preserves la vida."

Obviamente Dios escogió animales que tenían una amplia piscina genética, y por supuesto que no trajo los animales más viejos y grandes de cada tipo.

Es más, de la misma manera que Dios multiplicó el pan y los peces en dos ocasiones, Él pudo milagrosamente, haber multiplicado las especies que salieron del Arca, ya sea cuando iban saliendo, o inmediatamente después.

Recuerda, unos cuantos panecillos fueron puestos en las manos de Jesús, y de sus manos salieron... ¡miles! De la misma manera, no veo ningún problema en creer que todas las especies que existen hoy en día provienen del Arca, tal como lo declara las Escrituras.

Leemos en el Salmo 104:29-31:

"Escondes tu rostro, se turban; les quitas el aliento, expiran, y vuelven al polvo.

Envías tu Espíritu, son creados, y renuevas la faz de la tierra.

¡Sea para siempre la gloria del SEÑOR!
¡Alégrese el SEÑOR en sus obras!"

Una Historia para Recordar

La historia del Diluvio Universal es un recordatorio de la santidad de Dios y del juicio venidero. Dios juzgó la Tierra con agua hace unos 4,300 años. Las Escrituras dicen que Dios la juzgará con fuego en el futuro. Lea II Pedro 3:1-13.

Los que ponen su fe en Jesucristo escaparán la Gran Tribulación que viene sobre toda la Tierra, y serán salvos. Quienes rehúsan poner la fe en Jesús están destinados a la destrucción y vergüenza eterna.

Si usted no ha puesto su fe en Jesús todavía, ¿por qué no hacerlo en este momento? Debe arrepentirse de sus pecados, pedirle a Dios que lo perdone, y poner su confianza en Jesús y su sacrificio en la cruz como pago perfecto por sus pecados.

"Porque de tal manera amó Dios al mundo, que dio a su Hijo unigénito, para que todo aquel que cree en El, no se pierda, mas tenga vida eterna.

Porque Dios no envió a su Hijo al mundo para juzgar al mundo, sino para que el mundo sea salvo por El.

El que cree en El no es condenado; pero ¿el que no cree, ya ha sido condenado, porque no ha creído en el nombre del unigénito Hijo de Dios."

Juan 3:16-18

Gocémonos pue, ya que Dios ha sido misericordioso y nos ha dado una gran salvación.

"¡Sea para siempre la gloria del SEÑOR! ¡Alégrese el SEÑOR en sus obras!

El mira a la tierra, y ella tiembla; toca los montes, y humean.

Al SEÑOR cantaré mientras yo viva ; cantaré alabanzas a mi Dios mientras yo exista."

Salmo 104:31-33

☆

Apéndice III

Algunas Referencias Bíblicas Relevantes

Nota: Las referencias bíblicas presentadas en este apéndice
no están organizadas en ningún orden en particular.

Algunas Referencias Bíblicas Relevantes

"Acuérdate del día de reposo para santificarlo.

Seis días trabajarás y harás toda tu obra, mas el séptimo día es día de reposo para el Señor tu Dios; no harás en él obra alguna, tú, ni tu hijo, ni tu hija, ni tu siervo, ni tu sierva, ni tu ganado, ni el extranjero que está contigo.

Porque en seis días hizo el Señor los cielos y la tierra, el mar y todo lo que en ellos hay, y reposó en el séptimo día; por tanto, el Señor bendijo el día de reposo y lo santificó."

Exo 20:8-11

- - - - - - - - -

"Así dice el Señor: No se gloríe el sabio de su sabiduría, ni se gloríe el poderoso de su poder, ni el rico se gloríe de su riqueza;

mas el que se gloríe, gloríese de esto: de que me entiende y me conoce, pues yo soy el Señor que hago misericordia, derecho y justicia en la tierra, porque en estas cosas me complazco declara el Señor."

Jer 9:23-24

- - - - - - - - -

"Pero el Señor es el Dios verdadero; El es el Dios vivo y el Rey eterno. Ante su enojo tiembla la tierra, y las naciones son impotentes ante su indignación."

Jer 10:10

- - - - - - - - -

"El es el que hizo la tierra con su poder, el que estableció el mundo con su sabiduría, y con su inteligencia extendió los cielos."

Jer 10:12

- - - - - - - - -

"...Antes bien, sea hallado Dios veraz, aunque todo hombre sea hallado mentiroso ..."

Rom 3:4

- - - - - - - - -

"En el principio existía el Verbo, y el Verbo estaba con Dios, y el Verbo era Dios.

El estaba en el principio con Dios.

Todas las cosas fueron hechas por medio de El, y sin El nada de lo que ha sido hecho, fue hecho."

Jn 1:1-3

- - - - - - - - -

"Si os he hablado de las cosas terrenales, y no creéis, ¿cómo creeréis si os hablo de las celestiales?"

Jn 3:12

- - - - - - - - -

"Para que la sangre de todos los profetas, derramada desde la fundación del mundo, se le cargue a esta generación,

desde la sangre de Abel hasta la sangre de Zacarías, que pereció entre el altar y la casa de Dios; sí, os digo que le será cargada a esta generación.

¡Ay de vosotros, intérpretes de la ley!, porque habéis quitado la llave del conocimiento; vosotros mismos no entrasteis, y a los que estaban entrando se lo impedisteis."

Luc 11:50-52

- - - - - - - - -

"Fue lo mismo que ocurrió en los días de Lot: comían, bebían, compraban, vendían, plantaban, construían;

pero el día en que Lot salió de Sodoma, llovió fuego y azufre del cielo y los destruyó a todos."

Luc 17:28-29

- - - - - - - - - -

"Porque como en los días de Noé, así será la venida del Hijo del Hombre.

Pues así como en aquellos días antes del diluvio estaban comiendo y bebiendo, casándose y dándose en matrimonio, hasta el día en que entró Noé en el arca,

y no comprendieron hasta que vino el diluvio y se los llevó a todos; así será la venida del Hijo del Hombre."

Mat 24:37-39

- - - - - - - - - -

"Pero respondiendo El, les dijo: Una generación perversa y adúltera demanda señal, y ninguna señal se le dará, sino la señal de Jonás el profeta;

porque como estuvo Jonás en el vientre del monstruo marino tres día y tres noches, así estará el Hijo del Hombre tres días y tres noches en el corazón de la tierra."

Mat 12:39-40

- - - - - - - - - -

"Pero el Espíritu dice claramente que en los últimos tiempos algunos apostatarán de la fe, prestando atención a espíritus engañadores y a doctrinas de demonios,"

I Tim 4:1

- - - - - - - - - -

"Oh Timoteo, guarda lo que se te ha encomendado, y evita las palabrerías vacías y profanas, y las objeciones de lo que falsamente se llama ciencia,

la cual profesándola algunos, se han desviado de la fe. La gracia sea con vosotros."

I Tim 6:20-21

- - - - - - - - - -

"Si alguno enseña una doctrina diferente y no se conforma a las sanas palabras, las de nuestro Señor Jesucristo, y a la doctrina que es conforme a la piedad,

está envanecido y nada entiende, sino que tiene un interés morboso en discusiones y contiendas de palabras, de las cuales nacen envidias, pleitos, blasfemias, malas sospechas,"

I Tim 6:3-4

- - - - - - - - - -

"Pero rechaza los razonamientos necios e ignorantes, sabiendo que producen altercados."

II Tim 2:23

- - - - - - - - - -

"Recuérdales esto, encargándoles solemnemente en la presencia de Dios, que no contiendan sobre palabras, lo cual para nada aprovecha y lleva a los oyentes a la ruina."

II Tim 2:14

- - - - - - - - - -

"Evita las palabrerías vacías y profanas, porque los dados a ellas, conducirán más y más a la impiedad,"

II Tim 2:16

- - - - - - - - - -

"Predica la palabra; insiste a tiempo y fuera de tiempo; redarguye, reprende, exhorta con mucha paciencia e instrucción.

Porque vendrá tiempo cuando no soportarán la sana doctrina, sino que teniendo comezón de oídos, acumularán para sí maestros conforme a sus propios deseos;

y apartarán sus oídos de la verdad, y se volverán a mitos."

II Tim 4:2-4

- - - - - - - - - -

"Y respondiendo El, dijo: ¿No habéis leído que aquel que los creó, desde el principio los hizo varón y hembra,"

Mat 19:4

- - - - - - - - - -

"para que recaiga sobre vosotros la culpa de toda la sangre justa derramada sobre la tierra, desde la sangre del justo Abel hasta la sangre de Zacarías, hijo de Berequías, a quien asesinasteis entre el templo y el altar."

Mat 23:35

- - - - - - - - -

"Por la palabra del SEÑOR fueron hechos los cielos, y todo su ejército por el aliento de su boca....

Porque El habló, y fue hecho; El mandó, y todo se confirmó."

Sal 33:6, 9

- - - - - - - - -

"Si los fundamentos son destruidos; ¿qué puede hacer el justo?"

Sal 11:3

- - - - - - - - -

"Los cielos proclaman la gloria de Dios, y la expansión anuncia la obra de sus manos.

Un día transmite el mensaje al otro día, y una noche a la otra noche revela sabiduría. No hay mensaje, no hay palabras; no se oye

su voz. Mas por toda la tierra salió su voz , y hasta los confines del mundo sus palabras..."

Sal 19:1-4

- - - - - - - - -

"Porque tú, oh SEÑOR, me has alegrado con tus obras, cantaré con gozo ante las obras de tus manos."

Sal 92:4

- - - - - - - - -

"Porque no tienen en cuenta los hechos del SEÑOR ni la obra de sus manos, El los derribará y no los edificará."

Sal 28:5

- - - - - - - - -

"Y el último enemigo que será abolido es la muerte."

I Cor 15:26

- - - - - - - - -

"He aquí, os digo un misterio: no todos dormiremos, pero todos seremos transformados."

I Cor 15:51

- - - - - - - - -

"Pero temo que, así como la serpiente con su astucia engañó a Eva, vuestras mentes sean desviadas de la sencillez y pureza de la devoción a Cristo."

II Cor 11;3

- - - - - - - - -

"Porque Adán fue creado primero, después Eva. Y Adán no fue el engañado, sino que la mujer, siendo engañada completamente, cayó en transgresión."

I Tim 2:13-14

- - - - - - - - -

"Porque el hombre no procede de la mujer, sino la mujer del hombre;

pues en verdad el hombre no fue creado a causa de la mujer, sino la mujer a causa del hombre."

I Cor 11:8-9

- - - - - - - - -

"¿No distingue el oído las palabras como el paladar prueba la comida?"

Job 12:11

- - - - - - - - -

"¿Dónde estabas tú cuando yo echaba los cimientos de la tierra? Dímelo, si tienes inteligencia."

Job 38:4

- - - - - - - - -

Job Capítulos 11, y 38 al 41

- - - - - - - - -

"Por tanto, tal como el pecado entró en el mundo por un hombre, y la muerte por el pecado, así también la muerte se extendió a todos los hombres, porque todos pecaron;"

Rom 5:12

- - - - - - - - -

Rom 8:18-25

"El lobo morará con el cordero, y el leopardo se echará con el cabrito; el becerro, el leoncillo y el animal doméstico andarán juntos , y un niño los conducirá.

La vaca y la osa pacerán, sus crías se echarán juntas, y el león, como el buey, comerá paja.

El niño de pecho jugará junto a la cueva de la cobra, y el niño destetado extenderá su mano sobre la guarida de la víbora.

No dañarán ni destruirán en todo mi santo monte, porque la tierra estará llena del conocimiento del SEÑOR, como las aguas cubren el mar.

Acontecerá en aquel día que las naciones acudirán a la raíz de Isaí, que estará puesta como señal para los pueblos, y será gloriosa su morada."

Isa 11:6-10

Isa 65:17-25

Miq 4:1-4

"... Dios, que da vida a los muertos y llama a las cosas que no son, como si fueran."

Rom 4:17

"Siempre aprendiendo, pero que nunca pueden llegar al pleno conocimiento de la verdad.

Y así como Janes y Jambres se opusieron a Moisés, de la misma manera éstos también se oponen a la verdad; hombres de mente depravada, reprobados en lo que respecta a la fe."

II Tim 3:7-8

"El extiende el norte sobre el vacío, y cuelga la tierra sobre la nada.

Envuelve las aguas en sus nubes, y la nube no se rompe bajo ellas."

Job 26:7-8

"Cuando El dio peso al viento y determinó las aguas por medida;"

Job 28:25

"El Espíritu de Dios me ha hecho, y el aliento del Todopoderoso me da vida.

Contradíceme si puedes; colócate delante de mí, ponte en pie.

He aquí, yo como tú, pertenezco a Dios; del barro yo también he sido formado."

Job 33:4-6

"Recuerda que debes ensalzar su obra, la cual han cantado los hombres.

Todos los hombres la han visto; el hombre desde lejos la contempla.

He aquí, Dios es exaltado, y no le conocemos; el número de sus años es inescrutable.

Porque El atrae las gotas de agua, y ellas, del vapor, destilan lluvia, que derraman las nubes, y en abundancia gotean sobre el hombre."

Job 36:24-28

"En estos últimos días nos ha hablado por su Hijo, a quien constituyó heredero de todas las cosas, por medio de quien hizo también el universo.

El es el resplandor de su gloria y la expresión exacta de su naturaleza, y sostiene todas las cosas por la palabra de su poder. Después de llevar a cabo la purificación de los pecados, se sentó a la diestra de la Majestad en las alturas,"

Heb 1:2-3

"Y: Tú, Señor, en el principio pusiste los cimientos de la Tierra, y los cielos son obra de tus manos;

Ellos perecerán, pero Tú permaneces; y todos ellos como una vestidura se envejecerán."

Heb 1:10-11

- - - - - - - - -

"Porque los que hemos creído entramos en ese reposo, tal como El ha dicho: Como juré en mi ira: "No entrarán en mi reposo", aunque las obras de El estaban acabadas desde la fundación del mundo.

Porque así ha dicho en cierto lugar acerca del séptimo día: Y Dios reposó en el séptimo día de todas sus obras."

Heb 4:3-4

- - - - - - - - -

"Por la fe entendemos que el universo fue preparado por la palabra de Dios, de modo que lo que se ve no fue hecho de cosas visibles."

Heb 11:3

- - - - - - - - -

"Por la fe Noé, siendo advertido por Dios acerca de cosas que aún no se veían, con temor preparó un arca para la salvación de su casa, por la cual condenó al mundo, y llegó a ser heredero de la justicia que es según la fe."

Heb 11:7

- - - - - - - - -

"Alzad a lo alto vuestros ojos y ved quién ha creado estos astros: el que hace salir en orden a su ejército, y a todos llama por su nombre. Por la grandeza de su fuerza y la fortaleza de su poder no falta ni uno."

Isa 40:26

- - - - - - - - -

"¡Qué equivocación la vuestra! ¿Es acaso el alfarero como el barro, para que lo que está hecho diga a su hacedor: El no me hizo; o lo que está formado diga al que lo formó: El no tiene entendimiento?"

Isa 29:16

- - - - - - - - -

"El es el que está sentado sobre la redondez de la tierra...

El es el que extiende los cielos como una cortina y los despliega como una tienda para morar."

Isa 40:22

- - - - - - - - -

"Porque esto es para mí como en los días de Noé, cuando juré que las aguas de Noé nunca más inundarían la tierra; así he jurado que no me enojaré contra ti, ni te reprenderé."

Isa 54:9

- - - - - - - - -

"En verdad, tú eres un Dios que te ocultas, oh Dios de Israel, Salvador."

Isa 45:15

- - - - - - - - -

"Porque así dice el SEÑOR que creó los cielos (El es el Dios que formó la tierra y la hizo, El la estableció y no la hizo un lugar desolado, sino que la formó para ser habitada): Yo soy el SEÑOR y no hay ningún otro."

Isa 45:18

- - - - - - - - -

"¡Ay del que contiende con su Hacedor, el tiesto entre los tiestos de tierra! ¿Dirá el barro al alfarero: "Qué haces"? ..."

Isa 45:9

- - - - - - - - -

"Así dice Dios el SEÑOR, que crea los cielos y los extiende, que afirma la tierra y lo que de ella brota, que da aliento al pueblo que hay en ella, y espíritu a los que por ella andan"

Isa 42:5

- - - - - - - - -

"no presumáis que podéis deciros a vosotros mismos: "Tenemos a Abraham por padre", porque os digo que Dios puede levantar hijos a Abraham de estas piedras."

Mat 3:9

"Así dice el SEÑOR, tu Redentor, el que te formó desde el seno materno: Yo, el SEÑOR, creador de todo, que extiendo los cielos yo solo y afirmo la tierra sin ayuda;

hago fallar los pronósticos de los impostores, hago necios a los adivinos, hago retroceder a los sabios, y convierto en necedad su sabiduría."

Isa 44:24-25

"Todas las naciones a una se han reunido y se han congregado los pueblos. ¿Quién de ellos declarará esto y nos proclamará las cosas anteriores?

Que presenten sus testigos y que se justifiquen, que oigan y digan: Es verdad.

Vosotros sois mis testigos declara el SEÑOR y mi siervo a quien he escogido, para que me conozcáis y creáis en mí, y entendáis que yo soy.

Antes de mí no fue formado otro dios, ni después de mí lo habrá. Yo, yo soy el SEÑOR, y fuera de mí no hay salvador...

Aun desde la eternidad, yo soy, y no hay quien libre de mi mano; yo actúo, ¿y quién lo revocará?"

Isa 49:9-13

"... Tu sabiduría y tu conocimiento te han engañado, y dijiste en tu corazón: "Yo, y nadie más."

Isa 47:10

"Aunque se le muestre piedad al impío, no aprende justicia; obra injustamente en tierra de rectitud, y no ve la majestad del SEÑOR."

Isa 26:10

"Los sabios son avergonzados, están abatidos y atrapados; he aquí, ellos han desechado la palabra del SEÑOR, ¿y qué clase de sabiduría tienen?"

Jer 8:9

"El es el que hizo la tierra con su poder, el que estableció el mundo con su sabiduría, y con su inteligencia extendió los cielos."

Jer 10:12

"Yo hice la tierra, los hombres y los animales que están sobre la faz de la tierra con mi gran poder y con mi brazo extendido, y la doy a quien me place."

Jer 27:5

"Porque la sabiduría de este mundo es necedad ante Dios. Pues escrito está: El es el que prende a los sabios en su propia astucia.

Y también: El Señor conoce los razonamientos de los sabios, los cuales son inútiles."

I Cor 3:19-20

"Porque si creyerais a Moisés, me creeríais a mí, porque de mí escribió él.

Pero si no creéis sus escritos, ¿cómo creeréis mis palabras?"

Jn 5:46-47

"Pero Jesús respondió y les dijo: Estáis equivocados por no comprender las Escrituras ni el poder de Dios."

Mat 22:29

"Digno eres, Señor y Dios nuestro, de recibir la gloria y el honor y el poder, porque tú creaste todas las cosas, y por tu voluntad existen y fueron creadas."

Apoc 4:11

"¡Cuán numerosas son tus obras, oh SEÑOR! Con sabiduría las has hecho todas; llena está la tierra de tus posesiones."

Sal 104:24

"El es la imagen del Dios invisible, el primogénito de toda creación. Porque en El fueron creadas todas las cosas,

tanto en los cielos como en la tierra, visibles e invisibles; ya sean tronos o dominios o poderes o autoridades;

todo ha sido creado por medio de El y para El.

Y El es antes de todas las cosas, y en El todas las cosas permanecen."

Col 1:15-17

- - - - - - - - -

"Pues aunque andamos en la carne, no luchamos según la carne;

porque las armas de nuestra contienda no son carnales, sino poderosas en Dios para la destrucción de fortalezas;

destruyendo especulaciones y todo razonamiento altivo que se levanta contra el conocimiento de Dios,

y poniendo todo pensamiento en cautiverio a la obediencia de Cristo,"

II Cor 10:3-5

- - - - - - - - -

"¿No se venden dos pajarillos por un cuarto? Y sin embargo, ni uno de ellos caerá a tierra sin permitirlo vuestro Padre.

Y hasta los cabellos de vuestra cabeza están todos contados."

Mat 10:29-30

- - - - - - - - -

"Con sabiduría fundó el SEÑOR la tierra, con inteligencia estableció los cielos.

Con su conocimiento los abismos fueron divididos y los cielos destilan rocío."

Prov 3:19-20

- - - - - - - - -

"Pero desde el principio de la creación, Dios los hizo varón y hembra."

Mar 10:6

- - - - - - - - -

"Mirad que nadie os haga cautivos por medio de su filosofía y vanas sutilezas, según la tradición de los hombres, conforme a los principios elementales del mundo y no según Cristo."

Col 2:8

- - - - - - - - -

"El temor al hombre es un lazo, pero el que confía en el SEÑOR estará seguro."

Prov 29:25

- - - - - - - - -

"Y no participéis en las obras estériles de l'as tinieblas, sino más bien, desenmascaradlas;"

Efe 5:11

- - - - - - - - -

"a todo el que es llamado por mi nombre y a quien he creado para mi gloria, a quien he formado y a quien he hecho."

Isa 43:7

- - - - - - - - -

"Cuán bienaventurado es el hombre que ha puesto en el SEÑOR su confianza, y no se ha vuelto a los soberbios ni a los que caen en falsedad."

Sal 40:4

- - - - - - - - -

"Así dice el SEÑOR: El cielo es mi trono y la tierra el estrado de mis pies. ¿Dónde, pues, está la casa que podríais edificarme? ¿Dónde está el lugar de mi reposo?

Todo esto lo hizo mi mano, y así todas estas cosas llegaron a ser declara el SEÑOR. Pero a éste miraré: al que es humilde y contrito de espíritu, y que tiembla ante mi palabra."

Isa 66:1-2

- - - - - - - - -

Rom 1:16-32

- - - - - - - - -

II Ped 3:3-13

- - - - - - - - -

"¡Oh Señor, Señor nuestro, cuán glorioso es tu nombre en toda la tierra, que has desplegado tu gloria sobre los cielos!

... ¡Sin embargo, lo has hecho un poco menor que los ángeles, y lo coronas de gloria y majestad!

Tú le haces señorear sobre las obras de tus manos; todo lo has puesto bajo sus pies:

ovejas y bueyes, todos ellos, y también las bestias del campo, las aves de los cielos y los peces del mar,

cuanto atraviesa las sendas de los mares."

Sal 8:1,5-8

"El estableció la tierra sobre sus cimientos, para que jamás sea sacudida.

La cubriste con el abismo como con un vestido; las aguas estaban sobre los montes. A tu reprensión huyeron; al sonido de tu trueno se precipitaron.

Se levantaron los montes, se hundieron los valles, al lugar que tú estableciste para ellos.

Pusiste un límite que no pueden cruzar, para que no vuelvan a cubrir la tierra."

Sal 104:5-9

———————— ☆ ————————

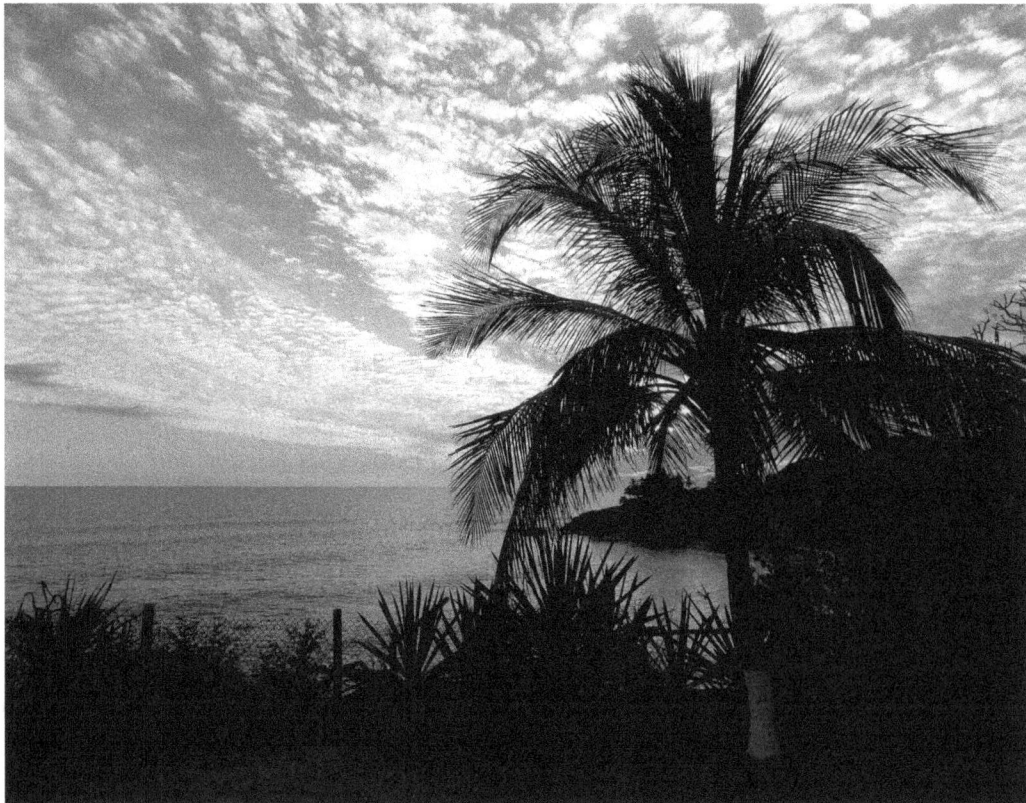

Crédito: Foto tomada en ATAMI, Departamento de La Libertad, El Salvador © 2013 Jaime Simán

Algunas Palabras Finales del Autor

Le agradezco a Dios por la oportunidad que me ha brindado en el campo académico. Le doy la gloria y la honra a Él por las múltiples bendiciones derramadas, entendiendo que sin nada vine al mundo, y que todo lo bueno que he recibido lo he recibido gracias a su infinita misericordia, y para su servicio.

Agradezco a Dios principalmente por permitirme conocer a Jesucristo y su Palabra. De nada serviría tener todos los títulos profesionales, o las riquezas del mundo, si al final de la carrera uno muere sin conocer a Dios, perdiendo su alma eternamente.

Le agradezco a Dios por darme también su Espíritu Santo, quien me ha dado libertad y luz. Lejos de seguir ciegamente una religión, ahora sigo a Jesucristo con entendimiento, en espíritu y verdad. Mi vida ahora es bendecida con su presencia, y tiene un propósito sublime y eterno.

Es mi oración que este libro sea de utilidad para cada lector que lo toma en sus manos, acercándolo más al Creador del universo. Es mi privilegio compartir lo que Dios me ha dado, para que otros también puedan entender que "En el principio creó Dios los cielos y la Tierra", conociendo al Creador y experimentando vida abundante y eterna.

Sobre El Autor

Jaime Simán nació en San Salvador, El Salvador. Se graduó de Ingeniero Químico en la Universidad Centroamericana José Simeón Cañas, obteniendo posteriormente una Maestría en Ingeniería Química en la Universidad de McGill, Montreal, Canadá.

Trabajó en Estados Unidos en el campo de Investigación y Desarrollo en corporaciones de prestigio internacional. Sus contribuciones en áreas de tecnología avanzada, en el campo de materiales, procesos y diseños innovadores para la industria de transformadores de energía; y en el campo médico, en el área de catéteres cardiovasculares, le han brindado varios reconocimientos profesionales, incluyendo ocho patentes.

La principal pasión del autor es Jesucristo y su Palabra. Es fundador y pastor de una congregación de habla hispana en el sur de California, Estados Unidos. Y fundador de la organización "El Verbo Para Latino América" (The Word For Latin America), conocida bajo el acrónimo de ELVELA.

El Ing. Simán ha dado conferencias y seminarios sobre Creacionismo en varios países de Norte, Centro y Sud América, en iglesias, universidades e institutos bíblicos.

Sobre ELVELA

ELVELA es una organización cristiana sin fines de lucro, cuya sede está en California, Estados Unidos. Su propósito es compartir a Jesús, su amor y el consejo completo de la Palabra de Dios, en el mundo hispano.

Muchos de nuestros materiales se encuentran disponibles, libres de costo, en forma electrónica, en nuestro sitio web www.elvela.com.

ELVELA está registrada en Estados Unidos como una organización religiosa 501 (c) (3). Contribuciones hechas a ELVELA son deducibles de impuestos de acuerdo a las leyes fiscales de los Estados Unidos.

Para mayor información escribir a info@elvela.com

Dirección postal: ELVELA P.O. Box 1002, Orange, CA 92856 Estados Unidos.

Teléfono: (714) 285-1190